新版
図説 城下町都市

佐藤滋＋城下町都市研究体＝著

鹿島出版会

松前	笠間	郡上八幡	出石
弘前	小諸	高山	篠山
盛岡	松本	大垣	松江
白石	松代	松阪	津和野
角館	村上	静岡	鳥取
秋田			倉吉
上山			大洲
山形			高知
鶴岡			徳島
新庄			平戸
二本松		津	島原
会津若松	富山	長浜	佐賀
福島	福井	津山	柳川
宇都宮	小浜	岡山	熊本
川越	大野	高梁	臼杵
水戸	丸岡	萩	旧薩摩藩外城麓
土浦	金沢	龍野	北海道殖民都市

はじめに

　ヨーロッパ大陸が国境をなくし、ボーダーレスな世界市場は地球の隅々まで行き渡り、一方では文明の衝突が言われる。環境問題は地球規模での秩序の再編成を求めているが、他方で地域での自律する循環システムの必要性も説かれる。このような状況下で都市はこれまでの地域秩序の中で安住することは許されず、かといって弱肉強食の競争の結果、強者のみが生き残ればいいというわけにはいかない。情報化と高速交通がいかに進んでも、生活空間としての場は動かしがたい。自律する地域の拠点として、その役割は再認識されなければならない。このような時代だからこそ、都市のあるべき姿を見直し、その進むべき道筋の再確認が必要とされる。

　地方都市のまちづくりの現場で、よく昭和30年代の話を聞く。「商店街には人があふれていて、この町に来るのは『みやこ』へ行くことで、まちは本当に繁栄していた」。東京への一極集中がまださほどではなく、周辺地域の富をそれぞれの地方都市が一手に引き受けていた江戸期からの構造が続いていて、車社会も一般化していなかった時代のことである。

　この時代の都市計画は、戦災復興事業が進められた都市以外では全く見るべきものがなく、その後の都市計画も戦災復興型の基盤整備一辺倒の「近代都市建設」をひたすらめざすものであった。さらにその後は、新産業都市などの工業を中心とした産業基盤整備に課題が移ったが、この流れは変わることはなかった。そしてその結果が、中心市街地の空洞化である。この時期に「まちなか」に何もしてこなかったというのではない。商店街のモール化や再開発などが行われている。しかし、本当の意味での総合的な「まちづくり」の流れはつくれなかった。

　わが国の都市の大部分は近世城下町を起源としている。その基盤と現代のまちづくりの整合を図らなければ、地域で自律できる都市は成立しない。そもそも城下町都市とは何であり、どのような可能性を持っているのか、そしていまそれぞれがどのような方向へ進もうとしているのか、そのことを本書では確認したい。

2002年2月
佐藤 滋

新版にあたって

　本書の発行以来12年以上が経過した。この間、「歴史まちづくり法」が施行されるなど地方都市の歴史的資源の重要性に関する認識は大いに高まっている。世界的な視野でも、地球環境問題への対処を、それぞれに地域の文化や風土との関係で解を見つけ出す流れはますます強くなってきた。

　私も、海外の学術誌に論文を発表し、また学会や講演会で、本書に盛った「城下町の構成原理」について紹介して大きな反響を得ている。特に周辺の地域と一体となった環境、景観、風景のデザインについて話をすると、驚きや賞賛と共に、なぜこのようなことをもっと広く世界に伝えないのかという抗議さえ受ける。私家版として翻訳した英文版を公開して英文学術誌に書評もいただいているが、広く浸透しているとは言えない。

　しかし、一方で本書は、周辺の自然との応答の根拠を城下町の街路や堀割の軸線、すなわち町割りの基軸となっていることを述べているが、地図上での検証のみならず、より客観的に論証をして、国内でも一般論として了解してもらう必要があった。

　そこで、近年広く使用が可能になったGIS基盤地図を用いて、山当ての実態をより客観的に計測し、そして景観的な位置づけを類型化して、解明する研究を行った。その間、GPSを用いた現地調査などでの検証を重ねたのは言うまでもない。

　新版化にあたって、そのような成果を加えて、「城下町のデザイン」の図面をGISで検証した山当ての軸線について加筆し、ほぼ全面的に入れ替え、詳細な事例分析も行っている。

　また、金沢、熊本の大城下町を新たに加え、番外として同様な構成原理を解読できる薩摩の外城、北海道の殖民都市を加え、さらに、近年の城下町都市のまちづくりは、歴史的資産の保全・活用が進み、旧城下町域に広く展開しており、できるかぎり近現代のまちづくりの改訂を行い、コラムでも新たな動きを加えた。12年を経た現在、新たな知見を加えて、新版として世に問うこととした。

　これらは、多くの先学と地域での地道な研究成果に負っていることも、記して感謝をしたい。

　城下町のデザインも含め、事実の掘り起こしにとどめたつもりであるが、筆が滑っている部分もなくはない。

　ご批判をいただければ幸いである。

2015年1月
著者を代表して
佐藤　滋

Contents

はじめに
新版にあたって

新版への序　城下町都市とは何か ……………………………………………… 006
序　　　　城下町都市の現代性 ………………………………………………… 010

城下町一覧 …………………………………………………………………………… 018
城下町都市の都市空間ヴィジョン ………………………………………………… 020
遊動空間の提案──1　福島県二本松市 竹田・根崎地区 ……………………… 022
遊動空間の提案──2　山形県鶴岡市 本町1丁目地区 ………………………… 024
景観ガイドラインの提案　山形県鶴岡市 周囲の山々への眺望確保の考え方 …… 025
近世城下町の都市デザイン手法 …………………………………………………… 026

城下町都市絵図 57 ……………………………………………………………… 027

GIS・GPSを用いた山当ての検証手法について　028

松前／弘前／盛岡／白石／角館／秋田(久保田)／上山／山形／鶴岡／新庄／二本松／
会津若松／福島／宇都宮／川越／水戸／土浦／笠間／小諸／松本／松代／村上／
富山／福井／小浜／大野／丸岡／金沢／郡上八幡／高山／大垣／静岡(駿府)／
津(安納津)／松阪(松坂)／長浜／津山／岡山／高梁／萩／龍野／出石／篠山／松江／
津和野／鳥取／倉吉／大洲／高知／徳島／平戸／島原／佐賀／柳川／熊本／臼杵
［番外］旧薩摩藩外城麓／北海道殖民都市

解説　解読から都市デザインへ ………………………………………………… 201

参考文献・補注一覧　211
著者紹介　220
構成・執筆・研究担当　222

城下町都市絵図 57
掲載ページ一覧

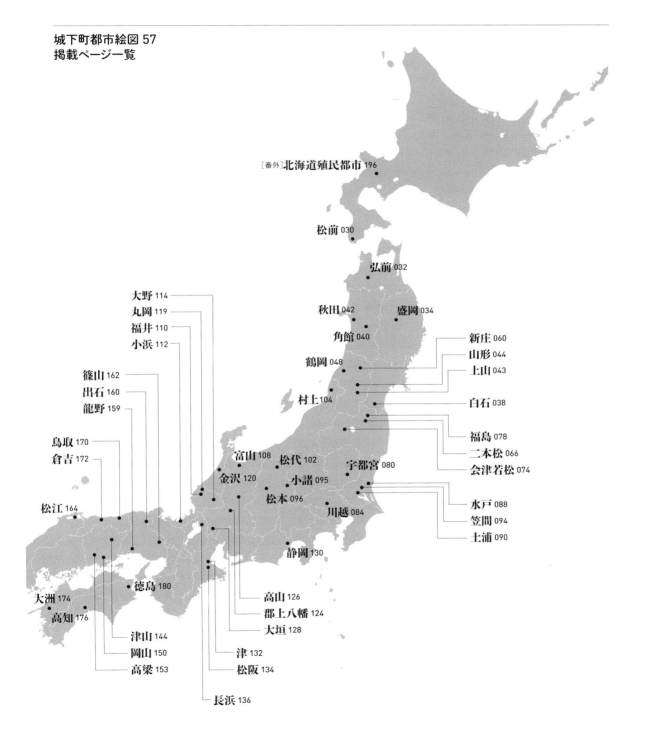

新版への序
城下町都市とは何か

佐藤 滋

　城下町都市とは、「16世紀の末から17世紀の初頭にかけて、領国統治のために各地に建設された近世城下町を基盤として、その形成原理を引き継いで現在に至る都市群」と定義する。その特質は、立地する一体的な圏域において、自然地形や風土と調和する環境制御の仕組みを整え、風景と都市景観の設計が施されたことである。このような形成原理を持った都市類型は、わが国のほか、東アジアから東南アジアのモンスーン気候を背景にした中国江南地域、台湾、韓国、ヴェトナムなどに存在する。

　18ページ「城下町一覧」に示したように、できあがった城下町の姿はまさに多様であり、都市形態学的に見れば一見して、「ひとつの都市類型」というのは難しく見えるほどだ。これはすなわち、立地する場所の条件に繊細に適合し、創造的な意図によりデザインされた結果と言える。

　本書は、これまでほとんど論じられてこなかった周辺の自然地形、特に周辺の山々の山頂への見通し線、あるいは借景としてのデザインを具体的に解明することに取り組んだ。広域の自然地形、水や風の流れなどを織り込んだ包括的な自然風土との適合がどのように図られたのかを、近世城下町の設計手法として解明することに努めた。

　こうして、その設計手法と込められた意図を明らかにすることは、都市形態とその意味を理解して、次なる計画に展開する重要な鍵になる。周辺の自然地形や風土と応答して、緩やかにそれを制御するという環境形成の基本的な態度こそ、日本の文化的な特質であり、東アジアのモンスーン気候地域を共有する地域に共通する原理であると言えよう。しかしこのような内容を明確に記述した歴史文書、資料は発見されておらず、歴史資料による検証は十分になされてはいない。

　この版では、以上の点を考慮して、山当て[*1]などの周辺との関係を実態として詳細に確認した結果を盛り込んで、仮説の検証を試みている。すなわち、近年になって整備され広く詳細なデータが利用可能になったGIS(地理情報システム)基盤地図を用いて、GIS上での山頂とそれをさまざまな形で見通す街路や河川、堀割、あるいは重要な眺望点での位置関係を明確にした。これにより、客観的な事実としての周囲の山への見通し線が偶然ではなく、何らかの意図の結果としてこの山当て線が存在していることを明らかにした。これに関しては、鶴岡、村上、盛岡においてより詳細な分析を行っている[*2]。

　さてここで明らかになったのは、象徴的な山の姿を街路や河川、堀の延長上の正面に置いて、風景を演出している軸線の存在である。桐敷真次郎が江戸の駿河町の通りの軸線が正確に富士山山頂に向かっていることを含め、筑波山、湯島台などへの街路の軸線の存在を指摘して論争を巻き起こしたが、このようなことは、より明確に、普遍的といって良いほどに地方の城下町では発見できる。このような、山頂にほぼ正確に向かって引かれているシンボリックな軸線(ここでは、街路の軸線と街路の端から山頂へ引いた線のずれが0.5°以内のずれに収まるものとした)は、例えば鶴岡における鳥海山が40km以上離れているように、遠くの重要な意味を持つ山の山頂が位置づけられていることが多い。

　これに対して、城下町周辺の近傍にあり比較的仰角の高い山で、寺社が置かれ地域で親しまれているような山は、借景的な用いられ方をされている。軸線からわずかにずらせて、あるいは街路や水路の微妙な屈曲などで「見え隠れ」が演出されているものが存

---

*1——山の頂に向けて道路をレイアウトすること、あるいはされていること。正面に美しい山容がアイストップとして現れている
*2——佐藤滋ほか「GISを用いた城下町都市における道路中心ラインと山頂の位置関係に関する検証 山形県鶴岡市を対象として」『都市計画論文集』49(1)日本都市計画学会、2014

在するものが多い。いわば、都市景観の借景としての演出である。

この他に、城下町の構成としては骨格的な位置づけではない街路や堀割が、ほぼ正確に遠い山の山頂に当たっているものもある。特に、街道の城下町への入口や出口、城下町周辺で見られる現象であり、空間演出のひとつとして用いられている。主要街道はしばしば目印としての目立つ山の山頂に向いているが、例えば盆地に町割りされた新庄で南から城下町に入る街道の高見から、眼下に城下町そして、眼前に鳥海山が軸線上に置かれた演出は雄大である。

あるいは、城下町の内部で、周囲への景観が開ける堀や街路の屈曲点や交差点で、周辺の景観を取り込む演出が見られる短い軸線や地点があり、これは眺望点として都市景観を演出している。

このような現象は、本書に取り上げたすべての城下町で観察されるものではないが、大半で多かれ少なかれ、周辺との景観的なつながりが演出されており、ある種、常識的な手法であったものと考えられる。

中世、戦国期の山城や館、櫓からの軸線を山下の町割りに重ね、両者からの見通し線を形成したことから発展したものとも考えられるし、条里制の測量の基軸が取り込まれたもの、あるいは街道が象徴的な山に向かって形成されたものを取りこんだり、さらには、意図的に景観を借景として城下町のなかに演出したことも考えられよう。もちろん、周囲の山には寺院や神社などの宗教施設や信仰の対象が置かれていて、それと一体としての精神的な意味の演出、あるいはご神体そのものとしての山や「磐座（いわくら）」などへの信仰軸が演出されたものもあろう。

しかしいずれにしても、地形条件や河川などの基盤条件の上に町割りが構想され、それぞれの場所で多様な空間演出手法が組み立てられたのであろう。周囲の山や川、さらには地下水脈や風の流れなど、自然と応答する「山水の都市」として全体が構成されていたのである。

山水の都市の基盤としての特性

さて、城下町都市の基盤としての近世城下町を、同時代の世界の都市と比べた時の際だった特質、すなわち山水の都市としての特性は、以下の三点にまとめることができる。

第一に、新たに組み替えられた藩という圏域・領域を、一体として統治するための空間装置が城下町都市である。そして、豊臣秀吉の時代から、藩どうしの戦は基本的に禁止され、江戸期には「徳川の平和」が訪れて、周辺からの侵略への対処は必要性が低くなり、特異な戦略上の位置が与えられた城下町以外は、基本的には領国の繁栄をもたらすための政治経済の中心としての位置づけとなったのである。

すなわち、藩という圏域全体を治めるために、自然資源、水と緑、地形条件などを統合して機能させる装置を、都市と農村で一体的に形成することがめざされた。それに応える都市として機能と場が組み立てられたのが近世城下町都市である。

そのためには、周辺地域と一体となった治水、利水のシステム、周辺の自然条件との応答、あるいは周囲の山々と関係づけられた宗教的な空間との関連も、求められた。そして城下町建設は、領国統治のシンボルとしての起点になる事業であったのである。

第二に、そして、上記の象徴としての城下町は、この時代の造景文化の粋を集められてデザインされた「山水の都市」であるということだ。この時代までに培い、あるいはこの時代に急速に発展した建築・造園デザインとそれを支える建設技術、環境制御技術が開発され適応された。この時代に、禅や茶道に裏打ちされた洗練された造景文化を身につけた大名や有力家臣団、あるいはキリスト教の布教者との交流を通じてヨーロッパの都市造景の情報ももたらされていた。このような時代背景で、固有の文化や地域資源を基盤にして、それぞれの大名が名築城家などの知恵を集めて、庭園や都市をデザインする造景文化を結集した時代の精華が、それぞれの近世城下町なのである。

第三に、統治の象徴、近世社会システムを空間的に表現したものである。軍事的な構え、空間デザイン、都市機能としての合理性、そして象徴性を統合してデザインされている。城下町は封建的な身分制ゾーニングで構成されていると言われる。その通りであるが、これは、都市の機能的な分離と統合の姿でもある。商工業が集積するまち場と武家の居住地、政治行政の場としての城郭内、さらには寺社地という、戦国期にはバラバラに存在していたものを、統合して一つの都市に組み立てたものである。合理的な機能構成を持ちながら芽生えはじめた市場経済と、大名による領国統治が組み合わさった、新しい地域社会の統合の象徴として空間化したものである。

自然的環境と共存・共生する近世城下町の計画原理　　野中勝利

　幕府から領地を与えられた大名は、自らの居城と配下の居住地から構成する城下町を収容できる適地を探した。関ヶ原の戦いに敗れ、周防・長門2カ国に移封された毛利氏は広島の居城を引き払い、新たな城を築くことになった。毛利氏は領地内の候補地として3カ所を選び、幕府と折衝した。そして幕府の意向に従い、居城の地は萩に決まった。候補地は領内の統治拠点としての利便性、江戸や大坂などへの交通などに加え、城下町の建設適地を前提として選定された。

　織豊期から連なる城郭建設のノウハウは蓄積されている。戦国期の山城ではなく、城下町建設と一体化した強固な城郭をつくる。加えて、濠や石垣、本丸、二の丸や三の丸といった段階的な地盤の整備と継起的な動線を確保する土木的事業。さらに城門、土塀や板塀、櫓建築や天守など、工作物を含めた建築的事業。そしてそれらを効果的に魅せるランドスケープデザインを組み合わせた高度な計画技術があった。

　こうした築城の技術はまた経験を積むことで洗練されてきた。石材加工技術の高度化によって石垣の積み方はスマートになり、戦乱の世から比較的平穏な世に移る過程では天守の建築は華美な外観意匠を纏うようになった。

　一方、城のまわりに配置された武家地、町人地、寺社地などの、城下の「まち」の建設は、立地する自然風土との応答を繰り返しながら計画技術が蓄積された。

　近世城下町が建設された土地には、既存の都市基盤がなかった。せいぜい在郷集落が存在しているにすぎなかった土地で、築城とあわせて城下の基盤が整備された。その地の自然的環境を読み取りながら計画され、地形風土に寄り添いながら建設された。これは自然支配の思想ではなく、自然共生の思想である。自然に身を委ねながら自らの存立を確保する思想だった。

　近世城下町が都市として存続するためには、封建制という社会体制と都市空間が対応した都市構造、そして当時の社会背景として外敵から都市を守る閉鎖的な都市機能が必要であった。

　この自然的環境と都市構造・都市機能を有機的に結びつける計画原理が、近世城下町を建設する際の根本にあった。その計画原理を読み解くと次のように解釈することができる。

　第一は城下町が立地する土地条件に応じた町割りが計画されることである。城下町を包摂する地域の立地基盤は一様ではない。領地内で城と城下町をあわせて収容できる広がりをもつ地が選ばれるが、盆地、河口、河岸、台地など、わが国の限られた可住地の土地条件は多様である。盆地内に建設された松本、河口の三角州地帯に建設された萩、河岸段丘上に建設された上田、台地上に建設された水戸など、さまざまな立地基盤があり、そうした地形に応じた広さ、かたちの町割りが計画された。

　第二はその町割りの方向が自然地物によって規定されることである。最もその規定性が強く現れるのが周辺の山との関係である。山当てによって町割りの基準軸が設定される。ただし城下町はある一定の広がりをもち、その強い軸線の骨格だけでは構成されない。その他にも立地基盤である地形や河川などの土地条件や自然地物に沿った方向性を持つ。また四神相応や南面北座などの方位に即した方向性も見られる。またその土地固有の方角として季節風がある。木造家屋を中心とする城下町において、火事の発生は防げないとしても延焼をできるだけ防止することは求められた。そのため特に顕著な季節風がある場合は、延焼拡大を防ぐように町割りが設定される。

　第三は城下町の外周の境界を自然地物で設定していることである。わが国の城下町では城下を城壁で囲むことがない。その代わり、城下町の縁辺は河川、海、段丘、沼地などになっている。城下町域を設定するのは自然地物である。

　河川を境界にすると、城下町の内外を結ぶのはおのずと橋か、あるいは渡しである。近世城下町の閉鎖的な都市機能は、空間的な閉鎖性だけではなく、人々の行動も規制している。城下町内外の人の往来箇所を限定するために、最小限の橋しか架けなかった。経済合理性や技術的制約によって橋が少ないのではなく、人の往来を制御する装置として橋が利用された。橋のたもとには木戸を設け、夜間の出入りを取り締まった。

　第四はゾーニングが微地形を利用していることである。近世城下町では城以外に、大きく武家地、町人（職人）地、寺社地のゾーニングがされる。さらに武家地でも城周辺に位置する上級武家地から下級武家地、足軽屋敷など、身分に応じた段階的な居住区が設定

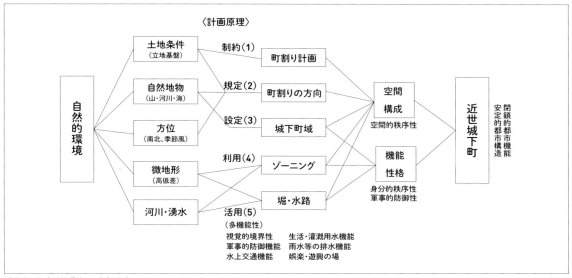

近世城下町:自然的環境との共存・共生

され、それに応じて街区の規模も異なる。

　最も高燥の地に城が築かれ、その周囲に設定される上級武家地は地盤条件の良い土地だった。このように比較的、水害などの被害が少ない高地に武家地や寺社地が立地した。また河川沿いの土堤上には足軽屋敷が建ち並んだ。町人地は舟運による物流を必要とし、海岸や河川に隣接する地域、あるいは水路を取り込みやすい地域など、必然的に町人地は低地に置かれた。身分制が表れる土地の高低差も、合理的に城下町の整備に活かした。

　第五は河川や湧水などを活用して堀や水路が取り込まれていることである。既に存在していた在郷集落や耕作地をもとに河川や湧水などの水脈を読み取り、城下町内に取り込む水利システムを構築している。

　堀は人の往来を妨げる境界であり、土地利用の区分も示している。この堀の水は、河川や湧水を利用した水脈の一部になっている。河川からは堀の他にも水路を計画的に市街地内に取り込んでいる。生活用水はもとより、灌漑用水、消防用水などの利水のほか、舟運にも利用され、水辺は娯楽・遊興の場として親しまれる空間にもなった。排水機能も含め、城下町では既存の河川や湧水などを活用し、町割りの中に効果的に取り込んでいる。

　近世城下町の建設では、このような五つの計画原理を解読することができる。これらは城下町が立地する固有の自然的環境に依拠した計画原理である。自然的環境を読み取り、巧みに共存・共生する都市空間をつくりあげた。自然支配による都市空間では、いずれ自然の猛威に脅かされて破綻する。城下町の存立のためには自然と共存・共生する計画原理が求められた。

　これらの計画原理から建設された近世城下町は、明確な街区計画、ゾーニング、土地利用、軸線、境域を有した秩序のある空間を構成した。そして封建社会における身分制に応じた都市空間は合理的な社会システムの空間化であり、前近世から継続する軍事的性格から導かれた防御的閉鎖性という機能や性格に結びついている。

　このように立地する土地の固有の自然的環境から導かれた計画原理によって建設された近世城下町は、自然・空間・社会が三位一体となった都市構造が組み立てられていた。

　藩政期は260年にも及んだ。その長い期間に、藩主の転封などによって城下町内の居住人口は増減した。人口の増加に伴う宅地の開発は、街道沿いの延伸や敷地の細分化、城下町内部の耕作地の宅地化などによってまかなった。そのため当初の都市構造を大きく変えることはなかったし、変える必要もなかった。当初は軍事的性格だった閉鎖的都市機能も、長期にわたる都市の存続の一因になった。

　平和な江戸時代がこれだけ長く維持されたのは、こうした安定的な都市構造を有する近世城下町があったからである。国家体制を維持した礎には自然に寄り添う近世城下町の建設があった。

序
城下町都市の現代性

佐藤 滋

都市はさまざまな形をしている。それぞれの目的や文化、歴史的な経緯を反映して多様な都市がデザインされ、時間とともに育まれた。それが意図的なものであろうと、自然発生的なものであろうと、都市の機能や役割、その時代の精神や社会を反映して形づくられている。

わが国の都市の起源はどこにあるのだろうか。古くは中国の長安を模倣したとされる明快な条坊制による平城京、平安京、さらに時代をさかのぼって、飛鳥京などの古代都城がある。京都は言うまでもなくこのような古代都城の完成品であり、現在まで基本的な構成が引き継がれている。整然とした町割りと周囲の山々の関係、特に山裾の緑と一体となって寺社や庭園が形づくられ、最も良質な造景文化が花開いた。そして、町人の町家文化とともに、都市のあり方としての京都モデルは、その後の都市形成に大きな影響を与え続けている。

一方、地方に目を向けてみると、律令国家体制の整備に伴い、各地に国府が置かれた。その実態は発掘調査などで徐々に明らかになりつつある。12世紀末に幕府の置かれた鎌倉は、海に開け周囲を山々に守られた背山臨水の地形に一本の軸線で構成され、古代都城を狭い谷に押し込んだような構成である。朝倉氏の一乗谷も同様の構成で、防御と水利を兼ね備えたこの時代の適地であった。

戦国期になってつくられた山城とその山下には、侍の集住地が形成され、城下町の原型が形づくられていった。一方で、堺などの交易都市はきわめて機能的な碁盤目状の街路構成で成り立ち、商業都市のモデルができあがっている。さらに寺社を中心とした環濠集落や堀割に囲まれた館を中心とした集落なども各地にできあがり、多様な集住形態が、中世・戦国期に花開いた。

近世になって日本の各地につくられた城下町は、このような都市形成の歴史の上にその集約として完成された都市類型といえる。それをリードしたのは信長、秀吉という天才とその後継者であったことは言うまでもない[*1]。

都市は、いったんそれができあがれば、時代が変わり社会が変わってもそれが捨て去られることはまずない。その上に、必要な新しい空間や機能が重ねられ、改変が行われる。そして、既存の都市の形に規定され、歴史的な構成を踏襲しながら変容するのである。

海外に目を移してみよう。

ニューヨークのマンハッタンは、その主要部分が完全な格子状で構成されている。誰が見ても機能的で合理的な形態である。そして近代建築の受け皿としては申し分なく、さまざまな変化にも対応しやすい。アメリカの主要な都市は、このニューヨークばかりではなく、シカゴもサンフランシスコもほぼグリッドを基調にしている。

これに対してヨーロッパの歴史都市は、広場や教会、市庁舎などを核に中世の有機的な変容により複雑で奥行きの深い都市空間ができあがっている。長い年月による積み重ねや、段階的な増殖で有機体が成長するように骨組みや毛細血管のような街路を成長させてきた。そして、そこに教会などの建築、広場が構成され「歴史・文化が育てた都市空間」となっている。いわゆる近代都市のモデルとは異なるが、現代における最も魅力的な都市活動の場となっている。近年、パリやベルリンなどの巨大都市では大改造が行われているが、大きな構成と地区の中身は歴史的なものを踏襲しており、ボローニャ、フランクフルトなどの大都市でも歴史的な核はほぼ保全され、そのまま現代の都市活動の場となっている。

日本の都市のひとつの典型は、冒頭でも述べたと

[*1] 織田信長の安土城は、近年の研究で、この時代の世界史の中でも画期的なものであることが知られるようになった。内藤昌『復元安土城』(講談社学術文庫、2006)などに詳しい

整然とした街区のアメリカ都市（ポートランド）

広場や教会、市庁舎などの歴史的な核が残っている（ボローニャ）

おり京都であり、古代都城・平安京を原型として、ほぼそれを踏襲している。アメリカ都市と同様に碁盤目状の街路構成であるが、もともと宮殿や朱雀大路などの象徴的な場所や骨格を持ち、明快なヒエラルキーで構成されていた。そしてアメリカ都市との大きな相違は、周辺の自然との関係が密接にデザインされていたことである。このような古代都城のデザインは、言うまでもなく中国から直輸入された。しかし、グリッドの構成はともかく、風水地理説的な自然生態的な秩序との共存は、東アジアのモンスーン地帯に共通する特有な都市の構成方法である。

そして、わが国では中世・戦国期を経て、近世城下町が成立する。日本列島にさまざまな形態の居住空間が成立し、その経験が集大成されて地域経営の拠点としてデザインされたのが城下町であった。そこでは水や風、地形を制御し、防衛・交易の場としての都市と統治のシンボルとしての城郭が美的感性のもとで設計された。

このような土木技術は、長い伝統の上でこの時代に大きく発展した。近年、飛鳥京の発掘調査が進み、水路や苑池を結ぶ水のネットワークが地下水脈ともつながり、水をコントロールするという高度な環境制御技術がこの当時すでに成立していたということが明らかになっている。城下町の堀割や水路のネットワークも地形地質・地下水脈などを綿密に読みとって環境を制御するデザインがなされていたのである。単なる風景や美的な感性だけではなく、環境と共生する確実な技術の蓄積の上に、さまざまな城下町の魅力が体現されていた。いうなれば環境共生技術であり、これが城下町の構成の基本原理であった。このような原理は、近代の都市建設において忘れ去られ、無造作に堀が埋められ河川は三面張りにされ、地下水脈との関係は絶たれて共生の関係は失われてしまった。しかし、最近になって堀の復元や河川の再自然化、さらに環境再生事業の取り組みがなされている。城下町のもともとの構成原理が、各々の都市にとってきわめて重要な資産であることが再認識され、そのもとで風や水の流れなどの生態学的原理が再生されるのである。環境共生の適地にそれを利用してデザインされた城下町の構成原理は、21世紀の環境共生の時代に再び息を吹き返すのである。

わが国の城下町は300余の都市がいっせいに集約的に建設され、その過程で技術を洗練させ、近世城下町という都市類型を完成させた。この時代は環境と共生するという古代からの思想に基づく土木技術が完成の域に達し、そして、19世紀以降の自然を破壊してまで技術的な解決を試みた近代建設技術の手前にあった。城下町は、そのような微妙な技術の時代の産物であり、実に微妙な土地の改変の上に成り立っている。高度で乱暴な土木事業でもなく、生態学的な秩序に対応したいわゆる適正技術の成果が駆使されたのである。

城下町都市の現代性

城下町は近代社会においては、とりわけ都市計画か

らは否定的に扱われることが一般的であった。街路が曲がりくねって、自動車交通時代に適応できない不便で時代遅れな都市という評価である*2。このような一方で、戦後の高度経済復興期に市民意識の高揚に結びつけた天守閣の再建や、「小京都ブーム」などもあり、観光資源としての城下町が注目されてはいたが、これらは、どちらかというと城下町都市の本質的な理解というより、きわめて表面的な関心であった。

しかし、ようやくわが国の高度成長が一段落した1980年代から、いわゆる「まちづくり」という流れの中で新しい動きが見えてきた。歴史的都市の価値が世界的に再評価され、また「地方定住」が国土計画の中でも位置づけられ、その拠点としての城下町都市が見直され始めたのである。地域の固有性や住民が持っているわが町に対する誇りともいうべき意識が、都市づくりの原点として重視されるにつれて、固有の地域文化を育む拠点であり続けている城下町都市を再評価する流れが始まっている。こうした中で、城下町が単なる封建都市ではなく「城下町の近代性」という評価が与えられたりしている*3。

城下町は、基本的には封建的身分制度を基礎に、その空間的な住み分けを計画的に行っている。すなわち身分制のゾーニングである。しかしその実態は、通常語られているような閉鎖的で固定的な封建社会というより、楽市楽座に始まる市場経済を基盤とした自由で流動的な、前期近代社会というべきものであることが明らかになっている。すなわち、封建的身分制のゾーニングは、見方を変えれば都市機能の合理的な配置を計画的に実現しているのであり、多様な機能が集積する都市活動を支える手法でもあった。

城下町の構成は、アメリカ的なグリッド都市ともヨーロッパの歴史的市街地のような高密度で有機的な構成とも異なる。城下町は、武家屋敷という大量の一戸建住宅地を都心に配置して寺社地などの緑地を抱え込み、ヨーロッパの歴史都市と比べると人口密度もさほど高くはない。むしろ20世紀初頭にイギリスでエベネザー・ハワードと建築家レイモンド・アンウィンにより提唱され、世界に伝搬して近代都市モデルとなった「田園都市モデル」、ガーデンシティ的構成に近い。城下町は近代の田園都市の原型である

とさえいう歴史学者*4もいるほどである。

一方では、網野善彦が明らかにしたように、中世後期から発達した自由な商業活動が、織豊系城下町においては楽市楽座の制度によって保証され、町人地である「まちば」で自由闊達な都市文化が花開いてもいた。このような流れは、幕藩体制の成立とともに封建的な支配の仕組みの中に取り込まれていったのであるが、江戸時代の中期以降に徐々に町人が力を蓄えると、その経済活動を中心にした伝統的な「まちば」の自立性を復活させ、町人文化を生む基盤となったのである。

このような伝統は、中央集権的な近代社会の中で弱体化したが、現代の市民社会への動向の中で再び息を吹き返そうとしているように見える。例えば、埼玉県川越市一番街の蔵づくりの町並み再生や、滋賀県長浜市のまちづくり会社「黒壁」を中心としたまちづくりなどは、近世以来の町人文化の基盤があり、まちづくりにおいても自立性と先進性が発揮されている例である。自由な人間活動の集積の場であり、多様な文化が組み立てられる場でもあった城下町の「まちば」は、現代の市民文化の発達によって城下町以来の多様な面が再興しつつある。そして旧武家地や住宅地に住む市民は、環境問題や教育問題など、また別の視点から市民運動を盛り上げ、新しいまちづくりの状況が見え始めている。

商業・生産活動を担う町人地、聖域であり緑地でもある寺社地、城郭を中心とした豊かな環境に恵まれた武士の住宅地など、多様な環境要素と居住スタイルが一元的に組み立てられていた城下町という装置が、多様性と地域の個性を重視する現代社会の中で、再び重要な意味を持つのである。これが「城下町都市の現代性」である。

さて、このような城下町都市の現代性の仮説を前提に、再び城下町とは何か、その性格を確認しよう。

城下町は軍事都市か？

「城下町とは何か」と問われたとき、さまざまな答えが返ってくる。城下町は軍事都市であり、守りを固めるための工夫がなされたものというのが最も一般的

---

*2——野中勝利ほか『城下町都市の戦前の街路計画に関する研究』（学位論文、1992）はこのような事実を明らかにした
*3——玉井哲雄『近世都市空間の特質』（日本の近世9 都市の時代、中央公論社、1992）は、近代化を受け入れる基盤を持っていた城下町の3つの資質について述べている
*4——川勝平太『文明の海洋史観』（中公叢書、1997）には、「庭園（田園）都市の究極の原型をたどっていくと日本に行き着く」という記述がある

である。江戸時代の軍学の影響か、ただの町割りと街路づけの不整合にしか見えないものにも、そうした説明がされる*5。軍事という目的だけで考えれば、中国やヨーロッパの都市のように城壁を張り巡らすことが、最も簡単で明快な方法であったはずである。19世紀になって建設されたヴェトナムのフエは、中国、フランスの影響を受けて建設された城下町であるが、完全に城郭を分厚い城壁で取り囲み、閉鎖的な都城の構成をつくっている。日本の城下町は、どちらかといえば周辺の農村と連続的な構成をもっていた。もちろん守りのための桝形*6や木戸や堀を巡らすなどの構成はあるが、それらが軍事的目的のみにつくられたというよりも、都市を構成する目的のひとつに軍事的防御があったといったほうが正しい*7。むしろ城下町は藩領の中心地として、都市機能を計画的に集積・配置して、その時代の都市への期待を一身に担って建設されたものなのである。そしてこのことを実現するために、城下町は必然的に多様な空間システムを抱え込むこととなった。矩形の整然とした町割りの町人地や武士の庭付きの屋敷地があり、また高密度な混住を可能にした足軽屋敷もある。城下町の中に多様な住宅類型、建築類型が秩序正しく配置されているのである。その一方で、高密度な商店街のすぐ裏には河川があり、自然と接することのできる場が存在し、自然の風景と人工的なものとが一体となった空間システムがあった。このように多様な空間システムが統合され、社会的な階層が統合されているのが城下町であり、居住空間から見ても選択の幅の広い都市構成からなっている。

そして以上のような多様な空間を一元的システムに統合したのは、環境や風土に対する鋭い造景感覚に基づくデザイン手法であり、経験の中で蓄積された都市建設と環境制御の卓越した技術であった。

庭園都市・山水都市としての城下町

城下町をデザインした美的感性は、風土や自然と一体となることが基本原理であり、いわゆる場所性、都市のアイデンティティを重視する現代的な都市づくりのめざす方向とも共通する。

城下町では、城郭を中心に堀を巡らし、その堀を維持するために周辺の地形、河川や水の流れや風の方向などとの合理的関係がデザインされ、都市が組み立てられた。地形や水の流れに対応した居住空間が計画され、自然の地形を軍事的な意味合いも含めて用いている。あるいはシンボリックな城郭や櫓の構成を演出し、周辺の山々を都市の造景デザインに組み込んでいる。現代都市のあり方を、地域の資源に根ざして考えようとしたとき、このような基本原理は活用できる可能性が高い。城下町都市で都市デザインの作業を始めれば、実に豊かな活用できる要素がまちなかに配置されている。造景文化の精華として成立した城下町は、再び現代都市デザインの成果の基盤となる。

城下町はまさに各藩の唯一絶対的な都市として成立し、維持され成長した。町人を城下町に集め、経済活動をここに限定することにより効率的な市場を形成し、他の藩と競う経済活動を展開させる。藩領の経済の中心として、城下町という機構によって地域経営の中心を形成したのである。そのように考えると城下町は見事にその役割を果たしたのであり、近代に

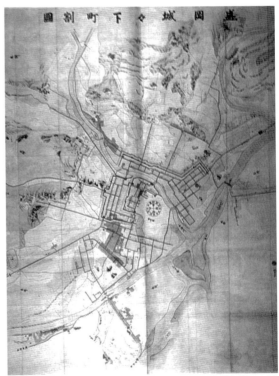

自然環境に沿った町割りの城下町(盛岡、「盛岡城々下町割図」(慶応年間)の一部)

---

*5——三重県松阪のノコギリの歯状の町並みを「武者隠し」と呼んで軍事的目的と説明されるが、宅地割りと街路が直交しないための形態にすぎない
*6——城門と城門の間に設けられた矩形のスペース。本来防衛の目的で設けられたが、現代では都市空間の「溜まり」としての意味を持つ
*7——内藤昌(前掲)は、安土城の多様な側面を解明し、「世界観の大変革期がいみじくも生んだ日本の〈理想郷〉こそ、〈都市〉の歴史相において安土城とその城下町である」としている

入っても都市と農村を結び、地域における都市的集積の中心としての役割を担ってきた。

そしてまた城下町は、藩領の統治の象徴としての意匠が与えられる。信長の安土城が内藤昌らの研究によって、その壮麗な天守閣建築と宗教的な意味合いも含めて、多様な意味が込められたものであったことが明らかにされた[*8]。このような権力の象徴として信長の安土城建設やこれを展開した秀吉の長浜、伏見、大阪城の流れを汲みながら、江戸期になって藩主がそれぞれの藩領の象徴としての城下町を建設した。その後の城下町にもこの伝統は引き継がれている。宮本雅明が詳細な研究で明らかにしているように[*9]、城郭へのヴィスタを強調した空間演出も、象徴としての城郭を際立たせ、城下町の意味を表現している。天守閣や櫓なども、壮麗な絵画的表現を取り入れて「みやこ」としての演出がされた。また、その一方で、城下町は祭りや文化を演じる場でもあり、地域文化を表現する舞台装置としての町が建設されたのである。

日本の都市の起源と城下町

以上のような城下町の計画・デザインの方法は、16世紀末から17世紀初頭にかけての城下町建設の時代に、それまでわが国で培われた都市建設の思想と技術を基礎に試行錯誤を繰り返しながら成立した。平安京に代表される条坊制による古代都城は、これらの城下町の源流のひとつに位置していることは間違いない。しかし、中国から伝わり、藤原京で本格的に取り組まれ、平安京で完成の域に達した古代都城の条坊制の都市構成手法と、以上で述べた城下町の構成とは大きく異なる。

日本の都市の起源が、律令国家の成立による都城の建設とする見方には実は異論がある。弥生後期の前方後円墳の古墳時代に倭国家の成立とともに都市が成立し、この都市こそ日本列島の風土の中から生まれた独特の文化を表現した日本型都市の起源であるという寺沢薫の説[*10]がそれである。律令制国家とともに都城が成立する以前に、日本型都市が成立し

ていたという仮説であり、もう一歩進めれば、こうして成立した本来の日本文化の基底にある「場所と応答し環境を自由に組み立てる日本独特の方法」が、中国の都城の建設方法の移入により押し隠されてしまった。その後、その中国の合理的な都市構成の方法をひとつの経験として、より自由に地域に対応して空間を組み立てる日本的な方法が再生され、最終的な完成形として城下町に結実した、という壮大な仮説も描きうる。

網野善彦の諸論は、中世の日本に自由な多様性が花開いていた様子を生き生きと明らかにしている[*11]。そして、律令制国家や古代都城、直線的道路を国全体に引き込む方式が中国から一時的にもたらされたが、これらが本来の日本文化とは異なる性質のものであるという説は魅力的である[*12]。長い歴史の積み重ねによって、多様な経験を結集して構成されたのが城下町なのであり、こうして成立したのが日本的な方法なのである。モンスーン気候の東アジア、東南アジアに共通する気候風土と適応しながら安定した居住空間が成立し、それが河川や地形によってつながれて洗練され、ある種の完成をみたのである。

さらに現代社会を「新しい中世[*13]」と位置づけることもできよう。網野らによって解き明かされていく中世の生き生きとした世界が、現代社会へ連なる日本の社会や都市のあり方と重なって見えてきている。要するに、ひとつの権力や権威によって画一的なモデルを適用するのではなく、さまざまな権威や多様な主体があり、自律的な活動をつなげて都市化の活動と空間を編集していくのである[*14]。この時に頼りとなるのが、地形や自然環境条件、風景などであり、こうした大きな骨格をもとに複雑な要素を組み立てた城下町のデザインは、現代の都市づくり・都市デザインと共通するものがある。

城下町都市の設計手法

城下町は、既出のとおり美的な感性に基づいて庭園のようにデザインされた都市である。例えば、本書でもとりあげている鶴岡では、庄内の人々の誇りであ

[*8] ──内藤昌(前掲)
[*9] ──宮本雅明の一連の研究、その集大成としての『都市空間の近世史研究』(中央公論美術出版、2005)
[*10] ──寺沢薫『日本の歴史02 王権誕生』(講談社、2000)
[*11] ──例えば、網野善彦『日本中世都市の世界』(筑摩書房、1996)など
[*12] ──網野善彦『日本とは何か』(講談社、2000)
[*13] ──田中明彦『新しい〈中世〉』(日本経済新聞社、1996)では、「新しい中世」という概念から21世紀の世界システムを論じている
[*14] ──松岡正剛の編集的方法に関する諸論が参考になる。例えば、『知の編集工学』(朝日文庫、2001)など

る鳥海山、月山、金峯山、母狩山などの山々の風景を取り込んで、まさに藩域全体の統合の象徴として都市をデザインしている。山当ては単に測量としての意味合いではなく、この鶴岡というまちが、領域全体の風景を凝縮した都市を表現している。都市の風景と全体像を形成している平面的な合理性よりも、人の視点から見た風景のシークエンシャルな組立てである。ここでは「風景の統合」としての都市を見事にデザインしている。空間的な形式によっているのではなく、それぞれの城下町が、独自の方法で多様な都市の構成要素と地域の条件を織り込んでデザインされている。このことは本書の多数の図版から理解されることだろう。

　形式的なモデルがあるわけではなく、グリッドの都市のような機械的な方法でもなく、ウィトルウィウスの建築書やスペイン植民都市の建設に新大陸で用いられたインディ都市法のようなマニュアル的な設計法でもなく、古代都城の形式的な風水的方法でもない。城下町では、長く変わることのない風土、風景、地形、地質など、その場所にある資源をベースに演出されている。

　また、城下町のデザインには、さまざまな設計手法が組み合わされながら使われている。本書26ページに近世城下町の都市デザイン手法を仮説的にまとめた。橋詰め、街路の折れ曲がり、見通し、櫓などのシンボル、さらに周辺への眺望など、空間演出のヴォキャブラリーが多様に組み立てられて、つなぎ合わせて全体が編集されたのである。

　まず、近世城下町は立地条件が選ばれ、そこに城下町の主要要素や骨格をどのように配置するかが検討される。ここではおそらく地形や周囲の象徴的な景観、山当て、既存の条里が用いられ、大きな構成が決定される。そして50間、75間、30間など、その町固有の町割りのモデュールが選択され用いられた。

　こうして、基本的な町人地はいくつかのグリッドが都市骨格と絡みながら組み合わされた。そのグリッドも少しゆがんだ形のものが用いられた。一方、武家地では基本は格子状であるがT字やクランクや桝形など、さまざまな手法が用いられ、全体の大きな骨格と小さな町のデザインが調整されている。基本的には開放的な構成の城下町を分節化し、軍事的な目的にも叶っていたことはいうまでもない。

　近世城下町の都市デザインの手法は、大きな法則によったというよりも、さまざまな設計手法が選択され、それを組み合わせながら小さなところから大きなものに戻り、あるいは大きなところから小さなものに降りてくるといった設計プロセスを経て、全体が組み立てられている。ある決まった法則に全面的に規定されるのではなく、都市を成立させるための条件を読み込みながら、それまでに培われた手法を駆使して設計したのであろう。周辺に信仰の対象となる美しい山があれば、それをデザインの中で取り込んだのは当然だし、河川も町割りと整合させる形で堀に用いただろうし、平山城の櫓などへ向かう景観軸も演出された。しかも、前にも述べたとおり、300もの城下町がこの時代に集中的にデザインされ建設されている。このため、城下町建設の際には、互いの情報交換により共通の手法が蓄積されていて、固有の目標や場所性に応じてさまざまな手法を組み合わせながら、城下町設計を行っていたと考えるのが妥当であろう。

　このように、画一的なモデルによらない方法により、個性的な近世城下町ができあがったのである。

城下町の構成には、大きな空間を組み立てる原理が明快な城下町の全体像の組立てに重きを置いたものと、個別の地区の自立性に重きを置いた全体としてはわかりにくい空間構成になっていったものがあるが、そのわかりにくさも解析をしていくと、一定のルールのもとでの構成方法を読み取ることができる。都市を構成する原理を必ず持っているのが城下町である。

　18～19ページは、城下町の構成を「規模の大小」と空間の組立ての「整形（機械的）―不整形（有機的）」という軸で整理したものである。このように並べてみたとき、それぞれの都市の「すがたかたち」の多様性が理解できる。そして、それぞれが独自の構成手法の組み合わせによりデザインされていることがわかる。

　このようなわが国の典型的な都市類型のデザイン原理を、私たちはどう評価すべきであろうか。単に歴史の中のひとつの物語としてすましてしまうのか、あるいはその原理をエコロジカルな風土的原理と応答したものとして、これからの21世紀の都市づくりの中で生かしていこうと考えるのか、大きな分かれ目である。

城下町都市の近代

　こうした近世城下町の構成が激変するのは明治維新

期である。幕藩体制が崩壊し武家社会が解体され、中央集権国家による近代社会に適合する開放的な都市への改造が進められた。旧時代の象徴として城郭が解体され、天守閣や櫓などの建築が取り壊され、堀が埋められた。しかし、個別の建築や造作などの破壊はあったが、見方を変えれば、その後の大火後の復興計画や、戦災復興都市計画を除けば、城下町の都市としての基本的な構成や骨格に大きな変化はなかった*15。

多くの城下町が解体の危機に瀕したのは、1960年代以降の高度経済成長期の車社会へ対応すべく進められた街路整備を中心とした新しい都市計画が地方都市にも及んだ時期である。近代化により、広幅員道路が縦横に計画され、実施に移された時期である。この時、無批判に機能的な側面から街路の拡幅を進めた都市と、意識的か否かは別として選択的に整備に入った都市がある。後者の城下町都市では、都市計画決定がされていても、景観形成基本計画や歴史的町並みの保全をめざして、さまざまな取組みが徐々に進められた。特に、1980年代に入ると町並み保全運動が展開され、後期には景観形成計画に取組む都市も現れてきた。重要伝統的建築物群保全地区の制度により、歴史的な町並みの保全が各地で進んだが、これを歴史的市街地に面的に展開することが次の関心事になってゆく。

城下町都市復興の物語を

1990年代にはバブル経済の崩壊による苦境のなかから新しい城下町都市づくりの萌芽が生まれた。経済的に苦しい時代を乗り越え21世紀が始まった。この90年代の実績はこれからの都市づくりにとって、特に地方の都市づくりにとって重要なものである。「失われた10年」といわれるが、厳しい条件の中で、地域の潜在力や資源を生かした内発的な方法により実践が進んできたのも事実である。ここで培われたものが、21世紀の中核になる方法であり、まちづくりの原則となる。これからのまちづくりでは、基本的生活環境の向上、個の啓発、住民地権者主体の原則*16 などが重要である。こうしたことは、これまで述べてきた城下町都市づくりにも共通する。権力者が都市をつくり、単一の形態で押し込めるという古代の都城の発想を超え、個々の自律的で多義的なものが組み立てられ、相互作用の中で都市ができる。小さな部分の集積で不整合に見えるものが、じつは、厳然として存在する風土や地形により秩序立てられている。これこそ日本の文化の特質を反映したものである。

地域協働による景観まちづくりの進展

現代の城下町都市の都市づくりは、歴史的な都市構成に近代の骨格が重ねられた歴史的市街地のその上に、また重ね合わされることになる。本書の初版が発行されたのは2002年4月である。それ以来10年以上が経ち、この間、城下町都市の歴史的景観と町並みの保全・再生など都市づくりはさまざまに進展している。地方都市の衰退がいわれるなかで、それぞれの歴史的都市としての城下町の固有の価値を見直し、さまざまな市民組織と自治体、専門家が共創するまちづくりの動きが進んでいる。

この間、2004年に景観法が施行され、景観基本計画などにより、多くの城下町都市では歴史的景観の保全を計画に盛り込み、さらには「歴史まちづくり法（2008年）」も施行され、44都市が歴史的風致維持向上計画の認定を受けるなど、流れが加速されている。伝統的建築物群保全地区などの建築町並み保全から、歴史文化を総体として保全する流れになってきている。そしてその主体としてまちづくり会社、NPO法人をはじめさまざまな市民セクターが担い手として多様な活動を展開している。

本書で扱っている、周辺の自然景観との結合、風景の保全などがこれらの動きのなかで見直され、眺望や風景、魅力的な都市空間デザインを組み立てて、都市の全体像としてのデザインが試みられつつある。景観・町並み整備が、歴史的市街地全体に広がりを持つネットワークや面的な整備として計画・実行されるにつれて、市民の日常生活の質の向上や活動の場の創出も含めて、歴史資源の活用が図られるようになっている。

こうしていま、日本独特な都市づくりの文化が花咲こうとしている。城下町都市の長い伝統、つまり築城の時代よりさらに以前からの長いプロセスを経て成立した「都市を造景する文化」を引き継ぐのが現代

---

*15——こうした城下町の近代都市づくりに関しては拙編著『城下町の近代都市づくり』（鹿島出版会、1995）に詳述してあるので参照いただきたい。特に、野中が昭和初期に策定された街路の都市計画について詳述している
*16——筆者は『まちづくりの科学』（鹿島出版会、1999）の中で、まちづくりの原則として「漸進性」という言葉を使い、こうしたことの重要性を述べた

の都市づくりなのである。本書では、それぞれの城下町都市がどのようにそのような文化を体現し、21世紀の都市づくりに展開しつつあるのかを数々の図面で表現した。こうして城下町を基盤として、単なる歴史的町並みの保全ではなく、もっと奥深い都市復興の物語を組み立てるのが、新しい世紀に望まれる城下町都市づくりなのである。

　20〜21ページは城下町の基盤の上で展開されている現代の都市づくりを、空間戦略として解釈し図示したものである[*17]。ここで示された空間の多様性は単純なモデルの当てはめでは制御しきれない、複雑でしかし多様な可能性を秘めたものであることが理解できる。このような都市づくりは、城下町都市の持つ社会的な潜在力によって支えられている。そして、それは前述したような城下町から連綿として続く「都市に対する誇り」が、その基盤にあることは間違いない。

地方都市はいま、大きな岐路に立たされている。際限なく広がる郊外化と都心部の衰退の中で、多くの都市が危機にある。明治以降の近代都市づくりは、城下町という独特の基盤の上に、全体像をもたないままに部分的な計画が実行されてきた歴史であるが、その歴史の重層を評価して本格的に都市デザインに向かうのが「現代の城下町都市づくり」の使命である。

本書に取り上げた現代の城下町都市では、それぞれの方法で都市づくりの運動が沸々と動き出している。このときに、そのまちづくりの基盤である都市の組立てとの関係から、小さな動きと大きな構造の相互関係を読み取ることができる。ここで浮かび上がってきた城下町建都以来の物語から、21世紀の都市づくりのヴィジョンと戦略が見えてくる。

[*17]——早稲田大学佐藤滋研究室「検証・地方中心市街地再生戦略」『造景』16（建築資料研究社、1998）では、ヴィジョンと戦略の整合性について14都市を事例に検証した

城下町一覧

本書で分析した城下町の構成原理を一覧表として、[規模][形態]のふたつの軸で分類した。

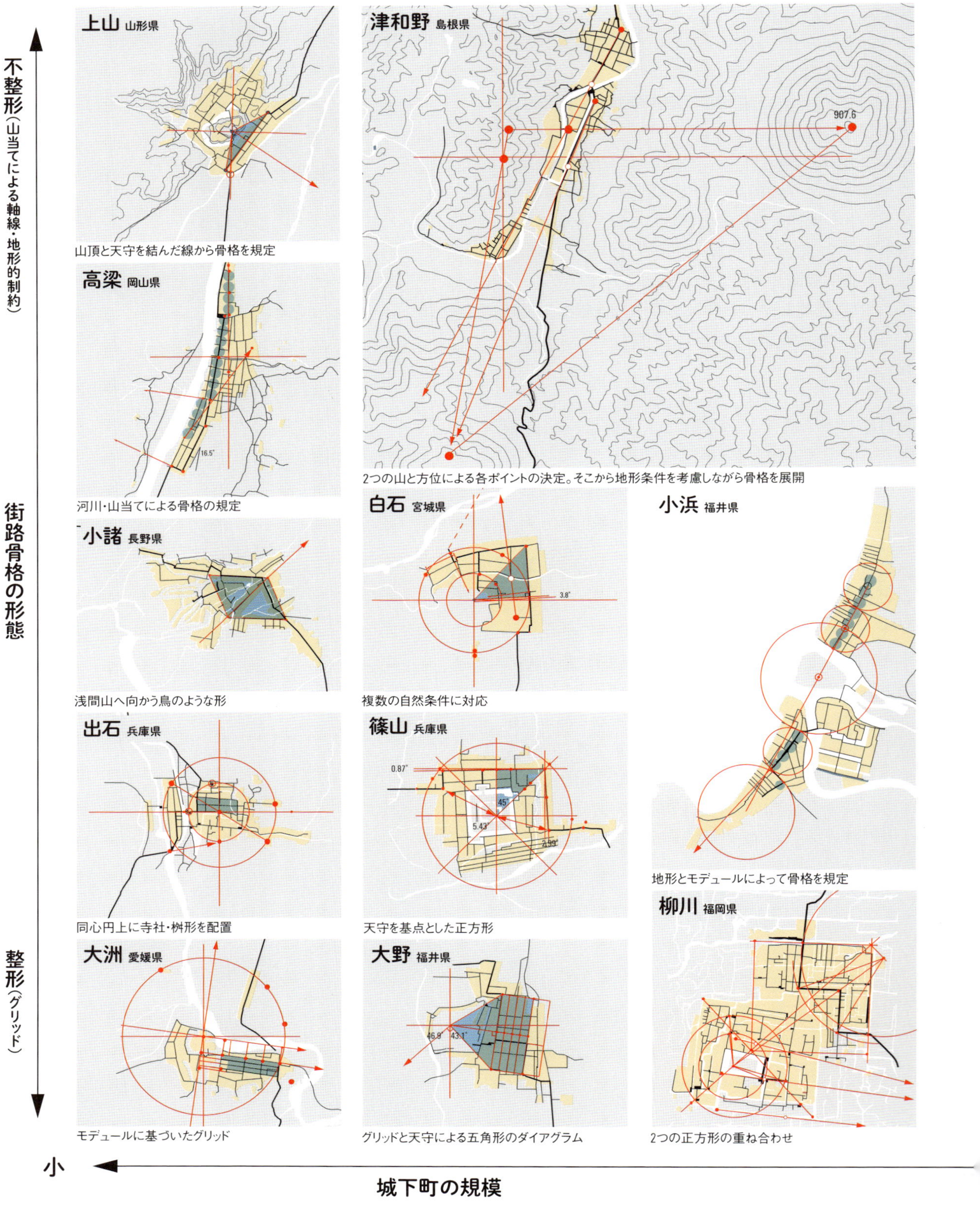

街路骨格の形態
不整形(山当てによる軸線・地形的制約)
整形(グリッド)
上山 山形県
山頂と天守を結んだ線から骨格を規定
津和野 島根県
907.6
2つの山と方位による各ポイントの決定。そこから地形条件を考慮しながら骨格を展開
高梁 岡山県
16.5°
河川・山当てによる骨格の規定
小諸 長野県
浅間山へ向かう鳥のような形
白石 宮城県
3.8°
複数の自然条件に対応
小浜 福井県
地形とモデュールによって骨格を規定
出石 兵庫県
同心円上に寺社・桝形を配置
篠山 兵庫県
0.87°
45°
5.43°
2.99°
天守を基点とした正方形
柳川 福岡県
2つの正方形の重ね合わせ
大洲 愛媛県
モデュールに基づいたグリッド
大野 福井県
46.9°
43.1°
グリッドと天守による五角形のダイアグラム
小
城下町の規模

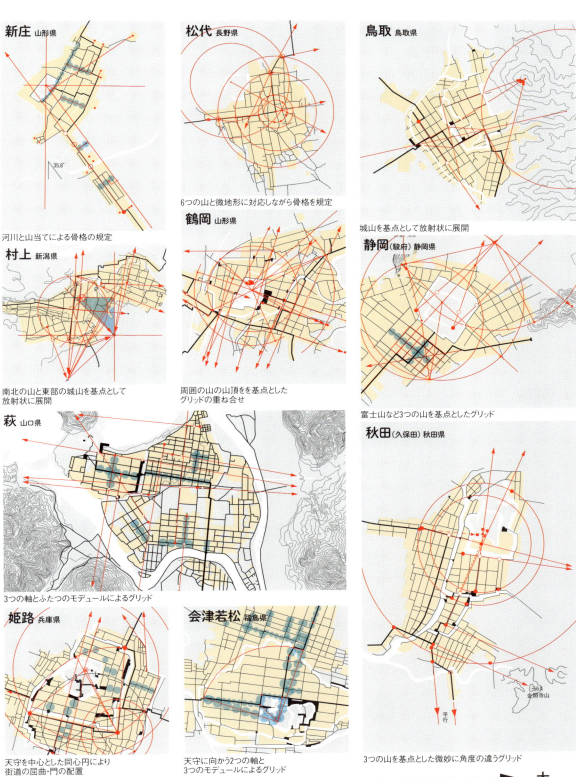

城下町都市の都心空間ヴィジョン

それぞれ多様な城下町の骨格を基盤にして、個性的な都心空間を形成するヴィジョンを描いている。
(旭川はグリッド都市の参考例)

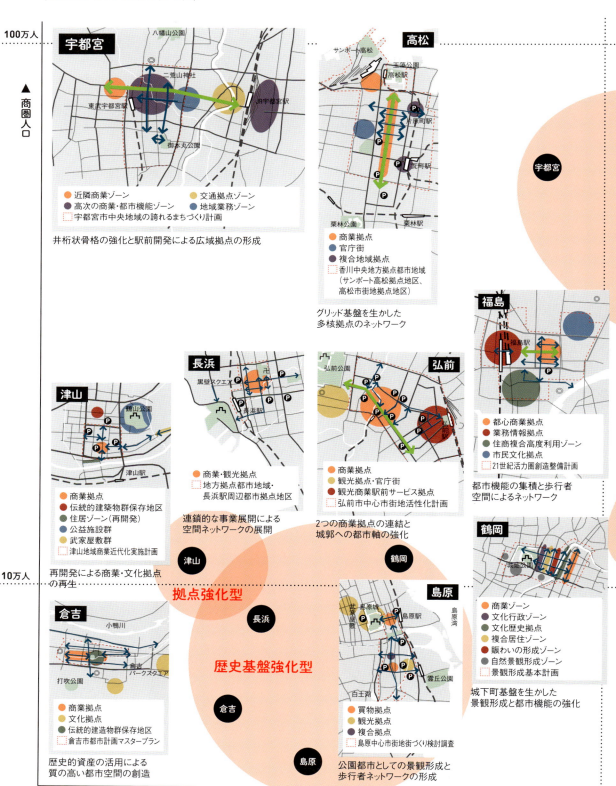

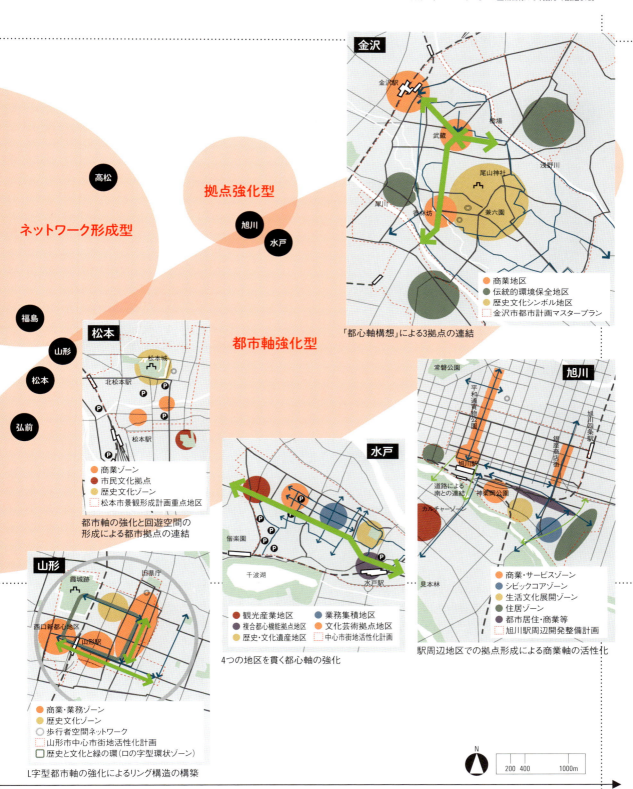

遊動空間の提案──1
福島県二本松市 竹田・根崎地区

まちづくり振興会議と早稲田大学佐藤滋研究室で、
模型を使用したデザインシミュレーション・ゲームで作成した街路整備、遊動空間のイメージと建築誘導のガイドライン。
城下町の自然・地形を基盤とした「環境・居住複合体」のイメージが描かれ、これらを基に事業が進行した。

A｜街路と路地による骨格街路と山際宅地の連結

崖線部に元井戸を掘り地下に管を通して市街地に水を引く

街区の空地を菜園や広場として利用しそこに面した土蔵を地区民のためのコミュニティ施設や喫茶店に利用する

引き水を再生しせせらぎなどで広場や路地を演出する

街区内には広場や路地ができ周辺に住宅ができる。土蔵は地域のコミュニティ施設や喫茶店になる

竹根通り沿いには店舗や広場、駐車場ができていく

B｜まちの広場としての骨格街路の拡充

ちょうちん祭り、菊人形、花市などのイヴェントを開催することができる広場的デザインにする

車道と歩道の段差をなくし、停車帯も歩道の一部のようなデザインにすることで、必要以上に車道が広く見えないようにする

広小路のような、まちの広場のように使える空間にする。全体の雰囲気は奥州街道をイメージした土風の舗装とする

C｜共空間による骨格街路と水辺空間の連結

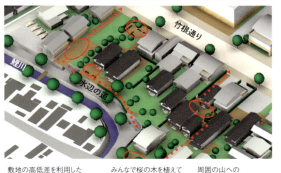

敷地の高低差を利用したレストランや喫茶店をつくる

みんなで桜の木を植えて花見をしたい

周囲の山への眺望を楽しむ

鯉川沿いの景観を生かして、土蔵のレストランやテラスのある喫茶店などをつくる

竹根通り沿いに広場をつくり、鯉川まで通り抜けられるようにする

イメージタイプの例

雰囲気の良い路地や小径をつくり回遊性を高める

生垣をつくりプライバシーを守り、隣同士の敷地で中庭を連続させる

県道沿いの景観に配慮し敷地奥に駐車場をつくる。入口は共有するなど協調する

土蔵をギャラリーに

同じ建材を使用するなどして整った景観にする

敷地奥に抜けることができる通路や庭をつくる

3階建てはセットバックして圧迫感を和らげ、壁面を揃えたり、同じ雰囲気のものにする

バス停に休憩スペース

遊動空間の提案──2

山形県鶴岡市 本町1丁目地区

鶴岡の商業中心部で住民の方々とまちづくりデザインゲームを繰り返し、まとめた整備イメージ。
これは必ずしもこの場所で、このように整備するというのではなく、
デザインガイドラインとそれを当てはめたイメージを示したものである。

A｜本町1丁目地区
「会所地」の再生を核にした通り抜け空間の連結

①内川沿いの景観に配慮し新規の建物のファサードや屋根などに統一感を与える

②街区内部の低利用な会所地をイヴェントができる共空間として再生・活用する

③空間を開放するだけでなく街区内に残る住民中心の生活道路の雰囲気・空間をそのまま残す

④悪天候時でも店前に車を止められるように通りに停車帯を設ける［ワークショップでのアイディア］

模型を使ったデザインゲームに取り組む住民たち。豊かなイメージがデザインされる

提案

山王町地区：住民の協調による個別および小規模共同建替えによって連担させた中庭などが、通り抜け空間として街区内に連続される

協調建替え（貫通通路の創出）
私的屋外空間
協調建替え（中庭の創出）

イヴェントなどによって内川ほっとパークを活用する

大泉橋を架け替え・整備する

親水空間を活用する

本町1丁目地区：「会所地」を共空間として再生し、それを核に歩行者空間ネットワークが形成される

会所地再生
私的屋外空間
協調して路地を創出
駐車場

凡例：
- 山当て
- 主要街路
- 小路
- 歩道
- 私的な庭
- 駐車場
- 住民で共用する共空間
- 一般に開放する共空間
- 歴史的建築物
- 活用された歴史的建築物

景観ガイドラインの提案
山形県鶴岡市 周囲の山々への眺望確保の考え方

鶴岡のまちを歩くと、周囲の山々の山容や稜線の見え隠れを楽しむことができる。
このような変化する風景を保全するため
「三の丸の景観形成ガイドライン」などの取り組みが進んでいる。

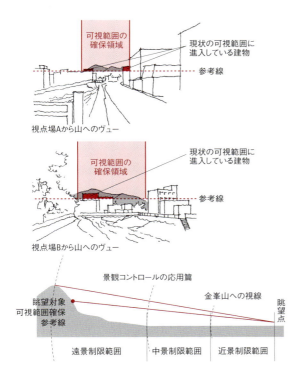

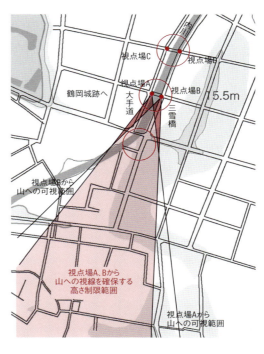

内川の広い空間を通して見る鳥海山の姿、あるいは狭い街路から見え隠れしたりする金峯・穂刈山などの山容景観は、新しい施設の建設計画においても、それぞれ異なる質としてデザインされることが望ましい。鶴岡市では、景観審議会などでこれらのチェックが行われる。

*59ページもあわせて参照

①-1 致道博物館・重要文化財西田川郡役所と鳥海山への見通し

①-1 西の堀沿いから鳥海山への見通し

②-1 内川から鳥海山への見通し

⑩ 市民フォーラムから金峯山への見通し

①-2 西の堀から金峯山への見通し　　②-2 内川から金峯・母狩山への見通し

建設が始まる市民会館と金峯・母狩山

近世城下町の都市デザイン手法

城下町には、画一的な都市形態モデルによるデザイン手法が存在したわけではなく、それぞれの固有な特性を持つ地形風土に適合して、多様な空間構成技術が巧みに取捨選択され、組み合わされながらデザインがなされた。

これらの手法は、大きくふたつに分けて、①自然的環境と応答する都市デザインと、②景観を演出する都市デザインのふたつに分類することが出来る。自然地形や風土に緩やかに共生し、全体が計画されると共に、美的感性の基に天守や主要な櫓に対するヴィスタが演出されており、山容を取り込んだ街路景観には、自然との一体性を兼ね備えた設計技法が山当てとなっており、ふたつの要素を計画する一体を計画する意思が映し出されているのだ。

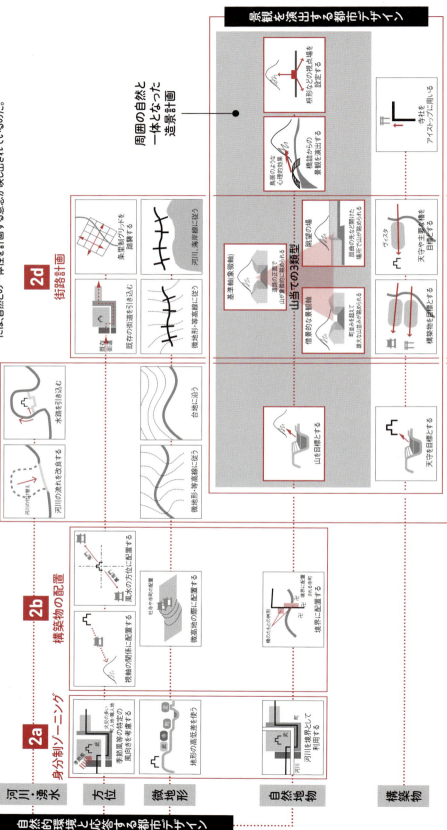

城下町都市絵図 57

・城下町のデザイン（城下町の復元図、構成原理の解読図）について
城下町の構成原理の解読図は、個別都市の都市史の蓄積と、先行研究の成果を個別に参考にさせていただきながら、現地調査での発見、地図上での確認作業などに基づいて作成した。私たちが独自に構成原理の解明が進んだものとそうでないものもあり、復元図としてのみ表現したものもある。解読に関しては都市デザイン・都市計画の立場からの推測的・仮説的な部分も少なくないが、内容には現地調査などで確認をした。また、城下町の街路と城郭、櫓などへのヴィスタに関しては、宮本雅明氏の一連の研究があり、参考にさせていただいた。詳細は、参考文献一覧のページに記した。ほかにも、巻末の参考文献一覧に掲げた文献を参考にしているが、図示したものは著者の責任において記述している。

また、山当てについては、GIS・GPSを用いた詳細な検証を行っており、その方法は、28ページ「GIS・GPSを用いた山当ての検証手法について」に詳しく記載した。この検証の結果から、①基準軸（象徴軸）、②借景的な景観軸、③眺望の場、という3つに類型化し、以下の通りに表記している。

基準軸（象徴軸）	借景的な景観軸	眺望の場
道路の正面で山が象徴的に眺められる	町並みを超えて雄大な山並みが眺められる	開けた場所で山が眺められる
ライン間角度α<0.5°	0.5°≦ライン間角度α<5°	屈曲の先などの短スパン街路

・近世→近代→現代の変遷図について
各城下町都市についてそれぞれ変遷図を作成している。各都市の変遷の特質を表すために表現方法は各々異なり、
1. 骨格の変容を明確にするため抽象的に表現したもの、
2. 実態的に表現したもの、

がある。
また、市街地の範囲は、以下を原則とした。
・近世では、1600〜1800年頃の「城下町絵図の城下域（城郭・武家地・町人地・寺社地）の範囲」
・近代では、1920年頃の「陸地測量部発行の1/25,000地形図の『普通家屋』（薄いメッシュで示されている）の範囲」。また、必要に応じて『陸地測量部発行の1/25,000地形図の『商賈連檐』（商店街のこと、濃いメッシュで示されている）の範囲』を「商業集積地区」として標記した。
・現代では、原則として、市街地の範囲を1995年の「人口集中地区（DID：国勢調査調査区を基礎単位地域として、原則として、人口密度1km²当たり4,000人以上の調査区が市区町村の境域内で互いに隣接して、それらの隣接した地域の人口が5,000人以上を有する地域）の範囲」または、人口集中地区が広域にわたる場合には、1990年頃の「国土地理院発行の1/25,000地形図の『建物の密集地』の範囲」を示した。しかし、規模の大きな都市では、城下町の範囲をはるかに超えてDIDが広がっているため、これに代えて「同1/25,000土地利用図の『商業・業務集積地区（公共業務地区を含む）』の範囲」として特記した。

・都市のデータについて
各城下町都市に人口と気象データを付した。人口は、2010年の国勢調査を基にしており、増加率については2005年と比較している（DID、および準DIDの設定されていない都市は記載していない）。
気象データは、各地方気象台発表のものを掲載した。
また、気候的特徴を示すために風配図を掲載している。風配図は、各都市の風向きの傾向を把握するために、各月の平均風速を風向きと風速量という軸で構成される円グラフ上にプロットしたものである。例えば、秋田の風配図では、春・夏・秋に南西から平均4m/s弱の風が、冬には西から平均5m/sの風が吹くことがわかる。なお、気象データと風配図については、一部の都市にデータがなかったため割愛している。

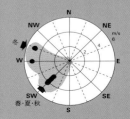

GIS・GPSを用いた山当ての検証手法について

本書では、GIS・GPSを用いることで山当ての正確なラインをマップ上に記述している。すなわち、街路中心線の視点場から山頂に引いた線に対するズレの角度を算出し、①α≦0.5°の基準軸、②0.5°<α≦5°の借景的な景観軸、③短スパンの眺望の場、という3つに分類した。

基本的には1/2,500のGISマップを用いて計測を行ったが、これが入手できなかった都市や、マップ作成の都合上、現場の実態と大きくかけ離れている街路では、GPS測量を用いて精度を確保した。

ここでは、そのGISとGPSを用いた精密な計測方法について以下に述べる。

山当ての計測方法の考え方

図1に示す山当ての計測方法は、目視で確認されている「道路の正面に山の頂が位置している眺望」の実態を、道路中心ラインと山頂の座標との位置的なズレとして定量的に検証するものである。具体的には、「対象道路」の[道路中心ライン]と、視点場と「対象山」の山頂を結ぶ[山頂ライン]を、GISとGPSを用いて正確に計測し、両者の間の角度を「ライン間角度」として算出する。同時に、視点場から山頂への「仰角」を計測する。

また、この方法は、一般に公開されている各種の座標データなどを活用しながら、高い精度での計測をめざすものであり、これに用いた用語の定義は図1に示した。

目視調査による山当ての発見

山当ての計測に先立ち、まず現地における目視調査によって、対象道路を特定した。同時に、この調査では、視点場〈a〉と中心点〈b〉の位置を特定した。

GIS・GPSを用いた山当ての計測方法
計測に用いるGISのツールなど

以下のGISによる作図は、「ArcGIS for Desktop 10.2（ESRI社製）」を用いた。

また、ベースマップは国土地理院の「基盤地図（1/2,500）」を用いた。水平方向の誤差は2.5m以内である。同地図が公開されていない都市では、同等の精度が確保されたベースマップを取得した。

また、わが国では、2011年3月の東日本大震災による地殻変動の影響で緯度経度にズレが生じている。解析に用いたGISデータは、2011年10月に国土地理院が公表した改定値（測地成果2011）に準拠して補正した。

対象道路の「道路中心ライン」の計測
1｜市街地形成期の復元図の作成

対象道路は、近代以降の整備によって線形や幅員が変更されている場合がある。GISの幾何補正機能を用いて古地図を基盤地図上に重ね合わせることで、形成期の状況を復元した。具体的に用いた資料は、図2に示した。

2｜視点場〈a〉と中心点〈b〉の座標の特定

次に、以下のいずれかの方法で座標を特定した。

① GPSを用いた実測：高精度のベースマップが取得できない場合には、GPSを用いて現地で実測した。本研究では、一般的に購入可能で最も高い精度が期待できるDifferential-GPSを用いた（SOKKIA製GIR1600）。

② GISを用いた作図：基盤地図または同等以上の精度のベースマップがある場合は、GIS上での作図によって両点の道路中心点の座標を特定した。

3｜視点場の標高の特定

視点場から山頂への仰角を算出するため、視点場〈a〉の標高を特定した。道路台帳のデータが最も正確であるが、本研究では国土地理院が公開する「5mメッシュデータ」を用いることで精度を確保した。

山頂の座標の特定
1｜地形学上の山頂の特定

まず、標高が最も高い地形学上の山頂の位置を特定した。基本的に国土地理

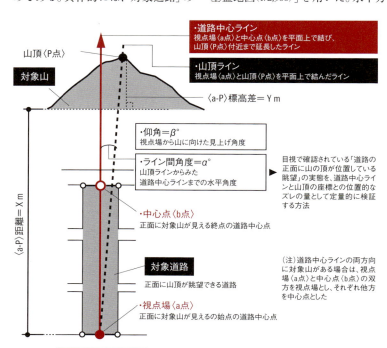

図1　山当ての計測方法の考え方と用語の定義

院の「測量の基準点(三角点座標)」を用いたが、地形学上の山頂と異なる位置に設置されている場合もある。そこで「日本の主な山岳標高」に示された座標(山頂座標)と比較し、両者が異なる場合は、資料調査などによって地形学上の山頂の座標を特定した。

2｜視点場からの可視・不可視の確認

地形学上の山頂が、視点場〈a〉から視認できるかどうかを確認した。CGにより実際の地形を映像として再現した地形透視図を用いて山頂の可視範囲を求め、視点場がその範囲に在ることを確認するものである。可視の場合はそれを対象山の山頂の座標とし、不可視の場合は「見かけの山頂」を特定した。

3｜「見かけの山頂」の特定

空間解析ツールにより、対象山の山頂以外のポイントが視点場から立面上最も高い場所に位置すると視認される場合、その地点を「見かけの山頂」とした。

ライン間角度と仰角の算出

1｜道路中心ラインの作図

〈a〉点と〈b〉点をつなぐ道路中心線を、対象山山頂付近まで平面上で延長した道路中心ラインを作図した。

2｜山頂ラインの作図

次に、これまでに特定した座標を用いて、視点場〈a〉と山頂〈P〉を平面上で結んだ山頂ラインを作図した。

3｜ライン間角度〈α〉の算出

上記2ラインの角度の差を、「ライン間角度〈α〉」として算出した。絶対値が小さい程、より道路正面に山頂が見えることを示している。

4｜仰角〈β〉の算出

視点場〈a〉から山頂〈P〉までの距離と、両者の標高差から、視点場から山頂に向けた仰角〈β〉を算出した。

＊本稿は、佐藤滋、久保勝裕、菅野圭祐、椎野亜紀夫「GISを用いた城下町都市における道路中心ラインと山頂の位置関係に関する検証」『日本都市計画学会都市計画論文集』49(1号) 日本都市計画学会、2014、および、佐藤滋、菅野圭祐、椎野亜紀夫、久保勝裕「城下町都市と北海道殖民都市における「山当て」を中心とした都市構成の解析に関する研究 その1〜GIS・GPSを用いた山当ての検証手法」『日本建築学会大会学術講演梗概集』日本建築学会、2014 が初出

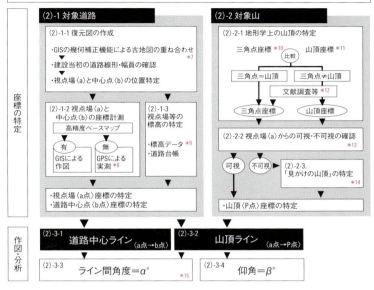

使用ツールなど

*1 現在GISで使用されるデータは殆どが世界測地系であるが、日本測地系を使用する場合はデータ追加前に座標の投影変換が必要
*2 平面直角座標系は第1〜19系に分かれており、当該地域の座標系は以下で確認できる。国土地理院、平面直角座標系、(オンラインデータ)、入手先 http://www.gsi.go.jp/LAW/heimencho.html (参照2014-10-09)
*3 縮尺は1/2,500、水平方向誤差は2.5m以内。公開されていない都市も多い。国土地理院、基盤地図情報ダウンロードサービス、(オンラインデータベース)、入手先 http://fgd.gsi.go.jp/download/ (参照2014-10-09)、トップページから認証後、ファイル選択画面で「基盤地図情報基本項目」を選択。対象地域と使用データを選択して基盤地図データをダウンロード
*4 例えば、「(株)ゼンリン ZmapTownⅡ」は、縮尺1/2500相当で水平方向誤差は1.75m以下である。
*5 「日本地図センター 数値地図25,000(空間データ基盤)」、「(株)ゼンリン ZmapAREAⅡ地域別詳細図(1/10,000相当)」、などがある。
*6 ポイントデータは下記の座標補正ソフトウエアにより補正する。国土地理院、PatchJGD、(オンラインデータ)、入手先 http://vldb.gsi.go.jp/sokuchi/patchjgd/、(参照2014-10-09)ラインデータおよびポリゴンデータは「ArcGIS 10 測地成果2011 対応パック(ESRIジャパン)」により補正

(2)-1 対象道路

*7 藩政期の城下町絵図、明治期の「地籍図・字限図」や殖民区画図、昭和初期以前の「市街明細図」、現在の「地番図」、発掘調査による「復元図」、などが考えられる。
*8 一般的に購入可能で最も高い精度が期待できるDifferential-GPSを用いた(SOKKIA製GIR1600)水平方向の誤差は1m程度である。Differential-GPSとは相対測位方式と呼ばれ、測位対象の移動局の他に位置が判明している基地局でもGPS電波を受信し、誤差を消去する方法。
*9 国土地理院、基盤地図情報ダウンロードサービス、(オンラインデータベース)、入手先 http://fgd.gsi.go.jp/download/、(参照2014-10-09)トップページから認証後、ファイル選択画面で「基盤地図情報数値標高モデル」を選択し、「種類」から「5mメッシュ」を、「エリア」から対象地域を選択する。標高の取得位置の精度は標準偏差で1.0m以内、高さの精度は標高点の標準偏差で0.7m以内である。視点場から最も近い標高点の値を採用する

(2)-2 対象山

*10 国土地理院、基盤地図情報ダウンロードサービス、(オンラインデータベース)、入手先 http://fgd.gsi.go.jp/download/、(参照2014-10-09)トップページから認証後、ファイル選択画面で「基盤地図情報基本項目」を選択する。対象地域を選択後、項目から「測量の基準点」を選択してデータをダウンロード。
*11 国土地理院、日本の主な山岳標高(オンラインデータベース)、入手先 http://www.gsi.go.jp/KOKUJYOHO/MOUNTAIN/mountain.html、(参照2014-10-09)
*12 日本山岳地図集成、学習研究社、1975年、新日本山岳誌:日本山岳会、2005、など
*13 CGにより実際の地形を映像として再現した地形透視図(カシミール3D http://www.kashmir3d.com/)を用いて山頂の可視範囲を求め、視点場がその範囲に在ることを確認する。その際、*14と同じデータを用いる。
*14 視点場からの仰角が最大の地点を「見かけの山頂」とする(図6参照)。山頂付近の標高データは、下記のデータを用いる。国土地理院、基盤地図情報ダウンロードサービス、(オンラインデータベース)、入手先 http://fgd.gsi.go.jp/download/、(参照2014-10-09)トップページから認証後、ファイル選択画面で「基盤地図情報数値標高モデル」を選択し、「種類」から「10mメッシュ」を、「エリア」から対象地域を選択する

(2)-3-1 ライン間角度

*15 真北を0.000°とし、視点場<a>を中心とする両ラインの方位角をGIS上で求め、山頂ラインからみた道路中心ラインまでの水平角度を算出する。ライン間角度〈α〉＝道路中心ライン方位角−山頂ライン方位角、で表され、道路中心ライン方位角＞山頂ライン方位角の場合にαは正の値となる

図2　GISを用いた山当てラインの計測方法

複雑な地形と呼応した町割りとゾーニング

number 01
北海道

Matsumae
松前

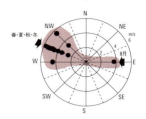

人口	—
人口の増加率	—
年平均気温	10.3℃
最暖月平均気温	22.7℃
最寒月平均気温	-0.7℃
年降水量	1,262mm
年降雪量	—

北海道内で唯一の近世城下町である松前は、段丘状の地形を巧みに利用して町割りされた。その基盤を活用して北海道新長期総合計画に位置づけられた「歴史を生かすまちづくり」を展開している。

城下町のデザイン｜街道からの城への眺望と段丘上からの海への軸線

松前は、1600（慶長5）年に始まった松前氏による福山館（松前城）の築城から市街地建設が本格化した。その後、18世紀初頭に武家地を段丘上に移転させて、近世城下町としての形態が整った。また、明治維新の直前には、北方警備を理由に城郭の大改修が行われ、天守や櫓などが建設された。

この城下町は、海岸段丘と河岸段丘が交差する複雑な地形上にある。急峻な崖が低地と台地を分け、それに応じた身分制ゾーニングが行われた。市街地は大松前川と小松前川によって3つの段丘に分かれ、城郭はその中央に築かれた。城内の北側には寺町が建設され、勝軍山に向かう軸線が見られる。東西の段丘上には大規模な寺社が配され、城から間近に見通せる。これらの参道は海に抜ける軸線を構成しており、本州の岩木山なども眺望できる。

また、町人地は低地に建設されたため、城・町人地・湊が南北に隣接する固有の空間構成となった。なお、市街地を屈曲しながら東西に貫く福山街道からは、複数箇所で天守を眺望できる。例えば、東側の町人地からは、城を前景とした大森山の山頂を望むことができる。天守が建設されなかった町割り当時は、城から街道への見通し線として計画されたものと考えられる。

❶ 天守前からの山当て　　❷ 城を前景とした山当て

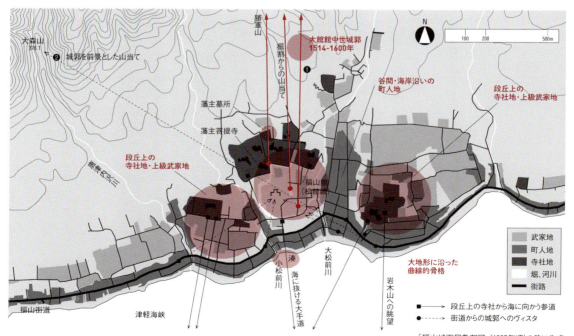

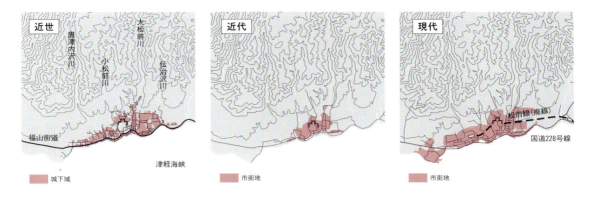

| 近現代の変容 | **市街地の東西延伸と鉄道の廃線** |

城下町松前は、城郭の南を海沿いに通る福山街道を軸に形成された。現在では、さらに海側に国道228号が開通し、国道沿いに市街地が拡大したが、中心商業地は旧街道沿いに継承されている。旧松前線が城郭の下を通って市街地北側に敷設され、城郭西側に駅が開設されたが、駅前商業地区は発達せず、現在は廃線となっている。

| 近現代のまちづくり | **戦略プロジェクト「歴史を生かすまちづくり」の展開** |

松前は北海道内で唯一の近世城下町であり、多くの歴史的資産を保有する。現在、小樽市および江差町とともに、北海道新長期総合計画の戦略プロジェクト「歴史を生かすまちづくり」を展開中である。1993年度に「歴史を生かす街並み整備モデル地区」の指定を受けて、1995年度に整備計画が策定された。この中で、①海との関わりの強化、②まちとしての多様性の表現、③景観演出の明確化、の3つをテーマとして提示している。

モデル地区は4つのゾーンで構成され、歴史的建造物の保存を初めとして、商店街の町並み整備や武家屋敷風町営住宅の建設などの事業を展開している。行政が主導的役割を担いながらも、住民が設立した「松前歴まち商店街組合」による活動なども見られ、モデル地区での事業展開を契機とした持続的なまちづくりが期待されている。

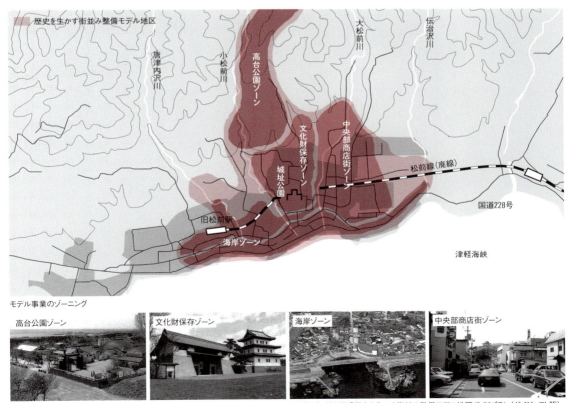

モデル事業のゾーニング

写真4点、松前町「歴史を生かす街並み整備モデル地区ガイドプラン（ダイジェスト版）」

雄大な城下町資産の保全と利活用

number
02
青森県

Hirosaki
弘前

人口	121,109人
人口の増加率	-1.2%
年平均気温	10.4℃
最暖月平均気温	23.4℃
最寒月平均気温	-0.9℃
年降水量	1,175mm
年降雪量	604cm

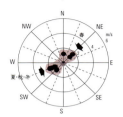

天守閣と広大な城郭が保全されている弘前では、
城址公園と近代以降の中心商業拠点、さらに多様な個性を持つ地区を連携させ、
城下町の歴史資産を活かすまちづくりを展開している。

城下町のデザイン　ふたつの正方形の組合せと城郭への景観軸

東北の城下町弘前は、津軽統一を果たした藩祖・津軽為信により1603(慶長8)年から築城されたのがその起源であり、2代信牧の時代に初期の城下町の形態が完成した。

高岡と呼ばれていた北下がりで南北に長い洪積台地の北西端に、西と北の崖地の線を基準にして町割りされた。北に広がる藩域全体を見渡し、四方に街道が放射状に延びるダイナミックな城下町の構成がデザインされている。

城郭の西側が岩木川に沿って町割りされているのに対して、東側は大手道を基線とした大きさの異なるふたつの正方形によって堀や街道の屈曲点などの主要ポイントが決定されている。また、羽州街道と秋田本道の城下町入口付近からは、延長上に城郭が見えるという景観演出も施されていた。

西に位置する岩木山は城下町の西端の寺町や東西の街路からその雄大な姿を望むことができる。ここでは街路は岩木山の山頂に対して正面ではなく若干ふれて置かれていて、町並みを前景に岩木山の勇姿を眺める構成である。

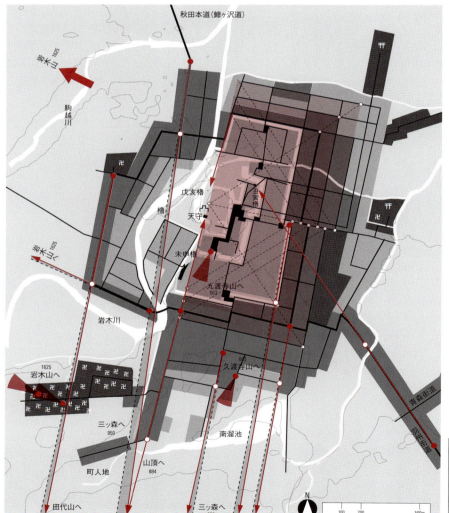

「津軽弘前城之図」(正保期)を基に作成

近現代の変容 — 城郭を中心とした放射型都市構造の展開

洪積台地上の地形的制約の少ない位置に発達した弘前は、城郭を中心に街道が四方から入り込む典型的な放射型の街路体系を形成したが、現在でも基本構造は変わらない。鉄道は城下町の東側に離れて敷設され、駅周辺では放射状骨格との不整合も見られたが、現在は区画整理事業により整備が進んでいる。中心商業地は、藩政期の城郭南（本町）から東側の土手町に移行した。市街地は戦前に軍施設が集中した南部に拡大し、軍都として発達したが、現在はその多くが大学などの文教施設となっている。

近現代のまちづくり — 水辺空間の再生と周辺の山々や五重塔への景観整備

堀や川を中心とした水辺空間の再生と、岩木山を中心とする山々や五重塔への景観整備が進められている。

まず、1919年に旧岩木川の水を引き込んで作庭された藤田兼一別邸の庭園が、市政施行100周年記念事業で整備され、1991年に藤田記念庭園として開園された。また、明治以降たびたび氾濫する土淵川では、防災事業と併せて川沿いの歩道整備が進められ、回遊性が高められている。これらと南溜池の土塁緑地の保全や、弘前公園における堀の保全改修計画などが組み合わされ、旧城郭を中心とした歴史資源のネットワーク再生が進んでいる。

土手町商店街では、イヴェント広場や商店、FMラジオスタジオのある「土手町コミュニティパーク」など、拠点整備が連続するとともに、蓬莱橋から旧応円寺五重塔への眺望が景観計画で重視されている。さらに、この計画に位置づけられた「大切にしたい場所・眺め」の中には山当ての確認される街路も含まれており、山を背景とした沿道の景観が弘前ならではの風景として認識されている。この中で最も重視されているのは、やはり岩木山である。

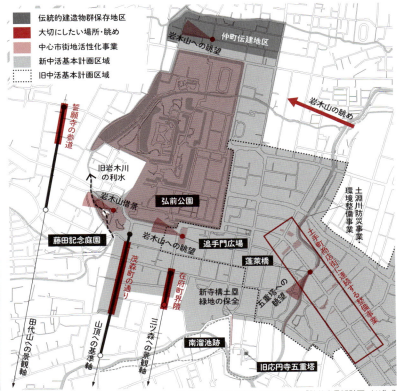

仲町伝建地区から岩木山の眺め

「弘前市中心市街地活性化基本計画」、「弘前市景観計画」より作成

「五の字の骨格」に重ねられた近現代のまちづくり

number 03
岩手県

Morioka
盛岡

人口	230,447人
人口の増加率	+0.3%
年平均気温	10.5℃
最暖月平均気温	23.3℃
最寒月平均気温	-0.8℃
年降水量	1,192mm
年降雪量	163cm

周囲の山々と河川に対応した「五の字」の骨格は、
独特の都市景観のデザインを可能とし、
都市景観形成ガイドラインが全国に先駆けて制定された。

城下町のデザイン | 「五の字」しかるべし

盛岡は、南部藩20万石の城下町として、北上川と中津川が合流する地点に町割りされた。城郭は川の合流点に位置し、狭隘な独立丘に築城された要害の平山城であった。

城下町のデザイン手法としては、大きくふたつが挙げられる。まず、三の丸に位置する烏帽子岩を起点とした放射状の街路と、これを中心とした同心円型構造である。外堀の屈曲点や城門は烏帽子岩からの距離を基準に配置がなされている。奥州街道(道中)、大手道は烏帽子岩からの放射線上に精確に配置されており、都市の骨格を形づくっている。第二は「五の字」の町割りであり、その基準として河川の方向と四周を囲む山々の頂への軸線を用いていることである。字の五の字に似た街路形態が特徴的である。この形態は屈曲街路とT字路、斜めに交差する街路で構成され、雄大な周辺の自然の形態と一体となり統合されている。

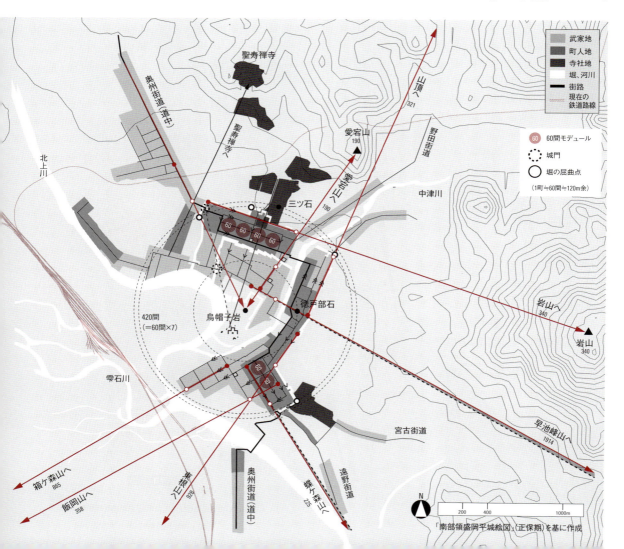

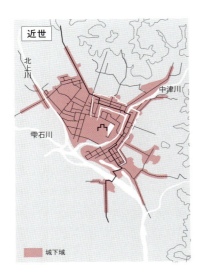

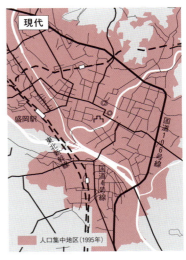

近現代の変容 | 城下町基盤の継承と駅前地区との連結

北上盆地の北側に広がる盛岡は、交通の要衝である。町人地は城郭の北部と東部の奥州街道沿いを中心にL字型に広がり、また各街道から町への入口付近にも商業地が分散していた。しかし、鉄道敷設後は、駅前と旧城郭周辺の公共施設ゾーンを核とした中心街に集約されつつある。

鉄道駅が北上川を挟んで城郭の対岸に開設されたために、駅前と既存市街地が分断された。また、街路骨格が城下町時代のまま残り、歴史的な都市骨格が維持されている一方で、市街地内における交通渋滞の緩和が現在の課題となっている。

近現代のまちづくり | 旧城下町地域における歴史的環境の活用と周辺山容を意識した景観形成

盛岡市では、歴史的資源を活かしたまちづくりと、周辺山容への眺望保全を盛り込んだ景観計画を実施している。

伝統的な町家や商家が数多く残り、景観地区にも指定されている鉈屋町大慈寺地区では、町家の取り壊しが問題となり、住民組織と市が連携して町並みの保全が行われている。町家改修に対しては、市から補助金も出されている。現在は電線地中化、路面改修などの街路整備事業も決定しており、面的な修景が進んでいる。

2009年の「景観計画」では、中心部から岩手山、愛宕山、南昌山を中心とする箱ケ森山から東根山までの山容全体への眺望を保全するため、視点場からの眺望領域を景観形成重点地域に指定し、山の前景となる建築物の高さを規制している。これは大きな効力を発揮しており、指定地域には山への眺望を阻害する建築物はひとつも建てられていない。

他にも岩手山が望める明治橋や天満宮、蝶ケ森周辺の風致景観地などの山当て対象山を含む地域が景観形成促進地区の候補地として指定されている。しかし近年、これらの候補地における山容

景観を阻害する高層建築物の建設が問題となり、景観地区への格上げが急がれている。

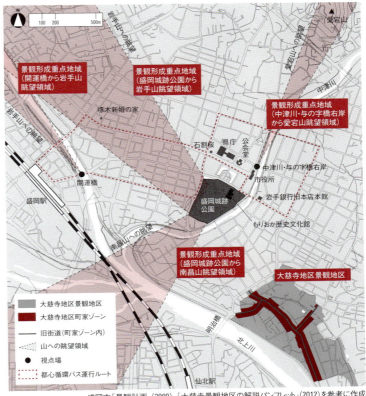

盛岡市「景観計画」(2009)、「大慈寺景観地区の解説パンフレット」(2012)を参考に作成

03 | 盛岡

中世より地域に根付く風土的要素に呼応した空間構造

中世・近世における盛岡の巨岩信仰

盛岡城付近一帯は花崗岩を多く産出する地域で、巨岩・奇岩にまつわる伝説が数多く残される古くからの信仰の聖地であった。三ツ石神社にある三ツ石には鬼の手形が残ると伝えられ、岩手や三ツ割、不来方の地名の語源と言われる伝承がある[*1]。盛岡城内三ノ丸に位置する烏帽子岩は盛岡築城時にこの地を掘り下げたときに露出したとも言われる巨岩で、その場所が城内祖神の神域にあったため、以後吉兆のシンボルとして広く信仰されてきた[*2]。他にも徳戸部石（トッコベ石）や石割桜など多くの巨岩が存在した。その多くは東北などに広く分布する磐座（いわくら）信仰の対象となり寺社に祀られるなどしたため、現在もその姿を残している。

磐座を基調とした城下町の縄張り

上記の3つの磐座は城下町絵図にも記され、現代まで大切に祀られていることからも築城時に排除されたのではなく城下町の一部として取り入れられ、縄張りに用いられたと推察できる。

　GISを用いた調査によると、烏帽子岩と南部家が愛宕堂を建立した愛宕山山頂を結ぶ軸上に、大手道が誤差0.003°で精確に重なっている。烏帽子岩から奥州街道（道中）への軸線は奥州街道（道中）の道路中心線と誤差0.043°で重なっている。烏帽子岩から三ツ石までと等距離に四ツ家惣門と新山惣門が、徳戸部石までと等距離には日影門が位置している。烏帽子岩から約420間（60間×7）の位置には堀の屈曲点が4カ所位置している。盛岡では、町人地においてもこの計画基準尺度（1町≒60間≒120m余）[*3]が用いられており、街区幅は60間を基本単位として構成されている。このように盛岡城下町は天守ではなく、烏帽子岩を中心とする同心円型構造をとっていると推定できる。

　築城黎明期、三ツ石が祀られている三ツ石神社を守護するために、古くより盛岡に存在する東顕寺が神社に隣接するように移転された[*4]。寺院は有事の際に軍事拠点の機能も果たすため、城門・外堀が東顕寺に隣接するように建設された。結果として、三ツ石が縄張りに影響を与えていたといえる。また、元文盛岡城下図などの絵図を見ると徳戸部石周辺の街路は岩を除けるように通されていたことがわかる。

　以上より、盛岡城下町は地域の人々の信仰対象である磐座を基調とした縄張りがなされていたと言えよう。

町割の基準軸としての山当て

盛岡周辺には岩手三山として古くから信仰を集めた岩手山、姫神山、早池峰山が位置する。市の西南には箱ケ森山、南昌山、東根山などの市民になじみが深く風趣のある信仰の山が位置する。他にも岩山、蝶ケ森など、盛岡の都市美に欠くことのできない山容の美しい山々が存在する[*5]。『図説・盛岡四百年（上）』においてもこうした山々の頂からの軸線を用いた道路計画がなされていたことが指摘されている[*6]。

　町割りの基準となる街路や堀（②、⑥、⑨、⑩、⑫、⑭）には精度の高いライン間角度0.5°未満の山当てが多く確認される。基準軸に並ぶ街路・堀は基本的にこれらと平行・直交するように引かれている。しかし、平行のままだと山頂が道の中心から大きくずれてしまう⑤のような街路では、他の街路との平行関係を崩して、道から山頂へ向かうように引かれている。

烏帽子岩

三ツ石

徳戸部石（「元文盛岡城下図」）

街路②からの箱ケ森山への眺望

道路中心ラインと山頂ラインのライン間角度

対象道路名称	道路				山頂		道路-山頂		
	a-b間距離	道路中心ライン方位角 (a→b)	沿道の用途など(江戸期)	備考	名称	標高〈P点〉	山頂ライン方位角 (a→P)	ライン間角度 〈α〉	a-P間距離 〈X〉
	m	度(°)				m	度(°)	度(°)	m
①河南武家地ライン1	342.45	58.25	武家地	―	箱ケ森山	865.11	57.63	0.62	10,349.08
②河南武家地ライン2	373.74	58.21	武家地	基準軸	箱ケ森山	865.11	58.22	0.01	10,380.77
③河南町人・武家地ライン	525.58	58	武家地・町人地	―	箱ケ森山	865.11	57.76	0.24	10,656.72
④河南町人地ライン1	264.72	58.26	町人地	―	飯岡山	358.19	59.34	-1.08	6,151.20
⑤河南町人地ライン2	254.21	59.83	町人地	―	飯岡山	358.19	60.19	-0.36	6,157.46
⑥河南町人地ライン3	359.25	32.26	町人地	街道上/基準軸	蝶ケ森山	224.76	33.02	-0.76	2,895.77
⑦河南町人地ライン4	359.03	32.1	町人地	―	蝶ケ森山	224.76	31.49	0.61	2,894.51
⑧河南町人地ライン5	362.22	32.19	町人地	―	蝶ケ森山	224.76	30.13	2.06	2,899.39
⑨東側外堀ライン1	313.45	33.36	町人地	外堀上/基準軸	東根山	928.01	33.44	-0.08	14,972.56
⑩東側外堀ライン2	552.02	22.44	武家地	外堀上/基準軸	名称不明山	321.34	22.24	0.2	8043.498
⑪城郭前ライン	331.83	61.85	内丸	―	早池峰山	1913.51	61.25	0.6	33,225.63
⑫大手道ライン	246.24	33.25	内丸	大手道	愛宕山	190	33.14	0.11	1369.69
⑬遠曲輪町人地ライン	500.88	71.5	町人地	―	岩山	340.35	72.71	-1.21	3079.82
⑭北側外堀ライン	479.18	71.55	町人地	外堀上/基準軸	岩山	340.35	71.67	-0.12	3232.78

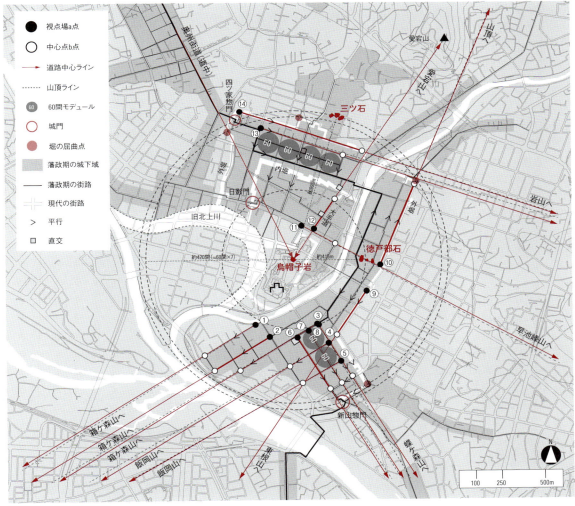

盛岡城下町の構成原理分析図

　以上のように盛岡では特に市民になじみの深い山容の美しい山や信仰対象の山の山頂から基準軸を引き、その軸との幾何学的関係を保つように他の街路が配されている。

　このようにして町並みの中に山々を引き込む街路計画がなされていたこと、磐座を縄張りに巧みに取り入れていたことからも、盛岡城下町は土地の地形や自然環境といった物的要素のみならず、土着文化や古来からの信仰を重んじ、この地の風土的要素に応答する緻密な空間構成を有しているといえる。そしてその都市基盤は、現代においても継承されているのである。

季節風への対応から生まれたL字の骨格

number
04
宮城県

Shiroishi
白石

人口	12,679人
人口の増加率	-2.6%
年平均気温	12.1℃
最暖月平均気温	23.2℃
最寒月平均気温	1.7℃
年降水量	1,039mm
年降雪量	78cm

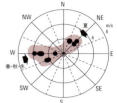

季節風「蔵王おろし」に対応するために、城山の北と東を取り囲むように
L字型の都市骨格を同心円上に配置し、火災に対する防災計画が行われた。

| 城下町のデザイン | 「蔵王おろし」への対応

白石は、宮城県の南端、福島県との県境に位置する小城下町である。城下町白石の原型は城を中心に自然発生的に形成された要害の町であり、それを基に関ヶ原の合戦以後に入封した片倉小十郎景綱により、新たに町割りが行われた。

城下町の設計手法を見ると、季節風・山・微地形・河川・方位といった複数の自然条件を基に多彩なデザインがされている。その中でも特に秋から春にかけて吹く強い季節風である「蔵王おろし」への対応に重点が置かれている。

白石は非常に風の強い地方であるため、出火しても最小限の被害で止める工夫が至るところで見られる。例えば、街道を南北一直線ではなく逆L字型とし、その扇の要に火避地としての千住院を配置している。

また、天守から同心円上に主要なポイントが配置されている。

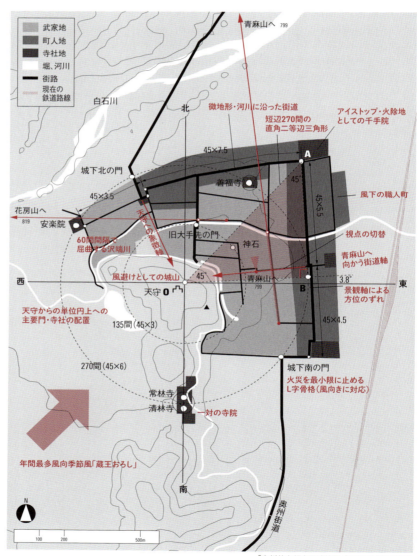

「奥州仙台領白石城絵図」（正保期）を基に作成

| 近現代の変容 | **鉄道駅・新幹線駅の設置により市街地が東に拡大** |

盆地の中央に広がる城下町白石は、城郭の東を南北に貫通する奥州街道と、それに直行して、北側を東西に走る米沢街道沿いにL字型に発達した。町人地は南北軸を主とし両街道沿いに発達し、現在も商業地区を形成している。街路は城下町時代の骨格をとどめているが、城下で曲折していた奥州街道を直進させ、南北の軸を強化している。

鉄道は東側に接して敷設されたが、戦後、駅前地区で一部区画整理が行われ、駅と旧奥州街道との一体化が図られている。また、東北新幹線の白石蔵王駅が設置されたために、市街化は東に移動しつつある。

| 近現代のまちづくり | **歴史的資源をつなぐまちづくり** |

白石市には藩政期の水路や、壽丸屋敷、近年復元された白石城などの歴史的資源がまちなかに点在している。このような資源を活かすため、白石城と壽丸屋敷、水路沿いを結ぶ回遊ルートの設定や、白石城での城主・片倉小十郎を祝した祭りの開催など、ソフト事業を中心としたまちづくりを行っている。

2000年度に策定された中活計画において、すまいる広場、刈田病院跡広場といった交流拠点と歴史探訪ミュージアムの整備、TMO「白石まちづくり株式会社」の設立が行われた。すまいる広場は市街地活性化の拠点として、TMOの拠点となる壽丸屋敷と一体となるかたちで整備された。刈田病院跡地は住民参加のワークショップを踏まえて検討が重ねられ、白石の交通拠点としてバスターミナルと駐車場が整備された。このふたつの拠点整備により、駅から城までの都市軸が明確になり、まちづくりの基盤が整えられた。

しかし現在、中活は廃止されており、2011年度から第五次総合計画のもとでまちづくりが進んでいる。ここでの特徴は、白石城やすまいる広場を拠点としたソフト事業である。白石城では年に一度、城主・片倉小十郎の活躍を祝した「鬼小十郎祭り」が、すまいる広場では「きものまつり」等が開催され、全国各地から大勢の人々が訪れ、交流人口の増加に一役買っている。そして、これらをきっかけとして訪れた人々にまちの魅力を知ってもらうため、祭りと平行した歴史資源を巡るツアーの実施や城下町回遊ルートの看板の設置が行われている。

このように、小規模な都市で財政的に新たな箱物の建設が困難な状況にありながらも、祭りや回遊ルートといった歴史的資源を活かしたソフト事業を行うことで、交流人口を増やし、来訪者にまちの魅力を発信している。

復元された白石城

きものまつりが開催されているすまいる広場

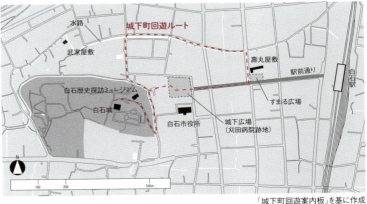

「城下町回遊案内板」を基に作成

伝建地区における武家屋敷群の保全

number 05
秋田県

Kakunodate

角館

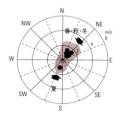

人口	—
人口の増加率	—
年平均気温	10.5℃
最暖月平均気温	24.1℃
最寒月平均気温	-1.8℃
年降水量	2,100.5mm
年降雪量	683cm

「伝統的建造物群保存地区」に指定されている角館の旧武家屋敷群では、歩行者優先道路の整備なども含めて町並みの保全・再生に取り組んでおり、藩政期の武家の生活空間を現代に伝えている。

| 城下町のデザイン | 周辺の山々への軸線によるグリッドの崩し

城下町角館は、1620(元和6)年から芦名氏によって計画的に建設された城下町である。それ以前の城下町は城山の北側に展開していたが、山城を取り壊すと同時に反対の南側に全く新しく建設された。これは城下町に対して、城山と外山を卓越する北東風への風除けとしたものであり、角館のデザイン手法のひとつである。

城下町の町割りは、グリッドを基本としながらも周囲の山々を基点として意図的に崩すデザイン手法が用いられた。

まず芦名邸を基点として表通りと河原町通りを通し、花場山と檜木内川が最も接近して平地を狭めるところに「火避地」を設けることから始められた。この火避地は花場山と小倉山の山頂を結んだ軸線上に設置されている。

街路は、東西40間(約72m)、南北222間(約400m)のグリッドを基本として大枠が設計されているが、グリッドの交差点や各々の軸線を意図的に崩すことで骨格が組み立てられている。

グリッドの崩し方は周囲の山々を基点として決定されている。例えば、城下西からの来訪者は田町山を目印として檜木内川を渡り、左に折れ曲がると外山を遠方に見上げることができ、さらに右に折れ曲がり再び正面に田町山が現れるように骨格がデザインされている。

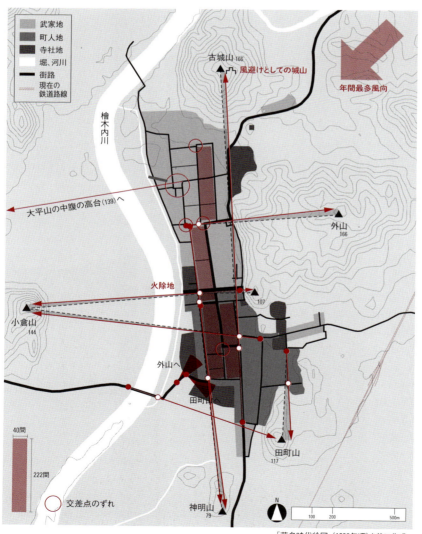

「芦名時代絵図」(1630年頃)を基に作成

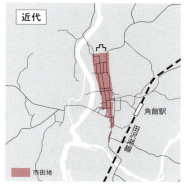

近現代の変容 | 市街地の東西延伸と旧城下域の保全

四方を山と川で囲まれた角館では、現代に至るまで市街地の拡大は抑えられてきた。鉄道駅は山を隔てた東側に開設されたが、市街地への影響は少なく、整然としたグリッド状の街路が現在に至るまで継承された。主要幹線道路が市街地を迂回して整備されたことが旧市街地を保存できた大きな要因であり、旧武家屋敷を含む一帯は、藩政期における武家の生活空間を現代に伝えている。

近現代のまちづくり | 公共空間と連動した武家屋敷群の保全と自然環境の一体整備

「東北の小京都」角館では、1976年に武家屋敷群(7.6ha)が「伝統的建造物群保存地区」に指定され、今日まで江戸期を中心とする歴史的町並みの保全に取り組んできた。この保存計画では、現存する歴史的建造物の保全にとどまらず、その他の建築物の修景も進んでいる。同時に、枡形などの歴史的遺構の復元をめざしている。

また事業内容は、個々の建造物以外にも、武家屋敷通り(約800m)の歩行者空間化を図るなど、公共空間整備も一体的に推進されている。この街路整備では、武家屋敷通りから車の排除を目的とした周辺への代替道路の建設もすでに実施され、枡形の復元を含めた歩行者優先道路の整備をめざしている。

この他に、田町武家屋敷地区でも、江戸時代から味噌の醸造と醤油づくりを行う安藤醸造や、5つの蔵とひとつの母屋が残る西宮家住宅などが一般公開されており、2008年に整備された外町交流広場を拠点として、回遊性の高いまちづくりが進められている。

さらに、古城山、田町山、花場山、大威徳山など、山当ての対象山を含む里山の保全と活用や、桧木内川沿いの都市公園整備といった、周辺自然環境を含めた本格的な環境整備が進められている。

武家屋敷通りの町並み

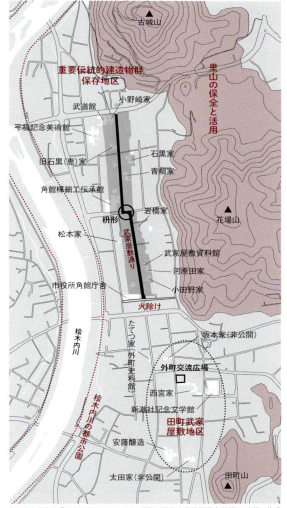
文化庁文化財部「歴史を活かしたまちづくり 重要伝統的建造物群保存地区87」を基に作成

山当てラインを基線とした3つのグリッドの組み合わせ

number
06
秋田県

Akita
秋田（久保田）

人口	254,970人
人口の増加率	-3.2%
年平均気温	11.9℃
最暖月平均気温	24.2℃
最寒月平均気温	1.0℃
年降水量	1,644mm
年降雪量	397cm

鉄道駅が武家地を挟んで反対側に立地、行政機能も移転したため、旧商業中心が衰退したが、近年、駅周辺に商業業務機能に加え文化施設も集積し、旧町人地では歴史的環境を活かした独自のまちづくりが進んでいる。

城下町のデザイン｜旭川と多様なヴィスタラインによる組立て

久保田（秋田は古来の名称、久保田は築城以降の名称）は水戸から移った佐竹氏が築城した城下町で、西に雄物川を控えた秋田平野の中心部に立地する。旭川を境に東に城郭と武家地、西に町人地と寺社地を配した。このように完全に武家地と町人地を分離する手法は佐竹氏の支城の角館・横手・湯沢に共通して見られる。

城下町の構成は、まず、城郭と周辺の山を結ぶ基線を引いて町割りの中心としている。内町ライン、外町ライン、亀の町ラインという3本の基線が、それぞれ異なるグリッドの基準に用いられ、それらが重なり合い、ずれを持ったグリッドの組み合わせで全体が構成されている。城郭は平山城の構成で、かつては南の武家地から本丸書院などが見上げられたという。

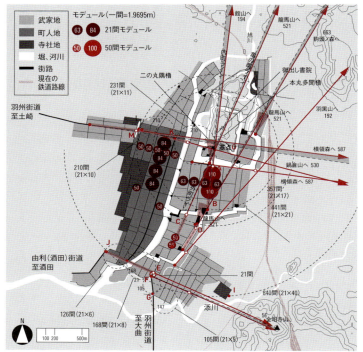

「出羽国秋田郡久保田城画図」(1647)を基に作成

近現代の変容｜商業中心の駅近くへの移動

町人地は、城下町西側を酒田街道との合流点から北上する羽州街道沿いに発達した。また、城下町の北西に位置する土崎港との関係が強く、近代以降は鉄道敷設時も両者の分断を避けて国道で結ぶなど、海との一体感を強調してきた。さらに、旧雄物川沿いに発達した工業地区と中心市街地の間に新たに官庁街を建設し、両者をつなぐ軸を強化することにより、既成市街地と工業地区との一体化を図っている。

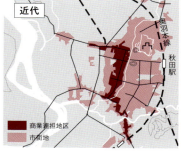

二等辺三角形のダイアグラムと橋詰めからの眺望

number
07
山形県

Kaminoyama
上山

人口	15,431人
人口の増加率	-5.2%
年平均気温	—
最暖月平均気温	—
最寒月平均気温	—
年降水量	—
年降雪量	—

閑静な温泉観光地である小城下町上山は、
東の武家地の歴史的景観整備を進め、
小城下町としての住環境と調和したまちづくりをめざしている。

城下町のデザイン｜二等辺三角形のダイアグラム

上山盆地の西部に位置する城下町上山は、羽州街道の宿場町を兼ねた温泉場でもあった。1628年に入部した土岐氏により城下町の基礎が形成された。

その設計手法は、町割りの主要ポイント（A・O・B）が、天守を頂点とする二等辺三角形をなして町人地の両端を形成している。そしてこの三角形の底辺を垂直に分割する線が、この地方の信仰の山である葉山山頂を貫いている。

城下町に仕組まれ、最も演出された空間は矢来橋であろう。城下南から進入する歩行者は、矢来橋のたもとで真北に天守を眺めることができた。

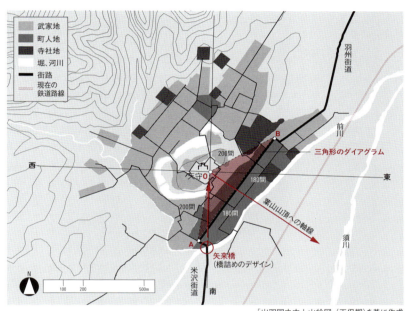

「出羽国之内上山絵図」（正保期）を基に作成

近現代の変容｜鉄道駅への延伸

上山では、1901年に奥羽本線が開通した。鉄道駅は川を挟んで開設され、駅前一帯は工業地区となった。中心商業地は旧町人地と駅周辺にコンパクトに集積している。市街地は、北側のバイパスと南の鉄道の間に形成されているが、近年、駅南側の市街地化が進行している。

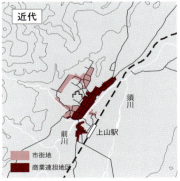

湧水扇状地に広がる雄大な最上城下町

number
08
山形県

Yamagata
山形

人口	178,410人
人口の増加率	+0.6%
年平均気温	12.0℃
最暖月平均気温	24.5℃
最寒月平均気温	-0.8℃
年降水量	1,104mm
年降雪量	221cm

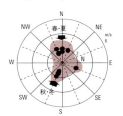

最上義光の描いた大きな土俵に近代都市建設を重ね、
その歴史の重層をあぶり出すように現代の都市づくりが進められ、
歴史と現代性の微妙に融合したまちの姿が現れつつある。

城下町のデザイン | **雄大な平城の城下町構成**

山形は山形盆地の中央の扇状地に立地する。城下町時代は交通の要衝として発達し、城郭の東側にグリッド状の街路を形成した。近世城下町としての山形は、南北朝以来の東北の雄藩・最上氏の居城（霞城）であり、1590年代に最上義光により拡張整備された。築城当初、「最上百万石」と称された権勢の下での町割りは、下図で見るとおりの雄大なものであった。引き込まれた羽州街道に沿ってL字型の町人地が城郭とその周辺の武家地を取り囲むように配置され、城下町の理想形ともいえる町割りがなされていた。

しかしその後、最上家が改易されると（1622年）、小大名が入れ替わり治めることとなり、幕末には郭内に未利用地が多く残されたが、商都としての性格を濃くしていた。

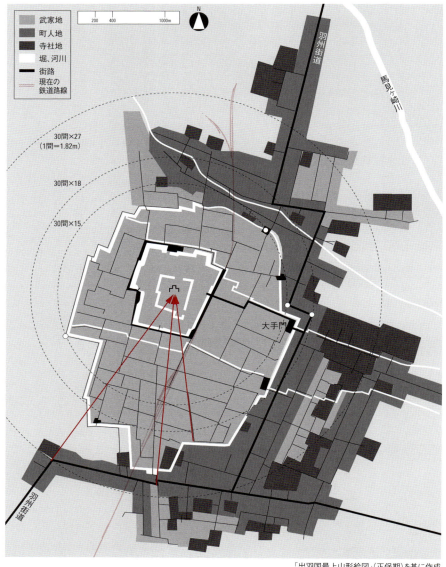

「出羽国最上山形絵図」（正保期）を基に作成

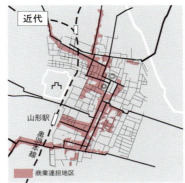

| 近現代の変容 | **官庁街とL字型骨格の形成** |

中心商業地は羽州街道沿いにL字型に発達した一方で、郭内の武家地は藩政期末期には荒廃していた。そのため鉄道を郭内に南北に引き込み、駅を城郭の南に隣接させ、これと南北の中心商業地区の北端に位置する官庁街を核に市街地の再興を図った。県庁、市役所、裁判所、勧業博物館、済生館病院などが旧町人地に集中して建設された。城郭内には陸軍歩兵第32連隊が入城した。これらの中心の官庁街は、学校の郊外移転に合わせて、用途の転換が何度か行われた。近年、県庁の移転が行われ、旧庁舎は郷土資料館である文翔館として整備された。旧済生館、師範学校なども資料館として再生されている。

現在、中心商業地区、城址公園、駅、城郭東側の官庁街などを結ぶリング状の緑のネットワーク軸を整備することで、鉄道によって分断された市街地の再統合と城下町建設当初の都市構造の再生を図っている。

| 近現代のまちづくり | **藩政期の街路骨格や水脈、周辺山容に呼応するまちづくり** |

駅を降りればまっすぐな広幅員道路が走り、しばらく行けば、都市軸というにふさわしい中心商店街に直交し、その正面にはルネッサンス様式の旧県庁舎・文翔館がそびえている。最上義光が描いた大きな土俵に、明治の県令・三島通庸が近代の骨格と拠点を重ね、戦災は受けなかったが、建物疎開で戦前の都市計画の内容(特に街路の拡幅など)を実施している。昭和30年代には東京大学高山英華研究室が都市計画のマスタープランをつくり、整備が進められた。

近年は、中活計画により七日町通り(旧羽州街道)と御殿堰の交点を中心とした拠点整備が進行している。七日町通り周辺には3つの新名所がつくられ、御殿堰は一部改修が行われ、石積みの姿を取り戻した。現代も用水路としての役割を担う山形五堰でも修景が行われ、各所で水路を眺めることができる。また景観条例により、歴史的建造物や周辺山容への眺望を阻害する大規模建築物への景観誘導や眺望点の整備が行われている。

このように山形では、藩政期の街路骨格や水脈、周辺自然景観に呼応するまちづくりが実施されている。

七日町拠点の復元整備された御殿堰

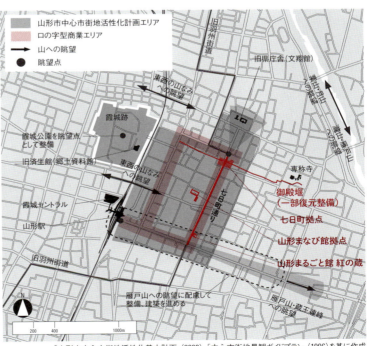

「山形市中心市街地活性化基本計画」(2008)、「中心市街地景観ガイドプラン」(1996)を基に作成

08　山形

明治期の大がかりな都市デザインと
街路骨格の段階的展開

三島通庸による官庁街建設

銀座煉瓦街の建設や福島・栃木の鬼県令として有名な旧薩摩藩士の三島通庸が、1876年に初代山形県令として着任した時から、近代山形の都市づくりはスタートした。三島が最初に手がけたのが行政、教育、産業が一体化した新しい官庁街の建設であった。

羽州街道の屈曲する七日町の北端を延長して幅員9間の街路とし、アイストップとなる正面に県庁を設置した。右側には師範学校と警察署、左側には勧業製糸場、博物館、郡役所が置かれた。中心商業軸の七日町、十日町の大通り沿いの裏手には済生館病院が設置された。当時としては斬新な擬洋風建築は、町家の建ち並ぶ大通りから引き込む独特のパースペクティヴをつくり出した。県庁の東側には、西洋式回遊庭園である千歳園がつくられた。こうして幕末に落ち込んでいた山形の中心市街地は、強力なテコ入れにより再生された。

その後、県庁前から移転した師範学校まで延ばした三島通り、新築東通り、西通りと合わせて、中学校、高等小学校が設置され、文教地区がつくられた。また、駅前通り、旅篭町新道など主に東西の街路骨格が形成された。さらに、千歳公園、第二公園が整備された。そして、城郭内には陸軍歩兵第32連隊が入城した。

鉄道の開設と街路網の計画

二の丸の堀に沿って敷設された鉄道は、1901年に三の丸の中央の位置にあたる場所に駅が開設され、合わせて駅前通りが整備された。

また、1894年（市南）と1911年（市北）の2回にわたり、中心市街地が大火に見舞われ、大半の建物が消失している。

市南大火からの復興では、ふたつの火防道路が整備された。市北大火からの復興では、県庁の再建が行われ、大規模な市区改正道路網が計画された。これらを経て、1933年に都市計画街路網が計画決定された。

こうして駅から県庁までのL字の骨格が形成され、さらに十文字のグリッドパターンへと展開したのである。

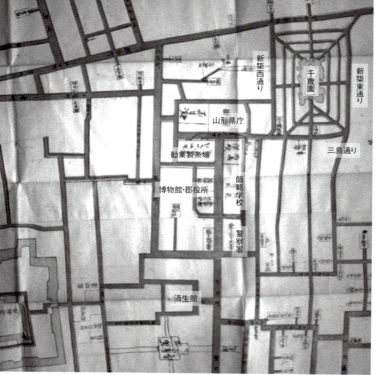

「山形県山形市街全図」(1881、山形市蔵、一部)を基に作成

高橋由一画「山形県庁の図」(山形県蔵)　済生館

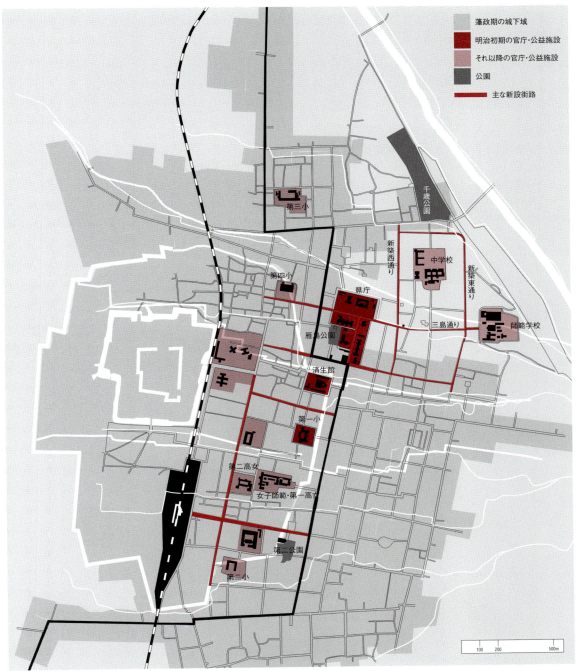

近世城下町から近代都市への変換（1926）

城郭を中心とした漸進型都市づくり

number **09** 山形県

Tsuruoka
鶴岡

人口	59,518人
人口の増加率	-1.5%
年平均気温	12.6℃
最暖月平均気温	24.4℃
最寒月平均気温	2.0℃
年降水量	2,318mm
年降雪量	60cm

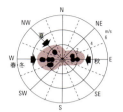

鶴岡は戦災により城下町の面影が消えた近代都市でもなく、歴史的町並みが残された観光都市でもない。ごく自然に城下町の構成を基にした近代化が行われた。現在では、景観形成を軸とした、住民参加によるまちづくりが行われている。

城下町のデザイン｜周辺の山々との応答

鶴岡は、庄内平野のやや南に位置する城下町で、最上義光により1601（慶長6）年に最初に町割りされた。その後、徳川四天王の一人として知られる酒井忠次の孫の忠勝が、東北の押さえとして1622（元和8）年に入城し、現在の城下町の形態をほぼ完成させた。酒井氏による城下町建設は30年以上を要したといわれ、以来、明治維新まで平和な治世が続いた。

その構成は東日本、特に最上氏の開いた山形県内の城下町に典型的に見られる組立てと同様で、やや軸線が東に振れた南北の街道を引き込んだ中心商業軸が城郭の東側に立地し、そこへ東大手門から大手道が引かれている。城郭を中心に二重の堀と河川による外堀で防御を固め、城を中心にまず武家地が、さらにその外側に、街道に沿って逆L字型に町人地が城郭を取り囲んでいる。

町割りを決める際の基準として、庄内平野を取り囲む周辺の山々を利用したと思われる。庄内藩にとって象徴として扱われてきた金峯山、その奥にそびえるやや男性的な形をした母狩山、北の鳥海山、西の高舘山といった山々の山頂から引かれた重なり合う放射状の格子が下敷きになって町割りされたのである。また、主要な寺社や堀の隅、橋、街路の辻などは城を中心とした同心円上に配置され、城郭を中心とした求心的な世界観が描かれていた。そして、中心部の町割りには36間という独特のモジュールを用い、その倍数で主要な寸法が決定されていた。

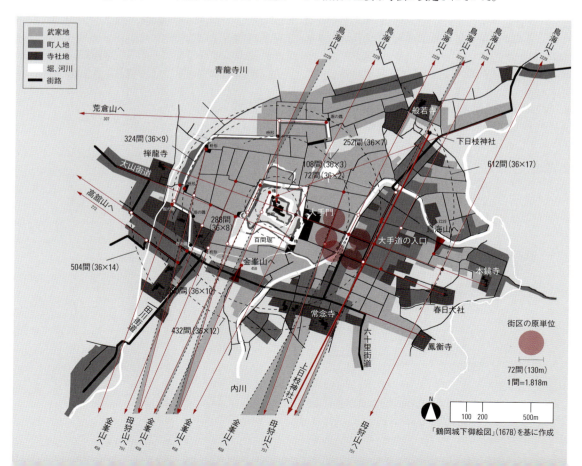

「鶴岡城下御絵図」(1678)を基に作成

| 近現代の変容 | **城下町の基盤を継承し、城郭を中心とした都市づくり** |

近現代の鶴岡は、大規模な都市改造をせず、城下町の基盤の上に漸進的に都市づくりを進めてきた。廃藩置県とともに城郭は公園に指定され、その南辺を東西に抜ける「公園道路」が「百間濠」を埋め立てて整備された。そして、旧城郭周辺に官公庁施設や教育施設が集中的に配置され、城郭に代わる新たな鶴岡の中心がつくり上げられた。鉄道駅は逆L字型に形成された町人地の北、約1km先に開設され、商業軸は駅に向かって伸びることになった。旧城下域の外側に鉄道が敷設されたことで、結果的に城下町の基盤はほとんど壊されることなく、現在に至っている。中心部には城下町の街路形態がそのまま残り、それを取り囲むように新市街地が形成された。

| 近現代のまちづくり | **景観形成基本計画を軸とした都市づくり** |

1989年に景観形成モデル都市の第1号に認定され、城下町らしい雰囲気と歴史的環境を保全する都市づくりに取り組み、市民参加のワークショップなどを通して2001年に「コンパクトな市街地形成」を基本目標とした都市計画マスタープランを策定した。図に示すような、地域全体との関係での景観形成のイメージを根幹として、口絵で示したガイドラインの考え方を適応し、市民と行政が連携する都市づくりを進めている。

その大枠として、「ふるさとの川整備事業」では骨格である内川を親水性の高い景観として整備し、ここに架かる4つの橋の架け替えは、都市デザイン事業として取り組まれている。銀座通り商店街、および公園道路を含む羽黒橋加茂線には質の高い歩行者空間を整備し、逆L字型の軸のシンボル性が高められた。

一方で、明治の藩校・致道館、国の重要文化財に指定されている旧西田川郡役場、旧鶴岡警察署、マリア園などの歴史的建築物が市民の生活に利用されながら保存され、歴史的景観を大切にした都市のデザインが進められている。

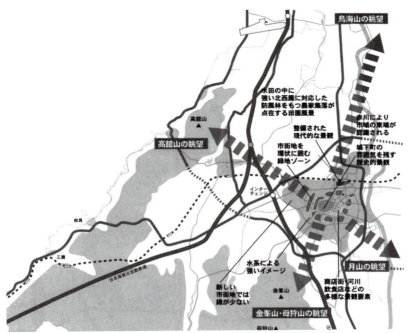

鶴岡市全体の景観イメージ図(「都市計画マスタープラン」(2001)より一部)

明治の藩校・致道館。いまも生涯教育施設として使用されている

地元出身の彫刻家・富樫実氏によりデザインされた開運橋

南の堀も整備され美しい風景がまちの中に連なっている

09　鶴岡

協働まちづくりの起点「歩いて暮らせるまちづくり構想」とその後10年の軌跡

「動」のマスタープラン

景観形成基本計画が、「静」のマスタープランだとすれば、「歩いて暮らせるまちづくり構想(以下「あるくら構想」と呼ぶ)」は市民を巻き込み、運動的に展開するプロジェクトが描き込まれる「動」のマスタープランである。この「あるくら構想」は、国の経済新生対策(1999年11月 経済対策閣僚会議決定)に位置づけられた「歩いて暮らせる街づくり」を推進するためのモデルプロジェクトの採択を受けて進められた。

鶴岡のまちづくりに市民参加型のワークショップが導入されたのは1997年の都市計画マスタープランづくりからであり、2000年に作成された「あるくら構想」は、そのワークショップで3年間かけて培われた市民と行政の関係や取組みの蓄積の上に描かれた。この構想の策定過程では、40名近い市民が参加したワークショップが開かれ(図1)、中心市街地活性化に関する多くの提案が寄せられた。その提案のいくつかについて、市民の中から動き出せるメンバーを募り、さらにワークショップを繰り返してプロジェクトとして実現できるかが検討された。そこでは、これまで市民や行政それぞれがばらばらに持っていた「情報」や「資源」を巧みに結びつけ、新しい価値をつくることがめざされた。

結果としてまとめられたプロジェクトの構想が、図2上段地図中の⑦〜⑫である。これらと、行政が主導的に進めるプロジェクト構想(図中①〜⑥、⑬、⑭)とを合わせたものが「あるくら構想」である。

2001年以降、これらのプロジェクト構想の多くは実施され、いくつかは形を替えて実現に向かっている。その一方、「あるくら構想」に含まれていないプロジェクトも多く立ち上がり、10数年が経過した。これらは、「あるくら構想」を起点とする先行プロジェクトの経験や人脈、さらには理念と目標イメージを引き継いでいる。

2010年度には、「あるくら構想」後の市民まちづくりの10年を検証しようというまちづくりNPO主催による連続ワークショップが開かれたりもした。このように、「あるくら構想」は、さまざまなプロジェクトが連携したマスタープランとしてスタートし、同時にそれは新しい提案やプロジェクトをいまも生み出し、プロジェクトをゆるやかに方向づける機能も果たしている。

あるくら構想後の10年の俯瞰

あるくら構想後の鶴岡の中心市街地では、市民と行政が協働でさまざまな事業が取り組まれてきた(図2)。城下町の旧「三の丸」内のエリアでは、行政による「シビックコア地区」の整備が進められ、施設ヴォリューム検討や景観がワークショップで議論され、「三の丸景観形成ガイドライン」(25ページ)やまちづくり協定につながった。荘内病院は三の丸地区の北に移転・新築され、隣接地は、鶴岡市で初のワークショップを通して設計施工したとぼり広場となり、暗渠化されていた外堀が生き返った。これを機会に外堀堰再生保存の会が立ち上がり、外堀の修景や、町会と保存の会による持続的な清掃活動につながっている。

また、旧三の丸の外側では、市民や商店街、企業などがまちづくり組織をつくり、公益的視点での事業やイヴェントが活発に進められた。

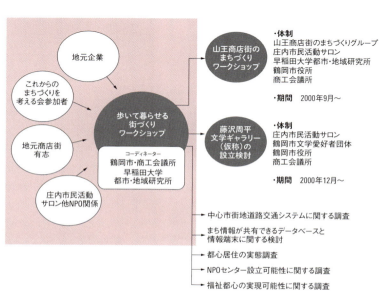

図1　歩いて暮らせるまちづくりワークショップの検討体制

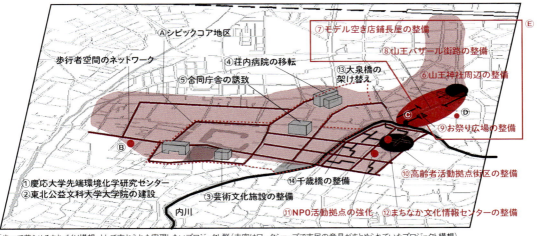

「歩いて暮らせるまちづくり構想」として束ねられた実現したいプロジェクト群（赤字はワークショップで市民の意見がまとめられていたプロジェクト構想）

上図の初期の構想を出発点に、さまざまなプロジェクトが波及・連携して実現している

まちづくりNPO「公益のふるさと創り鶴岡」が推進、連携する活動

「だがしや楽校」遊びを通した多世代交流（まちづくり拠点「月の山」内）

海坂の小祭り（さまざまな祭りの創出）＋船番所（内川の再生と活用）

④とばり広場ワークショップ→外堀堰再生保存の会やコミュニティガーデンの活動へ

鶴岡盆踊りの復活（おいやさ祭り）。山王ナイトバザールにて

（山王商店街まちづくり（山王商店街、鶴岡市、早稲田大学都市・地域研究所、首都大学東京）

（さまざまなワークショップの実施（鶴岡市、早稲田大学都市・地域研究所））

⑤シビックコア地区の景観検討ワークショップ→地区の景観ガイドラインの策定と馬場町五日町線のまちづくり協定締結へ

バザールの舞台としてのみち広場づくり（街路事業）

元気居住都心プロジェクト（鶴岡市、早稲田大学都市・地域研究所）

⑩地域で支える福祉マンション「クオレハウス」（合同会社クオレ）

⑩⑪クオレハウスに隣接する蔵を保存活用したNPO活動センター（奥・蔵座敷）と郷土食レストラン

低利用地集約による共同店舗事業（山王まちづくり株式会社）

協力

Ⓑ空き家を活用した短中期滞在住宅。旅の家「皓鶴亭」

歴史的資産の発掘・保全

Ⓓ木造の紡績工場をリノベーションした映画館「鶴岡まちなかキネマ」

まちなかキネマを拠点とする(株)まちづくり鶴岡の活動

Ⓒ内川学×イチローヂまち・川プロジェクト橋詰の町家活用とストリートマネジャーの育成

内川沿い、歴史資産の発掘、活用

（内川再発見プロジェクト＋内川学（東北公益文科大学公益総合研究所））

NPO鶴岡城下町トラスト（建築士会青年部ほか）

「歩いて暮らせるまちづくり構想」から展開したプロジェクト　　新たなまちづくりプロジェクト

（　）内はおもなプロジェクト推進主体

図2　「歩いて暮らせるまちづくり構想」として束ねられた実現したいプロジェクト群と実際の展開

09　鶴岡

「あるくら構想」を牽引したふたつのプロジェクト

「元気居住都心」と「山王商店街まちづくり」は、「あるくら構想」の実現を牽引したプロジェクトである。ハード事業の事業主体だけでなく、行政、NPOなどの市民組織、建築士会などの地元専門家や大学などが結集し、まちづくり組織を発展させ、さらに他のまちづくり活動へ波及し、事業の実現のために関連する活動組織との連携が生まれた(図5)。

元気居住都心

「元気居住都心」は、銀座商店街にあった民間病院の移転後の跡地に高齢者向けの住宅を中心に多様な居住形態の実現をめざしたプロジェクトである。「中心市街地の衰退要因は、さまざまな世代や立場の人のニーズに応える住まいがまちなかにないから」という問題意識から、あるくら構想の「⑩高齢者活動拠点の街区整備」としてスタートした。ワークショップを通して、高齢になっても夫婦やひとりで安心してまちなかで住みたいというニーズを組み立て、福祉住宅「クオレハウス」が実現した(図3、7)。

その過程では、地元建築士会有志や文化財に興味のある方が集まり、NPO鶴岡城下町トラストの設立につながる。鶴岡城下町トラストは、元気居住都心のワークショップの中で顕在化した、「故郷に実家はなくなったが、お盆や正月にはゆっくり戻りたい」というニーズを受け止め、空き家となっていた旧武家地の住宅を活用した短中期滞在住宅の「皓鶴亭(こうかくてい)」を実現した。城下町トラストは、さらにその専門性を活かして、銀座、山王まちづくりの具体的な空間提案をサポートし、空き家調査なども継続的に進めてきた。早稲田大学も2000年に立ち上げた都市・地域研究所を中心に研究者と実務家が連携し、調査と事業化支援を行った。市と大学の共同研究から、住み替えや空き家発生のメカニズムも明らかになった。これは、「NPOつるおかランド・バンク」という、市と地元不動産会社や建設事業者などが連携して設立した、空き地・空き家、狭隘道路の問題の一体解決をめざす取り組みにつながっている。

山王商店街まちづくり

「山王商店街まちづくり」は、それまで十分な空間整備がなされていなかった山王商店街において、地域を支える商店街をめざして、ハード、ソフト一体となったプロジェクトである(56ページ)。市と、商店街振興組合の有志が設立した「山王まちづくり(株)」、まちづくりNPO「公益のふるさと創り鶴岡(後述)」、早稲田大学都市・地域研究所の4者が中心となって進めている。拡幅計画があった都市計画道路を現状のままの幅員で歩道・車道とも無雪化し、バザール街路として整備。「ナイトバザール」という山王商店街が1996年より取り組んできた月に一度の夜市の経験をよりどころにして、街路を広場として使う空間イメージが共有されて、表通りが整備された。ここを舞台として、他地区の商業者が屋台を出したり、市民がおいやさ祭りなどを行っている。つまり、商店街とまちづくりNPOが舞台と仕組みを準備し、さまざまな団体がそこに参加するという、地域と商店街の関係が確立されたのである。

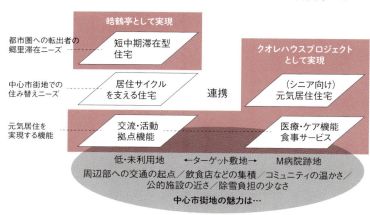

図3　「元気居住都心(年を重ねるなかで変化する生活様式や身体状況にあわせて、居住者が自分の居住のあり方を選択し、住み続けられることを目標としたプロジェクト)」の目標と調査に基づく機能の設定

図4　地産地消のビジネスモデルを切り開いたシェフ奥田政行氏の店。入口には生産者の写真が飾られている

「あるくら構想」が育んだ協働の土壌

2001年に設立された中間支援組織「庄内市民活動センター」は、その後、まちづくり事業に特化して2005年に「NPO公益のふるさと創り鶴岡」へと展開し、さまざまなまちづくりのソフト事業を立ち上げてきた。花を配達するコミュニティビジネス「花HANA宅急便」、地域通貨「もっけ」の発行、「グラウンドワーク庄内」の設立支援、「鶴岡街かど文学館」の立ち上げ、街なかアート・パフォーマンス・アメニティ研究会の立ち上げとその後の「おいやさ祭り」への展開、こどもから高齢者まで多世代の遊びの関係をつくる「だがしや楽校」などである。

「あるくら構想」に描かれていなかった動きも活発である。商工会議所が中心となって設立した㈱まちづくり鶴岡は、木造の紡績工場をリノベーションして中心市街地に映画館を復活させる「鶴岡まちなかキネマ」を実現した。また、東北公益文科大学／公益総合研究センターのプロジェクト「内川学」では、川を軸とする視点から町の歴史資源を再発見し活用する取組みを進めている。

イタリア料理店「アルケッチャーノ」のシェフ奥田政行氏は、庄内地域の食材にこだわった生産者との信頼関係の上に成立する地産地消の新しいビジネスモデルを切り開いた(図4)。そこから、近年は鶴岡の豊かな食文化が行政や市民に再発見され、ユネスコの創造都市ネットワークへの加盟を実現した「食文化創造都市」の取組みに展開している。

「あるくら構想」が育んだ行政と市民による協働まちづくりの環境は、構想の策定から10数年がたった現在、さまざまな市民まちづくり組織や企業、大学、行政の連携による事業として実現し、さまざまな顔の見える人脈が構築されている。そのなかで、若い人が町に関わりビジネスを組み立てる姿も見えてきている(図5)。

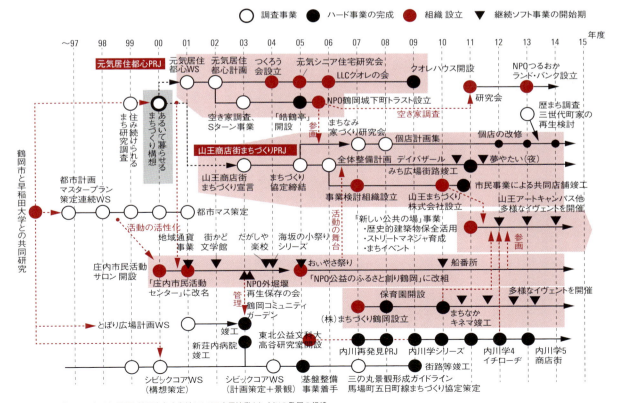

図5　歩いて暮らせるまちづくり構想と鶴岡中心市街地における市民協働まちづくりの発展の経緯

09 鶴岡

鶴岡でつくられた遊動空間

歴史的な小路や会所地と遊動空間

いま、鶴岡で展開されている多様なプロジェクトは、「遊動空間」という概念で結びつけられることをイメージしてきた。まず、その姿をみてみよう。

鶴岡の中心市街地は城下町の遺産であり、災害や戦災に遭わなかったために当時の空間が色濃く残っている。その古い街路構造は車社会から見れば合理的でないが、街路を歩くときに見え隠れする山の風景は、山当てという城下町の設計思想に由来する鶴岡の都市のアイデンティティである。

鶴岡の街路を語る上で忘れてはならないのが「小路(こうじ)」である。小路には、それぞれに愛称がつけられて市民に親しまれている。現在では、3〜5m幅の生活街路として残っているが、車社会との整合がしばしば問題になる。商業地域の一部には、街区内部に会所地と呼ばれる空地が設けられていて、表通りへの通り抜けが自由にでき、生活を支えていた。この抜け道も小路と呼ばれている。車の通る表通りから逸れて、これらの小路を生活の息吹を感じながら、自由気ままに歩くことができるのは、地元の人には当たり前かもしれないが、城下町らしさを感じさせてくれる。

現代において、こうした歴史的な歩行者空間ネットワークを生かし、まちづくりの中でさらに拡充するまちの全体像が「遊動空間」である。

プロジェクトで共空間を創出

鶴岡では、この遊動空間を拡充するた

大道堰・外堀堰／堰とのつながりを持った生活空間の再生や堰沿いに親水的な遊歩道を整備する

家中新町地区／歴史ある生活空間の中の城下町景観を維持するため居住者が街路沿いの板塀・生垣を修景し、山当て景観が楽しめる街路とする

シビックコア地区／公共施設群の利用・開放と連携して風格あるグリッドを生かした歩道を整備する

図6 鶴岡中心市街地の遊動空間のイメージ（2001年当時）。各地区の共空間が小路などの歩行者街路を介して結ばれることで中心市街地全体が遊動空間となる

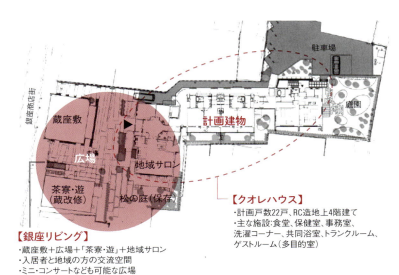

クオレハウスのエントランス広場

蔵を改修した郷土料理店「茶寮・遊」。クオレハウスの配食機能も担う

地域サロン。吹抜の食堂、さまざまに利用可能なラウンジ

図7 クオレハウスの整備によって生み出された共空間（赤色の網掛け部分）。既存のふたつの蔵を改修した建物と保存された住宅の庭と一体化した共空間を形成

め、多様なプロジェクトを通して、民地内に歩行者や来街者に開放された「共空間」を生み出すことをめざした。

24ページは、鶴岡市の商業中心である山王町地区や本町一丁目地区を例に、筆者らが「あるくら構想」（2000年）の検討時に、市民とワークショップ形式で議論して描いたまちの将来像の試案である。模型を使って行なわれた市民とのワークショップでは「小路で連結された中庭」など、魅力的な空間のイメージが多数生みだされた。こうしたイメージを踏まえ、試案では、骨格的な街路という表向けのフォーマルな「公空間」だけでなく、民地内の店先や店中、街区内側のオープンスペースという民地内ではあるが、隠れ家的な感覚を覚えたり、趣味的な情報が集積されていたり、生活の息吹が感じられるような「共空間」の保全や整備を提案している。

図6はこうした個々の提案を踏まえて中心市街地全体の将来像を描いたものである。鶴岡公園西側の旧武家地では、堰なども活用して軸的な歩行者空間を形成し、これらの街路によって中心市街地の各地区をつなぐ。これらの街路は山当てを楽しめて、都市のアイデンティティを感じることができる空間となる。鶴岡公園東側の商業地を中心とした地区では、規則的な街路形態に合わせた街路整備と、街区内の未利用地を活用しながら歩行者空間をつなぎ合わせ、小さな路地型の空間や中庭などを連結し、商業空間として、また生活空間として小路を再生する提案である。

このように、歴史的な歩行者空間ネットワークと、現代における多様なプロジェクトの相乗効果によって、思いもよらない空間体験を得ることができる、偶然性と多様性を持った「遊動空間」を拡充するのである。

遊動空間形成の実践

中心市街地のさまざまなプロジェクトで実現された空間を、こういった「遊動空間」の視点から読み解いていこう。「元気居住都心」プロジェクトから生まれた、元気高齢者のための福祉マンション「クオレハウス」は、事業者である医師夫妻の病院と住宅の跡地に整備された（図7）。商店街の表通りに面していた敷地内のふたつの蔵も、郷土料理店とNPOの活動拠点として同時に改修された。これまで表通りからは見えなかった敷地内部には、これら3棟が囲む広場が整備され、もともと住宅の庭も保存され、広場に接続されて開放されている。この場所は、近所の保育所の格好の散策コースになっており、まさに、表通りから連なる複数の共空間が生み出されている。郷土料理店がクオレハウスの居住者への配食サーヴィスを行っており、ソフトとハードの両面で一体的に考えられた事業である。

09 | 鶴岡

山王商店街での遊動空間づくり

「山王商店街まちづくり」のプロジェクトでは、複数のデザインワークショップの後、景観と店づくりのあり方を定めた「山王まちづくり協定」を締結し、その後、「表通りの整備」「テナントミックス共同店舗と共同駐車場の整備」「協定に基づく個店改修」の3本柱事業が進められている。表通りは、商店街が継続してきた毎月1回の「ナイトバザール」の経験を生かす「みち広場」として整備された。すなわち、この整備によって、商店街が、外部の商業者や市民に屋台を出す空間や、踊りやさまざまな活動する舞台を提供できるようになった。その結果、毎週土曜日の「デイバザール」を実現させ、商店街に欠けていた魚屋などが出店できるようになり、また、「夜の居酒屋屋台」も実現した（図8）。

個々のお店では、遊動空間のアイデアを踏まえて、店主と地域の建築士、大学による「まちなみ・家づくり研究会」において試設計が蓄積され（図11）、これをもとに、「遊動空間形成ガイドライン」がつくられた（図13）。2011年の道路整備完了後、改修が少しずつ進んでいる。町家の特長を生かして、通り土間を通って至る店奥の蔵までを一般に開放してギャラリーに変えた例（図12）や、店先から店中の中庭までを共間的にとらえ、中庭に面した住居の座敷を「くつろぎの空間」として店側に開放し、各種イヴェントの場とする改修例（図9）が生まれた。

また、商店街の背後にあった木造の紡績工場が映画館「まちなかキネマ」としてリノヴェーションされ、そのエントランスホールも多様なイヴェントが行われる共空間として整備・活用されている（図10）。また、前述の「内川学」の活動も、歴史的な遊動空間の掘り起こしにつながっている。

共空間を使いこなす仕組みも必要

こうした共空間は、使いこなす組織や仕組みがあるとことで、より生かされる。山王商店街では、各種事業を動かす「(株)山王まちづくり会社」を設立し、まちづくりNPOである「公益のふるさと創り鶴岡」と連携しながら、地域の生産者組織や地元大学サークル、文化活動グループと一緒に、表通りや敷地内の共空間を使いこなす各種イヴェントを繰り広げている。表通りの歩道で行われる「山王デイバザール」は、新たな店を出すチャレンジの場ともなってきた。2011年度からは、前述の「まちなかキネマ」や「内川学」の主体とも一緒になった実行委員会「イチローヂ・まち・かわプロジェクト」が立ち上がり、若手を専従雇用してストリートマネジャーとして育成しながら、「山王アートキャンパス」「商店街映画祭」など、まさに共空間をネットワーク化するイヴェントを開催している。

遊動空間ネットワークの現代的意義

鶴岡の遊動空間は歴史的な空間の上に重ねられるようにして形成されてきた。それは歴史的なアイデンティティの醸成や魅力的な歩行者空間を形成しただけでなく、そこには市民の多様な活動を支える生活空間や、意欲ある人のチャレンジの場となる商業空間が着実に生み出されているのである。

図8　ナイトバザール、デイバザールの様子

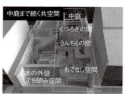

図9　山王商店街の個店に整備された共空間

図10　まちなかキネマのエントランスホールはさまざまなイヴェントが行われる共空間となった

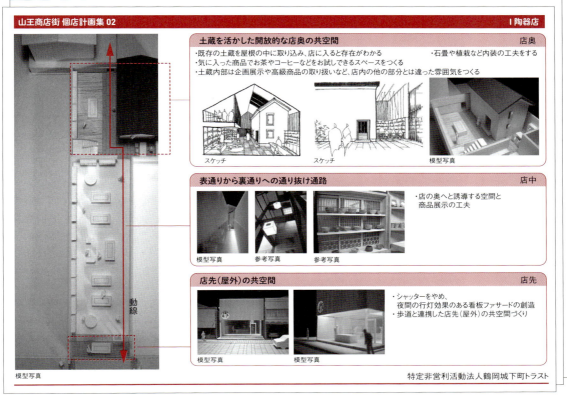

図11 まちなみ・家づくり研究会での試し設計を蓄積した「個店計画アイデア集」の一例

① ガイドラインとしてとりまとめ
② 改善が実現

図12 改修された蔵の入口（左）、アートイヴェント時の活用（右）

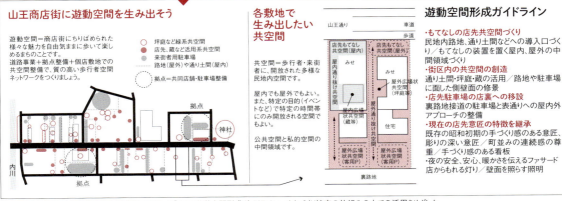

図13 まちなみ・家づくり研究会の作業を基に作成した「山王 遊動空間形成ガイドライン」。まちづくり協定の仕組みの中での活用をめざした

09 鶴岡

城下町鶴岡の山当てラインと町割り手法

デザインされた風景

鶴岡市民が「鶴岡らしい風景」として、最初に挙げるのは内川に架かる市中心部の三雪橋からの眺望である。

三雪橋は、大手門と中心商業地を結ぶ大手道が内川を渡る地点に位置し、橋名の由来は、明治政府の県令として三島通庸が酒田から鶴岡に入った際に、三日町橋と呼ばれていたものを改名したものといわれている。三雪橋の名前は、橋から北に鳥海山、東に月山、南に金峯山・母狩山という、庄内地域を象徴する3つの山の頂に雪が積もったのを一度に見ることができるという理由でつけられたという。

内川の中心軸は、遠く北の鳥海山に $a=-0.064°$ の精度で正確に向かっており、南に折り重なるように金峯山、母狩山の眺望、そして日が沈むと、「内川の広い川面に映る月」が現れる。この三雪橋からの風景こそ、鶴岡の人々にとってかけがえのない風景であり、鶴岡を象徴する共有のイメージである。

町割りの基準としての山当てライン

このように、鶴岡にとって周囲の山々への眺望は大変重要な要素である。

鶴岡のまちは基本的に南北に強い方向性を持つが、注意深く観察すると、これらの道は平行ではなく、それぞれ微妙に角度を持ち、少しよじれた形をしている。これらの道は、a の平均値 $1.47°$ の精度で、必ずといっていいほど正面に山の頂を見通すことができる。城下町・鶴岡の南に位置する金峯、母狩のふたつの山頂を基準として、これらに向けた山当てラインを用いて街路が引かれているためである。まちを歩くとこのふたつの山の見え隠れの風景を楽しむことができる。このような

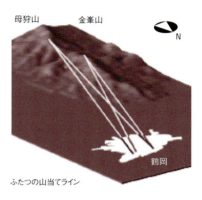

ふたつの山当てライン

ドラマチックな仕掛けが、城下町・鶴岡にはデザインされていたのである。

このように、鶴岡の街路の構成は、南の金峯、母狩の山頂に加え、北の鳥海、さらに西の高舘山・荒倉山を加えて、これらの山頂から引かれた重なり合う放射状の格子が下敷きになって、町割りされていた。

さらに、GIS上で鳥海山と金峯山の山頂を結ぶ線は本丸の東の内堀の直近を平行して通り、西の中堀はこのラインと平行に引かれている。さらに、母狩山と鳥海山の山頂を結ぶ直線は町人地の東端を通り、城下町時代からの商業中心軸である現在の銀座通りがこのラインとほぼ平行に町割りされていて、これがもうひとつの基準線になっていた。

このように、城下町鶴岡には、周囲の山々への眺望がきめ細かくデザインされている。鶴岡市民にとって、街路の正面に山頂が位置するのはあまりにも日常的な風景であり、当たり前になっているようだ。

しかし、仰角の低いこれらの山々はこのように入念に町割りとの応答が仕組まれていたからこそ、いまでも美しい山容を楽しめるのである[*1]。

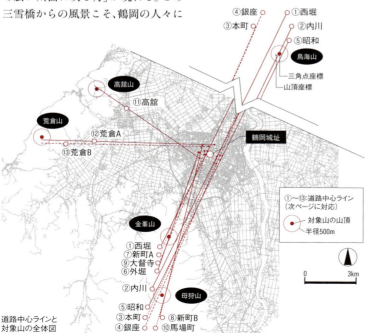

道路中心ラインと対象山の全体図

道路中心ラインの実態（市街地拡大図）

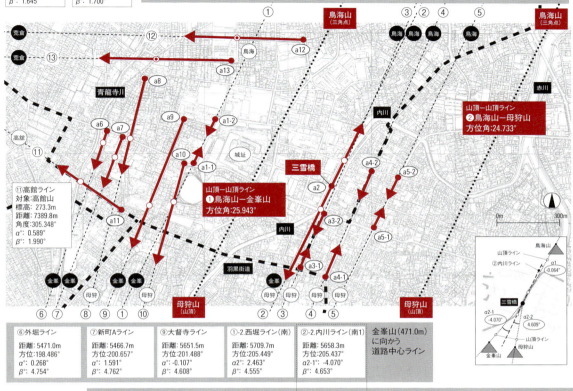

⑫荒倉Aライン	⑬荒倉Bライン	鳥海山(2229.1m)に向かう道路中心ライン	①-1.西堀ライン(北)	③-1.本町ライン(北)	②-1.内川ライン(北)	④-1.銀座ライン(北)	⑤-1.昭和ライン(北)
対象:荒倉山	対象:荒倉山		距離:45809.1m	距離:46048.7m	距離:45623.1m	距離:46040.1m	距離:45719.6m
標高:307.0m	標高:307.0m		方位:25.449°	方位:23.036°	方位:25.437°	方位:22.924°	方位:25.332°
距離:10163.2m	距離:9822.8m		α1°:-0.860°	α1°:-2.420°	α1°:-0.064°	α1°:-2.370°	α1°:0.168°
方位:271.561°	方位:271.038°		β°:2.766°	β°:2.753°	β°:2.784°	β°:2.752°	β°:2.772°
α°:-0.899°	α°:-2.121°						
β°:1.645°	β°:1.700°						

⑪高館ライン
対象:高館山
標高:273.3m
距離:7389.8m
角度:305.348°
α°:0.589°
β°:1.990°

山頂-山頂ライン
①鳥海山-金峯山
方位角:25.943°

山頂-山頂ライン
②鳥海山-母狩山
方位角:24.733°

金峯山(471.0m)に向かう道路中心ライン

母狩山(751.2m)に向かう道路中心ライン

⑥外堀ライン	⑦新町Aライン	⑧大督寺ライン	①-2.西堀ライン(南)	②-2.内川ライン(南1)
距離:5471.0m	距離:5466.7m	距離:5651.5m	距離:5709.7m	距離:5658.3m
方位:198.486°	方位:200.657°	方位:201.488°	方位:205.449°	方位:205.437°
α°:0.268°	α°:1.591°	α°:-0.107°	α2°:2.463°	α2-1°:-4.070°
β°:4.754°	β°:4.762°	β°:4.608°	β°:4.555°	β°:4.653°

	⑦家中新町Bライン	⑩馬場町ライン	②-2.内川ライン(南2)	③-2.本町ライン(南)	④-2.銀座ライン(南)	⑤-2.昭和ライン(南)
	距離:9214.3m	距離:8858.5m	距離:8977.4m	距離:8837.9m	距離:9116.0m	距離:9136.4m
	方位:193.410°	方位:195.313°	方位:205.437°	方位:203.036°	方位:202.924°	方位:205.332°
	α°:-1.029°	α°:-0.990°	α2-2°:4.609°	α2°:2.125°	α2°:1.139°	α2°:2.739°
	β°:4.566°	β°:4.746°	β°:4.717°	β°:4.760°	β°:4.613°	β°:4.607°

凡例
--- 旧街道
⋯⋯ 山頂－山頂ライン
●中心点〈b〉
○視点場〈a〉→ 道路中心ライン(一方向)
●視点場〈a2〉→←●視点場〈a1〉 道路中心ライン(両方向)

N0.道路中心ラインの名称
対象:対象山の名称
標高:対象山の標高
距離:視点場〈a〉から対象山山頂〈P点〉までの水平距離
方位:真北を0.000°とした道路中心ラインの方位角
α°:ライン間角度。山頂ラインと道路中心ラインの水平角度
β°:視点場〈a〉から対象山山頂〈P〉への見上げ角度

②-1 内川ライン〈鳥海山〉

②-2 内川ライン〈母狩山・金峯山〉

⑧ 家中新町Bライン〈母狩山〉

⑨ 大督寺ライン〈金峯山〉

⑩ 馬場町ライン〈母狩山〉

*25ページもあわせて参照

風と水の流れを読みとる

number 10
山形県

新庄 Shinjo

人口	18,898人
人口の増加率	-2.6%
年平均気温	10.8℃
最暖月平均気温	23.4℃
最寒月平均気温	-0.2℃
年降水量	1,854mm
年降雪量	586cm

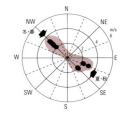

最上盆地の扇状地の扇端部に立地する城下町新庄は、
豊富な水源を有しており、風と水の流れを読みとって都市設計が行われた。
現在では「最上エコポリス」の中心としての再デザインが構想されている。

城下町のデザイン｜風と水との交差

新庄は1623(元和9)年に町割りがなされたが、その際には領地を治めることが中心課題であった。そのため、山城を築くのではなく、最上盆地全体の中心となる河川の流れる扇状地の扇端に城下町が置かれた。また、沼田城という地名からもわかるように、水を防御線として多く用いながら城下町が設計されている。

城下町の設計手法を見ると、まず、微地形・風向き・ランドマークによって骨格の方向が決定されている。3本の河川の合流地点に立地し、城下町を一望できる南東の鳥越八幡宮と天守を河川と直交するように結んだ線と平行に街道が延びており、その方向に鳥海山を眺めるようにデザインされている。最上地域における新庄を見てみると、北側に山が連なり、その山々から南に川が流れ、最上川に合流する。北に山を望み、東、西に川が流れ、南に大河を有する新庄は風水の原理を巧みに取り込み、さらにその立地条件に対応して建設された城下町である。

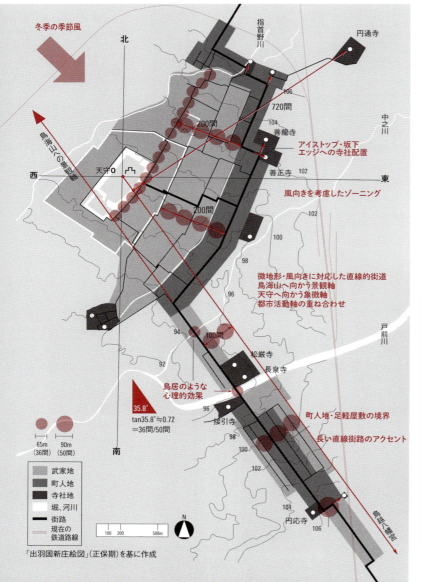

「出羽国新庄絵図」(正保期)を基に作成

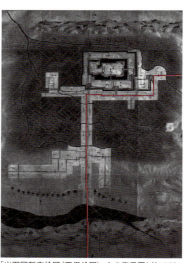

「出羽国新庄絵図(正保絵図)」左の復元図と比べると、絵図では街道が東西・南北に直角に構成され、背山臨水の整然とした姿に描かれている

| 近現代の変容 | **旧城下と鉄道に挟まれたコンパクトな市街地を形成** |

城下町都市としての新庄は戊辰戦争により壊滅的な打撃を受けた。1903年に奥羽本線が開通し、新庄駅はかつての城下域外に開設された。駅前から延びる駅前通りは線的な新市街地の骨格として中心商店街を形成した。1965年には、それまで中心市街地を通っていた通過交通を減少させるために、国道13号バイパスを駅を隔てた東側に鉄道と平行して南北に通した。

市街地全体としては近世城下町を基盤とする旧市街地と鉄道の敷設以来の駅を中心とした新市街地とで構成されており、旧城下と鉄道に挟まれたなかにコンパクトに収まっている。しかしながら近年では、幹線道路沿いにスプロールが目立ってきている。

| 近現代のまちづくり | **最上エコポリス構想によるまちづくり・地域づくり** |

現代のまちづくり・地域づくりの取り組みとして、新庄を中心とした最上地域における広域の地域づくりヴィジョンである「最上エコポリス構想」によるまちづくり・地域づくりを紹介しよう。

最上エコポリスとは、新庄盆地という、鳥海山や月山といった山々に囲まれた地形的なまとまりをベースとして、都市部と農村部とが一体となって、環境と共生した地域づくりをめざす活動と具体的な事業が1993年から始められた（次ページ）。

当時、最上地域の8市町村の協働により、さまざまなワークショップやシンボル的な事業が展開された。

新庄は、最上地域の中心都市として重要な役割を担っており、駅前の広域交流拠点施設「ゆめりあ」や、考現学の祖として知られる今和次郎設計の積雪地方農山村研究資料館を保全して増築した雪国文化シンボル施設などの中核的な施設が整備されている。

エコポリスとしての最上地域

最上川を望む眺河の丘

駅前交流拠点施設「ゆめりあ」

修復された今和次郎設計の雪の里資料館

10 新庄

最上エコポリス構想

エコポリスとしての最上地域
豊富な地域資源

最上地域は、三方を山で囲まれ、中央を最上川、鮭川といった河川が隅々まで網羅し、実に豊富な自然資源が身近に残されている。林野率77.3％という数字が示すように、ほとんどが山林と農地で占められている。しかし、その利用は決して十分なものではなく、自らの地域資源および多地域の生態的完結さをめざすエコポリスにとって、最上地域には、その大きな可能性が残されている。

風水的にまとまる最上地域

風水思想とは、都市や村落の立地に適した場所を、水の流れや風・方角によって選定し、自然との調和の中に居住地を計画するための方法である。中国の都市の多くは、風水思想の考えを取り入れて計画されており、日本の都市への影響も考えられる。

風水思想による理想的な空間形成のモデルは、周囲を山々で囲まれた河川が合流する場所のことで、「山河襟帯」の地を指す。風水的な解釈をすれば、水の流れが「生気」を集め、かつ生気が風によって散らされない場所ということになるであろう。最上地域もまた、最上川に鮭川・小国川が流れ込み、奥羽山脈・丁山地の山々に囲まれた盆地地形に立地する。風水思想によれば、最上地域の立地は最適の地であることがわかる。

適正技術の継承と痕跡が手がかり

最上地域は、急激な近代化を免れた結果、人々の生活の中にも、まちの形成過程にも、適正技術(その地方の風土・生活に適応するよう工夫された、古くから伝承されているさまざまな技術)やその痕跡といったものが数多く残されている。そういった最上特有の資源こそがエコポリスの手がかりとなる。

最上エコポリスのグランドデザイン

最上エコポリスを実現するためには、計画的な開発と保全とを、広域圏が一体となって進めなくてはならない。そのためには、土地利用計画の詳細化と誘導の仕組みづくりが必要である。

計画は、以下の5つの地域区分で構成される。また、これらは短期および中長期プロジェクトの検討、市町村の土地利用計画との整合も含め、詳細な調査・研究が必要であり、ここではフレームのみ提示しよう。

1｜生態系保存地域
最上地域の周辺の山々と落葉紅葉樹林の森は、北の青森県白神山系から連なり、最上地域の風水的な立地条件を守る地域。

2｜エコポリス媒介地域
上記の保存地域に連なり、人々が自然の豊かさを体験することができる居住空間と保存地域の自然資源を媒介する地域。

3｜環境整序地域
盆地状の最上地域の平地部分に「エコポリス媒介地域」に取り囲まれるように位置し、現在でも農耕、産業系の利用がなされ、エコロジカルな産業に関わる戦略プロジェクトが展開される地域。

4｜エコシステム再生地域
市街地や集落などで人工的な仕掛けや技術開発を伴いながら、自己完結的なコンパクトな居住空間を再生する地域。

5｜最上川河岸地域
小国川、鮭川を含めた最上川河岸地域は、最上エコポリスの動脈ともいえる地域。地域振興にとっても、生態学的な秩序の再生・維持にとっても重要であり、基幹となる。

最上エコポリスプロジェクトと遊学の森ネットワーク

最上エコポリス構想は鮭川エコパークや金山エコタウンなどの短期プロジェクトと、新庄駅と一体となった拠点施設などの中長期プロジェクトが着々と実施されている。遊学の森ネットワーク構想はその全体像を示している。さらにさまざまなソフト事業や神室ファームのような民間独自の事業がこの地に埋め込まれて、最上エコポリスは第一段階を終え、新庄中心市街地の整備(楽雪拠点など)の中長期プロジェクトが計画され、実施された。

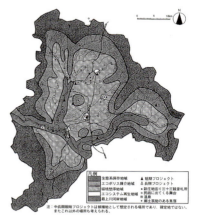

最上エコポリスの土地利用整序計画イメージ

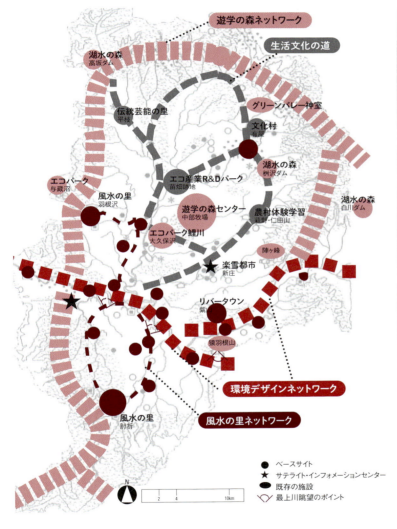

エコタウン金山

神室ファーム

エコパーク鮭川

10　新庄

最上地域における水と生活との関わり

新庄を中心とする最上地域における水と生活との関わりについて、地理的・歴史的背景を踏まえながら考察してみよう。

新庄盆地の地域開発と市街地の水利用の変容

山形県北部に位置する新庄盆地は、東西が山地に囲まれており、中央は扇状地の地形である。そのため、扇頂部および扇端部は豊富な湧き水が得られる一方で、扇央部では水が得られないといったように、場所によって水の分布は一様でない。

このように、水環境によってまちや集落の立地、ならびに土地利用が大きく影響されるために、高度経済成長期前半までは地形条件＝水条件に規定された地域開発の経緯がみられた。しかしながら、高度経済成長期後半からは、水の供給のアンバランスを技術力によって克服し、安定した水の供給を得られるようになった一方で、お清水（おすず）や農業用水路などの利用が減少し、自然水の恩恵が得られなくなった。

新庄市街地の家庭での水利用と管理体制の変容

1955年頃までは、自然水を利用した多元的な水利用形態が用途別に存在していたが、上水道の普及後は一元的になりつつある。そのため、生活用水を共同で利用する体系から個々に利用する体系へと変化した。それに伴い、共同利用の際の上下流の住民間での取り決めや約束事も消失した。

また、その維持管理に対しては、水を熟知した住民中心の隣組や集落のきめの細かい対応から、公共機関まかせの広範囲なものになりつつある。そのため、住民間で生活上必要な水を自然水から得るという希少価値が低下しつつある。

盆地・市街地・家庭の各レベルにみる水をとりまく環境の変容と相互作用

以上のように、新庄市街地は藩政期にさまざまな自然水（河川、水路、湧水、井戸水）の利用方式とそれに適した都市構造が形成されて以来、自然水の利用方式は盆地の流域全体の水系に組み込まれて成立してきた。そのため、近代以降の市街地の生活での水利用や水をとりまく環境の変容は、盆地全体のそれと影響し合ってきた。例えば、上流部の基盤整備に伴う水田の底の改良と水路のコンクリート護岸が原因で、市街地のお清水が枯れ、市街地の生活面での利用が消失するなど、上流部の変化が下流部市街地の生活における水利用に多大な影響を及ぼすこともある。

水環境のもつ意味

従来の地域住民の共同管理の下で、重層的に存在した水利用の仕掛け（水路、共同井戸、お清水など）は、私と公の間の共有空間として、都市を構築する上で重

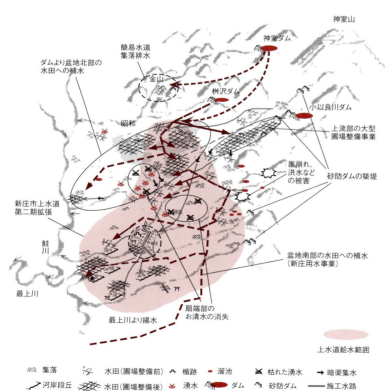

高度経済成長期後半から現代における新庄盆地の地域開発と水利用の変容

要な役割を担っていた。同時に水の利用・維持管理に対する住民間のルールや約束事は、内部の生活秩序、地域秩序として、都市や村が機能するためには欠かせない規範のひとつとなっていた。これらが消失しつつあることは、現在の水利用は、住民相互を社会的に強く結びつけ、盆地全体の環境を維持するのに大きな役割を果たしていないことを意味する。

今後の水利用のあり方

従来から都市は自前では水がまかなえず、上流部の農村にその水源を頼ってきた。隣接する農村と一体となっていた歴史的背景を考慮し、今後は都市自らも水の循環系を維持しながら（下水の処理、上水道の給水制限など）、地域全体の環境管理の拠点となり、隣接する農村の中心的な管理を担うべきであろう。例えば上流部の水源先の維持管理（植林、上水道料金への維持管理費の上乗せなど）に携わり、上下流の農村と連携を図りながら盆地全体の循環系を維持することが必要とされよう。

市街地内の城下町の基盤の残る地区では、豊富な湧き水・水路・共同井戸・木管水道など、藩政期以来多様な水利用形態が人々の生活と密接に関わってきた。しかし現在、それらは形態として残っているものの、人々の生活とは遊離しつつあり、多くの水利用形態を再び地域住民の共同単位で利用する空間システムの開発が肝要である。このシステムの一例として、共同型水利用システムを提案する。日常の生活において再び自然水を共同利用することが、ひいては地域コミュニティ、都市、そして盆地全体の環境を維持する萌芽となるだろう。

入水・出水の面影が残る池（新庄市宮内町）

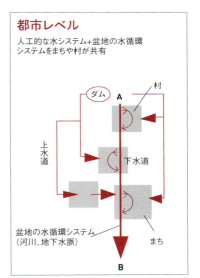

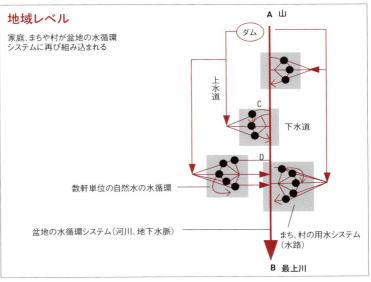

将来の新庄盆地と市街地の水利用のあり方

街路事業を契機とした住民参加のまちづくり

number
11
福島県

Nihonmatsu
二本松

人口	10,523人
人口の増加率	-4.6%
年平均気温	11.9℃
最暖月平均気温	24.2℃
最寒月平均気温	0.5℃
年降水量	1212.9mm
年降雪量	—

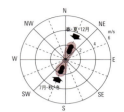

丘陵地によって南北のふたつの市街地に分断されてきた二本松では、鉄道駅から離れて立地する北側市街地において、街路事業を契機とした住民参加のまちづくりが展開中である。

| 城下町のデザイン | **起伏に富んだ地形との応答** |

二本松は、盆地中央に位置する丘陵地上に立地し、東西に貫通する奥州街道に沿って軸状に発達した城下町である。1643(寛永20)年から丹羽光重によって建設された。

城下町の北西部に山城である「霞ヶ城」が築かれ、その麓に武家地が形成された。町人地は、城下町を南西から北東に鉤(かぎ)形状に抜ける奥州街道沿いに配置された。この町人地は、中央に東西に横たわる丘陵によって南北にふたつの市街地に分断されている。

街路の構成には、主に山城に向けた「山当て」のデザイン手法が用いられている。特に北側の町人地では、奥州街道と鯉川が山当てによって計画的に建設され、現在もその骨格は継承されている。また、多くの小城下町と同様に、自然環境を巧みに取り込みながら都市づくりがされた。周辺の地形に応答して水路が築かれ、丘陵地では燃料となる松の植林などの里山的利用があった。

「提灯祭り」に代表される豊かな伝統文化と地域社会が継承されると同時に、空間的には起伏の多い地形が二本松の特性を生み出している。

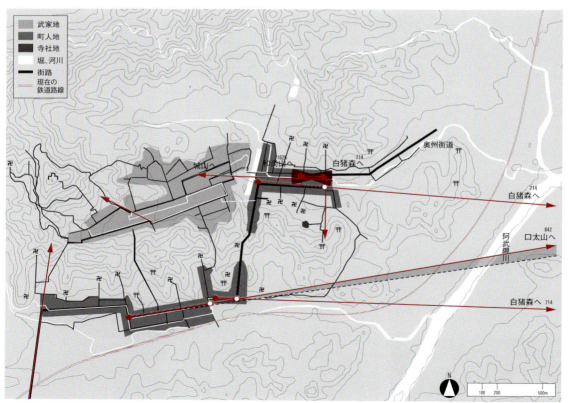

「奥州二本松城絵図」(正保期)を基に作成

近現代の変容 — 鉄道駅の開設による南側市街地の発展

城下町二本松は、東西に鉤形状に貫通する奥州街道沿いに軸状に発達した。明治期には、丘陵によって二分された市街地の南側部分に接して東北本線が敷設されたため、駅を核とした駅前商業地区を形成した。

地形的制約によって市街地の範囲と旧街道を中心とした都市骨格は現在に継承されており、駅から離れた北側の竹田根崎地区では、街路整備と一体となった独自のまちづくりが進められている。

近現代のまちづくり — 竹田・根崎地区の住民参加のまちづくり

二本松市が1999年3月に策定した「中心市街地活性化基本計画」において、拠点のひとつに位置づけられた「竹田・根崎地区」では、街路事業の計画策定を行うワークショップを契機に、地区住民による活発なまちづくりが進行し、無電柱化した、広々とした街路整備が完成している。

二本松市の中心市街地は、豊かな自然環境に近接している一方で、ふたつの商業地が観音丘陵により分断されており南北方向の移動をさまたげている。

竹田・根崎地区は、北側の商業地である。南北を丘陵に挟まれて自律性の高い都市空間を形成するが、駅周辺の中心商業地からは完全に分離している。一方で、地区の中央を走る「竹根通り」沿いの街区内には土蔵が多く残り、すぐ北側を江戸期に築かれた「鯉川」が流れる。また、上水道の整備以前には地形を利用した「引き水」により良質な生活用水を得ていたが、現在でもこの良質な水を利用した造り酒屋が存在する。竹田地区には伝統的な家具職人町が存在するなど、地場産業が健在である。

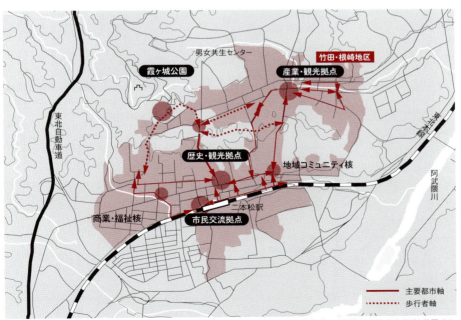

1999年3月に策定された中心市街地活性化基本計画では、旧町人地の6町（若宮・松岡・本町・亀谷・竹田・根崎）をほぼ中心市街地と位置づけ、3つの拠点、ふたつの核、6つの軸を設定している（「二本松市中心市街地活性化基本計画」中心市街地構造図を基に作成）

11 二本松

街路事業を契機とした住民参加のまちづくり

まちづくりの契機

竹田・根崎地区のまちづくりは、地区の中央を東西に走る「竹根通り」の拡幅計画から始まった。地区の住民は計画の受入れを決断するとともに、これを契機としてまちの活性化に取り組み始めた。まちづくり協議会などのNPOが次々と立ち上がり、また、早稲田大学都市計画研究室がまちづくり活動に参加し、それらが中心となって住民自らの手でワークショップによる街路や「まち並み」のデザインを進めている。

住民の描いたヴィジョンは、街路整備により「広小路のような広場的な空間」を創出して、そこでイヴェントを開催するというものであった。二本松に古くから伝わる「提灯祭り」や「菊人形」などの舞台を形成するのである(22～23ページ)。また、竹根通りは、お城山への「山当て」ラインを形成しており、この街路事業は、地区の「景観軸」を強化する目的も担っている。

その後、景観軸の強化と連動した「遊動空間」イメージの共有化が進行している。竹根通りを遊動空間の主骨格とし、並行する鯉川の親水空間化と市道整備、および「共空間」の創出による街区内ネットワークの形成である。

遊動空間イメージの共有化手法

まず住民は、遊動空間のイメージを具体化して共有していくために、NPOによる「鯉川探検マップ」づくりなどを経て、「デザインゲーム」という手法を用いたワークショップを行った。これは模型と小型カメラを用いたものであり、2000年度に「街路空間デザインゲーム」を、2001年度には「建替えデザインゲーム」を実施した。

このデザインゲームでは、共空間の創出とともに土蔵をレストランに改修したり、新たに店舗や事務所を建設するなどの具体的な空間利用のイメージが多く出され、それらは少しず

遊動空間イメージの共有化手法

「街路空間デザインゲーム」と「建替えデザインゲーム」というふたつのデザインゲームは、実際の建物を撮影した写真を画像加工ソフトでゆがみ補正し立面として貼り込んだ縮尺1/100の模型をCCD小型カメラで見ることで、環境をシミュレーションする手法である。そして、カードツールを段階的に使用して、ゲーミングのプロセスを組み込んだものである。

1998年作成「鯉川探検マップ」

1999年オープン「寄って店」の外観

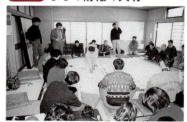

ステップ0 まちの情報の共有

まちなか観察とガリバー地図づくり
❶ 地区を歩き観察する
❷ ガリバー地図に書き込む：竹田根崎地区の全体が納まる8畳分もある大きな白地図で、まちなか観察で発見したまちの魅力や問題点などの気づいたことを書き込んでいった
❸ 皆で発表する

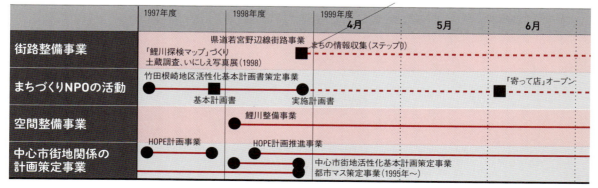

つ実現されている。いままで街路がなかったところに背割り道路的な区画街路ができて店舗などが展開していく、などといったこれまでの地区にはなかった新しい魅力が創出されていく様子が生き生きと語られた。

さらに竹田・根崎地区では、こうしたワークショップと平行して以下の3つの取り組みを行っている。

1｜まちづくり拠点「寄って店」の開設

「寄って店（みせ）」と命名されたまちづくり拠点が竹田根崎まちづくり振興会議により開設されている。空店舗を活用したものであり、一連のワークショップはすべてここで行われている。これらの成果や情報はここにストックされ、誰でもまちづくりに関する情報を得ることができる。

2｜まちづくりNPOのネットワーク形成

まちづくり協議会である「竹田根崎まちづくり振興会議」や、商工会議所青年部を中心とする「竹根まちおこし塾」、女性グループである「TNアベニュー」が、寄って店を拠点にまちづくり関連のイヴェントを開催している。このようなまちづくりNPOのネットワークとマネジメントがイメージの共有化には不可欠である。

3｜まち並み委員会協議の開催

竹田根崎まちづくり振興会議により、「まち並み委員会協議」が行われている。土地交換や協調建替えの相談だけではなく、個別建替え時にも模型で景観や空間の使い方について確認する。その結果を踏まえて実施設計を行う。これには強制力はないが建築主が設計を決める上で大きな影響を与えており、すでに建替えが完了している建物がいくつかあり、その効果が現れて

街路空間デザインゲーム

ステップ1　まちの目標イメージの共有

まちづくりにふれてみよう
❶ 前回のワークショップの結果を確認する
❷ 街路拡幅後のまちを体験する：模型を小型カメラで見て、将来のまちの変化を疑似体験した
❸ まちづくりメンバーカードを作成する：将来のまちでの生活のイメージとそれを実現するための目標をカードを選びながらつくっていった

ステップ2　まちの目標空間イメージの共有

まち並みをイメージしてみよう
❶ メンバーカードの復習を行う
❷ 貼り絵ゲームを行う：将来の生活イメージとそれを実現するための目標カードを選んでから、通りの写真の上に建物や道路、街路灯などを貼っていき、自分たちのイメージするまち並みを視覚的に表現した
❸ 模型で再現し発表する

ステップ3　まちの具体的空間イメージの共有

まち並みをデザインして体験してみよう
❶ これまでの成果を確認する
❷ 「まち並みづくりの目標」について検討する
❸ 街路イメージ3案について検討する：これまでの意見を整理したものから、街路イメージ3つの案を模型で表現し、主に街路とまち並みの具体的なデザインに対する意見交換を行った

7月	8月	9月	10月	11月	12月
ステップ1	ステップ2	ワークショップによる基本設計		ステップ3	
	まちづくり展示会	街路空間デザインゲーム			2002年4月着工
		住宅研究会の発足			

次ページにつづく

竹根通りを西の方向に見ると、お城山と安達太良山が見える（整備後）

城下町らしい和風のデザインが基本（整備後）

きている。

このようなまち並みづくりの活動により景観協定が締結され、2002年2月に福島県の景観条例に基づく優良景観形成住民協定として認定された。

4｜竹根通りの竣工

県の財政難、東日本大震災と原発事故などにより、竹根通りの完成は大幅に遅れ、2014年11月2日にようやく竣工式を迎えた。事業構想の発表から19年、ワークショップ開始からは15年、まち並み委員会協議は57軒の建物に対して実施された。

3つの遊動空間のイメージ

以下では、住民によるワークショップから得られたさまざまな意見を踏まえて、筆者らが提案した遊動空間のイメージを示す。

まず公共空間については、地区の主骨格となる竹根通りの拡幅整備と同時に、鯉川沿いの「水辺の道」と観音丘陵下の「山辺の道」を提案し、丘陵地にある寺社へと延びる景観軸街路を歩行者空間として回復するための修景整備もあわせて提案した。さらに、引き水を復活させ鯉川まで流れるせせらぎをつくることや、丘陵の里山的利用を回復させるイメージを示した。

共空間については、まず竹根通りと区画街路沿いに「街角広場」ができ、それを連結するプロムナードや路地ができる。さらに場所によっては中庭が結節点となり、共空間の多様性が生み出されていく、というイメージを提案した。こうした基本的な考え方に基づいて、以下の3つの遊動空間の提案を試み、そのイメージは23ページに示した。

街路空間デザインゲーム

まちの具体的空間像の共有［報告会］

これまでの活動成果について見てみよう
❶ 1年間の活動経過について報告する
❷「街路デザイン」と「まち並みづくりの目標」について確認する：あらかじめ大学で撮影し編集したビデオを見ながら確認し、意見交換を行った
❸ 意見交換をし、感想を発表する

街路空間デザインゲーム

広範囲にわたる街路デザイン要素について検討していくため、3つのステップに分けて進行する。ステップ1はまちに対する共通認識をもとに、比較的抽象的な「目標イメージの共有」を行う。ステップ2は写真のコラージュにより2次元でめざす空間について検討していく「目標空間イメージの共有」を行う。ステップ3は模型を使用して3次元でより具体的な空間について検討する「具体的空間イメージの共有」を行う

建替えデザインゲーム

まちの具体的空間の実現イメージの共有

まちの将来像について考えよう
❶ まちづくりで考慮すべき視点を確認する
❷ 建替えデザインゲーム：建替えのきっかけ、条件がカードにより与えられる→参加者が個別に模型を動かして建替えを行う→小型カメラで模型を見て空間を確認する→参加者全員で意見交換を行う

	1月	2月	3月	2000年度 4月	5月
街路整備事業		報告会 ■	●		
まちづくりNPOの活動			ティーパーティ&展示会 ■	鯉川リバーサイドウォーク ■	
空間整備事業				竹田見附ポケットパーク整備事業 ●	
中心市街地関係の計画策定事業					

模型を小型カメラで映した画像

実際にできた建物

A. まちの広場としての骨格街路の拡充

イヴェント時に「現代の広小路」として使えるように、歩道と車道の段差をなくした計画とする。全体の雰囲気は、土風の舗装によって昔の奥州街道をイメージできるものとし、場所の特性に合わせてデザインを変化させる。また、広幅員の歩道を確保するだけでなく、停車帯も歩道の一部に見えるようにデザインすることで、必要以上に車道が広く見えないようにする。以上のワークショップの案に基づき、福島県による街路事業が進行中である。

B. 共空間による主骨格街路と「水辺の道」の連結

街路整備にともない街角広場や小規模な駐車場が創出され、それらはやがてプロムナードや路地といった共空間により連結されていく。共空間沿いの土蔵は自然食レストランや美術館などに転用され、さらに「水辺の道」沿いには地酒が味わえるレストランや喫茶店ができていく。

C. 街路と路地による骨格街路と山際宅地の連結

街路整備を契機とした土地利用の転換が街区形態にも影響を与え、そのプロセスで遊動空間が創出されるイメージである。まず街路整備にともない竹根通り沿いに大規模駐車場や店舗が建設される。これを受けて街区内部に良好な住環境を求める動きが派生し、街路と広場の整備とともに住宅が建設されていく。これらの広場と街路沿いの土蔵は、住民のためのコミュニティ施設や喫茶店に転用される。

建替えデザインゲーム

建替えについて討議するもので、建物の形態やデザインとともに広場や中庭、通り抜け通路について具体的な空間イメージを描いていく。1回当たり約2時間で終了することができ、ゲームプログラムは「まちの情報」「自己の情報」「自己の目標」「建替えの動機」から出発し、「建替えの具体的空間像とそこで行われる将来の生活像」をデザインするよう組み立てられている

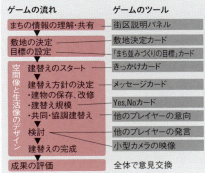

まち並み委員会協議
まちの具体的空間の実現に向けて

実際の建替えについて考えてみよう
❶ 個別の建替え計画案を報告する
❷ 専門的見地を踏まえ、建替え計画案についてアドバイスする：これまでの研究会で出た意見のまとめである「住まいづくり・まちづくりポイント集（仮）」と「まち並みづくりの目標」を使って、意見交換することで、より質のいい空間を検討する

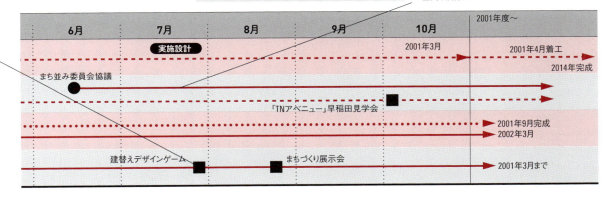

11 　二本松

城下町と祝祭空間——1
城下町の基盤を活かした二本松提灯祭りの「見せ場」

二本松提灯祭りの概要

二本松市の旧城下町の範囲である7つの町（本町、亀谷、松岡、若宮、竹田、根崎、郭内）では、毎年10月4〜6日に日本三大提灯祭りのひとつである二本松提灯祭り（二本松神社例大祭）が行われている。祭りの起源は、城下町時代の1643（寛永20）年にさかのぼることができ、約370年以上続く伝統的祭礼行事である（福島県重要無形民俗文化財）。7町が豪華な山車（地元では「太鼓台」と呼ぶ）を所有しており、特に夜間に、ひとつの太鼓台に300個以上の本物の火を灯す提灯をつけ、山車ごと、場所ごとに異なるお囃子とともに、列を成して巡行する姿が多くの観光客を惹きつける。

都市の祝祭空間

さて、御輿や山車がまちを巡る日本の祭りには、その都市の歴史や空間的特徴を生かした「巡りの場」や「見せ場」といった祝祭空間を定義することができる。

「巡りの場」とは、山車の巡行ルートだけではなく、巡行によって顕在化する城下町の基盤や地域のまとまりである。二本松提灯祭りの太鼓台が巡行するルートでは、神社はもちろんのこと、城下町時代の旧街道を中心に、駅や商店街など現代のまちの主要な地点を通過する（図1）。途中、観音丘陵を越えるために重い太鼓台を曳いて坂を上り下りする様子を見ると、城下町の設計に生かされたまちの地形を意識することができるし、各家に飾られた町の紋がついた提灯や、自分の町の太鼓台が通過するときの沿道の盛り上がりを見ると、各町のまとまりが顕在化するのを感じる。

「見せ場」は、御輿や山車の特別なパフォーマンスと、その舞台や背景となる特徴的な都市空間、そして、それを眺める観客が集う歩道などの鑑賞空間とで構成されていると見ると、まちの公共空間が違って見えてくる。二本松提灯祭りでは、駅前広場や、交差点、坂道などの都市の特徴的な空間に応じた太鼓台のパフォーマンス（勢揃い、転回、駆け上がりなど）が行われ、その周囲には見物客が取り巻く鑑賞の場が生まれている（図2）。

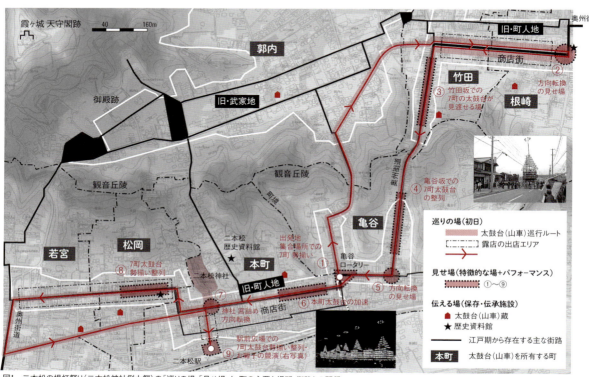

図1　二本松の提灯祭り（二本松神社例大祭）の「巡りの場」「見せ場」と、町の主要な場所、街路との関係

祭りを意識した都市空間整備

二本松では、2000年以降、こうした「巡りの場」や「見せ場」を意識した都市空間の整備が少しずつ行われてきた。

前述の、竹根通りの街路事業のためのワークショップ（2003年～）では提灯祭りの舞台を形成することが話し合われ、整備が進められている。また、坂道上で整列するので、すべての太鼓台を見渡すことのできる「見せ場」である亀谷坂では、路面埋め込み陶板による太鼓台の停止位置の明示や、夜祭り時の利便性に配慮した街灯の集中管理、一般より細い電柱の設置、交通標識の裏面に見せ場空間であることを示した可動式サインの設置が行われた（2006年整備）（図2右上）。

また、初日の合同曳き廻しの出発地点としての見せ場であり、城下町時代の枡形の道路形状を残す亀谷ロータリーでは、2005年に交通安全性の向上を理由に、交差点中央を占めていた噴水の撤去、歩車道段差の解消、老朽化した歩道橋の撤去が行われたため、祭り時には太鼓台が勢揃いするのを多くの観客が見ることができる、広がりある空間が創出された（図3）。

さらに、初日の巡行ルートの終点としての見せ場である駅前広場では、駅前空間の美化や交通機能強化を意図とした駅前広場整備が行われるのとあわせて、広場中央のモニュメントの撤去や歩車道段差の解消などが実現した。その結果、太鼓台の勢揃いの最後の見せ場として、太鼓台の曳き手と観客の一体性を高める空間が生み出された（2009年整備）（図1下の写真）。

その他、主要な道路では、道路を横断する電線が撤去されており、太鼓台の巡行を円滑なものにしている（図1右上の写真）。

このような、祭りを手がかりにした都市空間の整備は、歴史まちづくり法（2008年制定）の理念に示されたような、城下町都市が有する地域固有の歴史や伝統を反映した人々の活動に着目した、都市空間の保全・整備・活用の好例と言えよう。そして、市民が都市空間に愛着や誇りを持つことにつながっているに違いない。

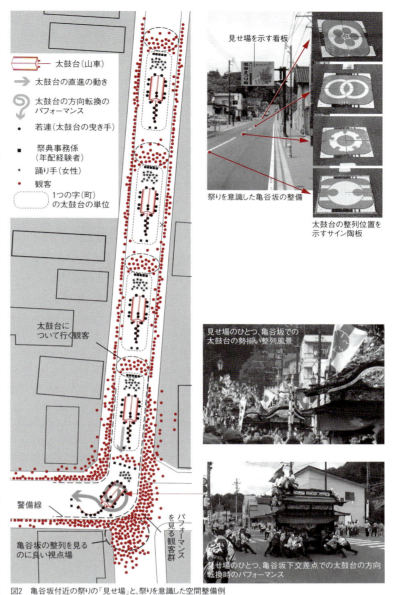

図2　亀谷坂付近の祭りの「見せ場」と、祭りを意識した空間整備例

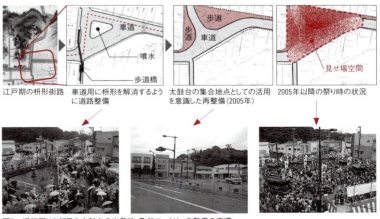

図3　提灯祭りの初日の太鼓台の出発地、亀谷ロータリーの整備の変遷

鶴ヶ城の復元と蔵、商家、近代建築の再生による観光ネットワーク

number **12**
福島県

Aizu-Wakamatsu
会津若松

人口	88,013人
人口の増加率	-3.5%
年平均気温	12.0℃
最暖月平均気温	24.4℃
最寒月平均気温	0.1℃
年降水量	1,046mm
年降雪量	286cm

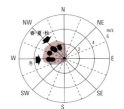

戊辰戦争からの復興から始まったまちづくりは、豊かな建築ストックを活用した地道な観光ネットワークづくりを進めている。

城下町のデザイン | 蒲生氏郷による広幅員グリッドの町割り

1384年、葦名直盛が館を築き、東黒川城と称したのが城下町としての始まりで、代々葦名家の居城となり城下を形成していた。豊臣秀吉の奥州仕置により、1590(天正18)年に松阪より移った蒲生氏郷が黒川城に入った。城下には15世紀末には諸町と政宗が米沢から移した寺院が存在していた。その後、1593(天正20)年から本格的に築城を開始した。これによって郭内の町や寺院は諏訪神社と菩提寺の興徳寺を除いて郭外に移された。寺院は足軽屋敷とともに町の外縁に配された。

武家地は整然とグリッド状に区画され、町人地は規則的に食い違いを見せる街路形態を持っている。

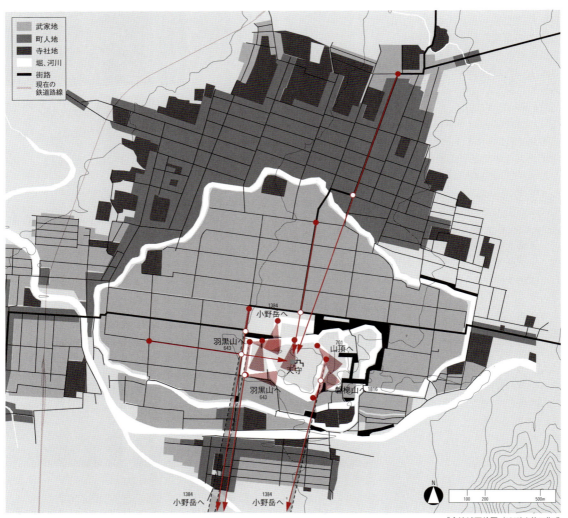

「会津城下絵図」(1645)を基に作成

| 近現代の変容 | **駅、城郭の二極構造と南北商業軸の形成** |

扇状地上に位置する会津若松は、四方から街道が入り込む交通の要衝として発達し、城郭の北側にグリッド状の街路を形成、商業地は郭外北側の町屋地区に形成された。現在も基本的骨格は変わらないが、市街地南東にある城郭とそれに対して北西に開設された駅との二極構造を成し、それを結ぶ南北軸が、中心商業軸として重要な役割を果たしている。旧武家屋敷地区は、幕末時の戦火で衰えたが、現在は教育施設が集中し、文教地区となっている。

| 近現代のまちづくり | **蔵、近代建築の活用と城下町回廊づくり** |

1970年代から始まった會津復古会による活動がまちの歴史的価値を見直すきっかけとなった。しかしまちとしてのハード整備が進むのは1990年代になってからで、1992年に景観条例を策定、町並み協定による修景などにより、市民が主体となったまちづくりに取り組んでいる。その特徴は、TMO（まちづくり会社）を中心とした体制と、城郭や蔵、近代建築など、歴史的建造物を活用したネットワークづくりのふたつである。

TMO「まちづくり会津」は1998年に発足し、ネットワークづくりの構想を作成する過程で多くの商店街から路地空間の整備の必要性が示された。この取り組みの成果として、「七日町ローマン小路整備事業」が行われ、空き店舗を活用したテナントビル「アイバッセ」や、空き倉庫を改装し、会津ブランド認定品の販売・展示を行う「会津ブランド館」などが話題となった。

他にも、会津若松らしい景観を創造することを目的に、行政が歴史遺産として重要な蔵や洋風建築などを歴史的景観指定建造物として指定し、保全・活用を進めている。このひとつに、江戸時代から続く造り酒屋「会州一蔵」を喫茶店、貸しギャラリー、物販販売コーナーとして利活用した事例がある。また、旧城下域の八地区で町並み協定が結ばれており、それぞれのまちづくりのテーマに沿って建築物の修景が行われている。特に七日町通りでは、渋川問屋を中心に城下町の歴史的な風景を残す蔵や商家建築など多くの修景事業が行われた。

これらに合わせて、「野口英世青春通り」のレンガ舗装化と沿道の「野口英世青春広場」整備のように、全体として街路と公園の整備が一体的に行われており、城下町の「回廊」づくりが進んでいる。

12 会津若松

蒲生氏郷による広幅員グリッドの城下町
——会津若松城下町の設計手法

基準線の設定とゾーニング

郭内では、先行した黒川城下の地割りに規定された基準線がある。文禄期に新たに拡大された郭外北部の町人地は、郭内の基準線と5度ほど異なる統一された基準線を持つ。これらを基に、湯川と車川を利用して外堀を設け、郭内と郭外を明確に区分している。内堀の中が武家地、外が町人地・足軽屋敷という町郭外型である。郭内は旧黒川城下を継承しており、近世の整備によって郭内の町や寺院は諏訪神社と菩提寺の興徳寺を除いて郭外に移された。寺院は足軽屋敷とともに町の外縁に配された。

主要骨格のポイント決定と
3つのモジュールによる街路の設計

基準線の方向は、天守へのヴィスタをもつ街道の設定により決まる。天守から等距離のところに街道の屈曲が決められ、それらを基準線に忠実に延長することにより、町の主骨格としての街道が形づくられている。街区は郭内・郭外を問わず、74間・47間・40間という3つのモジュールの組み合わせによって形成されている。大きな宅地を持つ郭内の武家地は、南北方向が最も大きいモジュールの74間スパン、東西方向が141間(47間×3:253.8m)あるいは160間(40間×4:288m)の幅で街路が設けられている。一方、町人地は、南北方向に47間と40間モジュールをスパンとし、東西方向はモジュールの倍数で街路を設けるという武家地と同じ手法がとられているが、ふたつのモジュールを利用して巧みに食い違いが形づくられている。

街路形態による空間の
特徴づけ・分節化

武家地は十字路により整然と区画さ

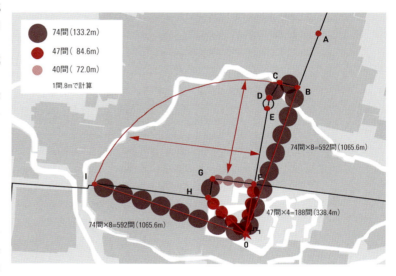

会津若松城下町構成の解読

れ、南北方向のスパンが統一されたグリッド状の街路となっている。

また、町人地は規則的に食違いを見せる街路形態をしている。これらの食違いにより、整然としているが見通しのきかない特有の街路形態となっている。札の辻も食違いの街路に設けられている。この道幅の分だけずれる形態は、蒲生氏の出身地である日野にも見られる。

街路幅員による空間の特徴

会津若松の武家地の街路は、通常の幅員を大きく上回る。通常は、武家地で、5〜6間、町人地で3〜4間であるが、会津若松の場合、「通」と名づけられた南北の街路で8〜10間、「丁」と呼ばれる東西の街路で10〜12間と、郭内のすべての街路が他の城下町の広小路並みの街路幅員であった。

街路の食い違いの分布

現代の札の辻

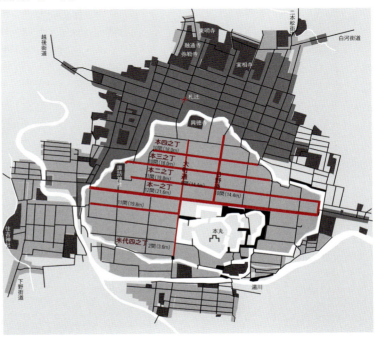

広幅員街路の構成

中心市街地での都市機能の更新

number 13
福島県

Fukushima
福島

人口	187,906人
人口の増加率	+0.8%
年平均気温	13.3℃
最暖月平均気温	25.1℃
最寒月平均気温	2.3℃
年降水量	1,078mm
年降雪量	89cm

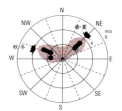

小城下町から県庁所在地に発展した福島では、近代以降に急速に市街地が拡大したが、現在では空洞化が進行しつつある中心市街地への都市機能の集積を図っている。

城下町のデザイン | ふたつの三角形による骨格の組立て

福島は、阿武隈川と荒川（須川）の合流点に立地することから、古くから水運・陸運の要所であった。そのため1664（寛文4）年までは上杉氏の福島城代が置かれていたが、その後は何度か幕府の天領となっている。明治維新まで続く板倉氏（三万石）が入府したのは1702（元禄15）年である。

近世城郭としての福島城が築城されたのは、17世紀後半の堀田氏時代（十万石）といわれるが、城下町の成立は上杉時代の16世紀前半にさかのぼる。現在は県庁が建つ福島城は、十万石に見合う大規模な郭を構えたが、幕末は3万石の小規模城下町であった。

城郭は、南東側を阿武隈川に接して建設され、武家地はその北および西側に配置された。その外側に奥州街道が屈曲して通過し、また大手道は北にある信夫山に向かって延び、街道と直行した。

町人地は奥州街道沿いに発達したが、街道と大手道が交わる地区（大町・荒町など）が中心商業地であった。

城下町のデザイン手法は、大小ふたつの三角形の組合せによって奥州街道の屈曲点が決定されたものと考えられる。また、この主要な屈曲点は、天守から同心円上に配置されている。まず天守を通過する軸線を一辺とする大三角形によって奥州街道のフレームが決定され、その後に同心円に基づいた小三角形をずらすかたちで鈎形街路を創出したと考えられる。

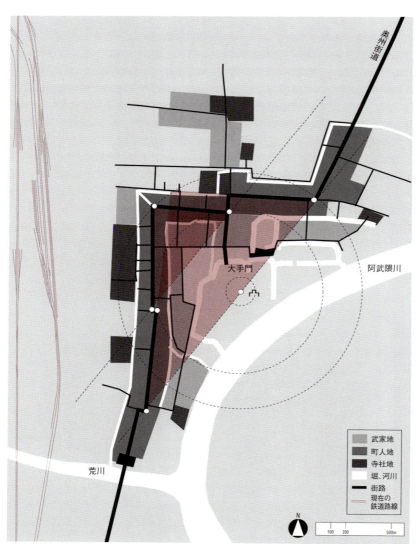

「福島城下絵図」(1805)を基に作成

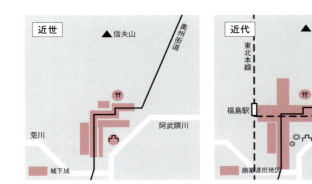
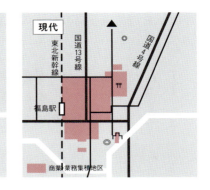

| 近現代の変容 | **小城下町から県庁所在地への展開** |

城下町福島は明治維新後に県庁が置かれたことによって、拡大・発展してきた。明治期には鉄道が城下町の西側に設置されたが、明治末にはすでに駅まで市街地が拡大している。奥州街道の屈曲部が延長されて駅前通りとなり、その後には業務・商業施設が集積した。地形的な制約が少ないこともあり、戦後は市街地が飛躍的に拡大した。近代から現代に至るまで、東北縦貫自動車道や東北山形新幹線など、南北に走る広域高速交通網の発展を中心に都市建設が進められ、都市基盤の整備によりスプロールも顕著である。

| 近現代のまちづくり | **多様な拠点整備を結ぶ回遊性の創出** |

福島は県庁所在都市として、旧城下町域から福島駅と信夫山、阿武隈川までにいたる範囲で、中心市街地が拡散的に形成された。福島の中心市街地の整備計画は、官庁街が集積する旧城郭周辺やかつての商業中心だけではなく、形成された中心市街地全体を駅西の新市街地も含めて満遍なく整備する方針で進めている。しかし、東日本大震災に伴う原発事故の影響により、中心市街地の空洞化の実態は深刻である。

そこで市では新たに五カ年計画を設定し、中心市街地活性化協議会と市とで協力し、特に多様な街路整備事業や駅近傍の拠点整備を進め、各種の民間事業や拠点同士を連携させて、まち全体に回遊性を生むための計画を進めている。まちなかを循環する100円バスや無料レンタサイクル、駐輪場整備、自転車用道路など、歩行系の回遊路とともに多様な交通手段の整備にも取り組んでいる。

特に中心部では、撤退した駅近くの商業施設の再生した高齢者の交流施設を含んだ「曽根田ショッピングセンター」と、こどもの夢を育む施設「こむこむ館」を結ぶ駅前の南北軸ができたことで通行量は格段に増加した。次には旧来からの商業中心をつなぐ東西の軸を強化して、さらにまち全体に回遊性を生み出そうと試みている。

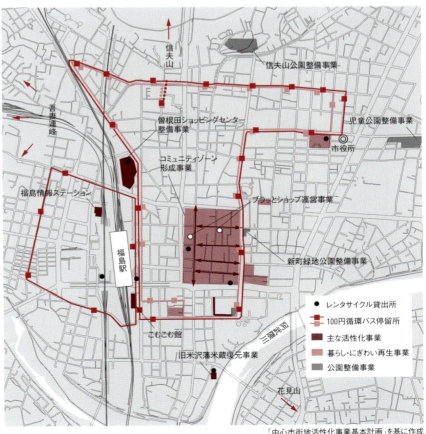

「中心市街地活性化事業基本計画」を基に作成

井桁状骨格による都市拠点の連結

number 14
栃木県

Utsunomiya
宇都宮

人口	384,583人
人口の増加率	+2.0%
年平均気温	14.1℃
最暖月平均気温	25.2℃
最寒月平均気温	2.5℃
年降水量	1,566mm
年降雪量	20cm

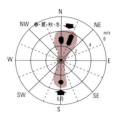

近代になって、三島通庸に始まり道路基盤整備に力を入れてきた宇都宮市では、その合理的な基盤条件をベースにして、複数の都市拠点を井桁状の都市骨格によってネットワークするまちづくりが展開している。

城下町のデザイン | 二荒山神社を基点とした城下町建設

宇都宮は既存の集落に付加して近世城下町を建設した例である。会津から蒲生秀行が宇都宮に入城したのは1599（慶長4）年であるが、この地に全く新しい城下町を計画したなら、おそらく城郭は現在の県庁の位置か、二荒山神社のある北の小高い丘に置かれていただろう。そしてその南に現在のような東西の街道を通すことにより、北に山を背負い、南に東西に走る街道を軸に町人地を町割りする典型的な城下町の構成になったはずである。

しかし、この地にはすでに宇都宮大明神（現在の二荒山神社）とその門前町が存在し、宇都宮氏の館もあった。そのため城郭は南の台地の端に平城として縄張りし、市街地の北の高台に位置する二荒山神社を北東の鬼門とするよう城下町全体が町割りされ、城郭は、防衛・治水などの面から多重の堀を巡らす構成となった。蒲生、奥平、本多と、短期間で入れ替わる藩主による城下町の整備には一貫性がなく、「互いの連絡が十分でなく道路は屈曲を重ねて迷走」していた。そして標高の高い上町に町人地、低地の下町に武家地が町割りされるという特異な構成ができ上がった。

「宇都宮城下絵図」（嘉永期）を基に作成

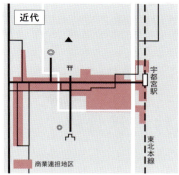

| 近現代の変容 | 戦災復興事業によるグリッド基盤の強化

奥州、日光両街道の分岐点に位置する宇都宮は、城郭の真北にある二荒山神社が市街地形成の中心として存在する。町人地は、城郭の西側を北上する日光街道と、東西に神社と城郭の間を通る奥州街道沿いに形成された。鉄道が城下町の東側に敷設された際に、駅が東西軸の延長上に開設されたことにより、現在においても旧町人地が駅前通りを軸とした中心商業地を形成している。幹線道路は、戦前に旧日光街道を外堀跡に直進させ、さらに市街地の大半を焼いた大規模な戦災を受けた後、戦災復興事業によって内堀跡に国道123号線の東西軸を新たに強化させた。また、私鉄(東武鉄道)開通により、市街地の南西への拡大が進んでいる。

| 近現代のまちづくり | 都市拠点の強化と骨格街路による連結

宇都宮市は、城下町時代からの合理的な碁盤目状の街路を戦災復興事業で再整備したのをはじめ、中心市街地を三重に取り囲む環状道路を建設するなど、道路基盤の整備が進められてきた。

しかし、中心市街地では空洞化が進み、2002年に「宇都宮市都心部グランドデザイン」を定め、「2核2軸」の都市構造を実現するための戦略的な都市づくりに取り組んでいる。

この計画では、中心地区およびJR宇都宮駅周辺を「都心核」、それらを結ぶ大通り沿線地区と八幡山公園と宇都宮城址公園を結ぶ軸を「都心軸」と位置づけ、ふたつの拠点とふたつの軸が連携することで、都心全体の一体的な発展を図っている。センターコア内のリーディングエリアにおいては優先的に事業が行われ、新たな賑わいの場が創出されている。

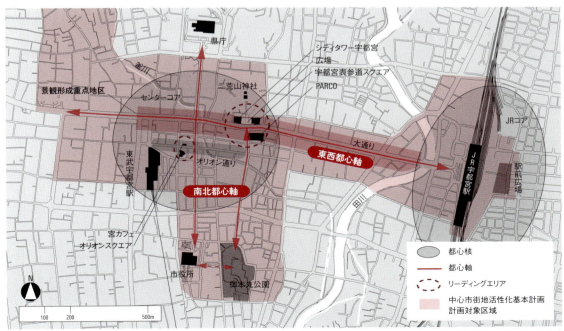

「宇都宮市中心市街地活性化基本計画(2010)」を参考に作成

14 | 宇都宮

都市拠点を連結する井桁状骨格

宇都宮市では中心市街地の衰退が深刻化したため、2002年に「宇都宮市都心部グランドデザイン」を策定し、明確な都市ヴィジョンを掲げて、整備事業を進めている。この計画では、中心市街地の「2核2軸」の都市構造の実現をめざし、リーディングエリアにおいて、10年間で実効性の高い事業を優先的に取り組み、整備された空間が連担されつつある。

中心市街地で整備されている「井桁状」の都市骨格は、井桁を構成する骨格街路の多くが始点と終点を持つ構造となっている。基点を持たない一般的な都市軸と比べて、その領域が明確な点が特徴である。

現在の井桁状骨格は、5本の街路および河川を主な対象としている。すでに具体的な事業が展開されており、以下の整備が推進されている。

1. 駅前大通りのシンボルロード化
大通りはふたつのコアを結びつける東西都心軸として位置づけられており、駅前と二荒山神社周辺において集中的に再開発事業を行い拠点性が強化された。沿道は景観形成重点地区に指定され、建築規制や沿道の緑化などを推進している。今後は、LRT整備により、さらなる利便性の向上がめざされている。

2. オリオン通り商店街の広域中心商店街化
商店街の中心部はリーディングエリアのひとつとして位置づけられ、オリオンスクエアと宮カフェの整備事業、老朽化したアーケードの改修が実施された。今後は休憩所の設置による歩行者空間の充実化を図る予定である。

3. 釜川プロムナードの活用
中心市街地を貫通する釜川では、親水空間を伴った二層構造河川化が完了している。現在は、新規店舗の立地、遊歩道の設置、釜川プロムナード協議会による川沿いの活用活動が重層的に行われ、市民や訪れる人が楽しめる親水空間としてまちなかの活性化に貢献している。

4. 二荒山神社と御本丸公園を結ぶ「歴史軸」の形成
二荒山神社と本丸公園をつなぐ「歴史軸」として位置づけ、電線地中化、路面の石畳化などの街路景観の整備とともに、バリアフリー化による快適な歩行空間の創出により、回遊性の向上を図っている。宇都宮城においても櫓、堀の一部復元、城址まつりの開催、歴史を伝えるガイダンス施設の整備などが行われ、観光拠点、回遊拠点として機能している。

5. 市役所と県庁をつなぐシンボルロード
中央通りは南北都心軸のひとつとして位置づけられ、県庁から大通りにかけてのトチノキの植栽、無電柱化、路面の整備などにより良質な街路景観が形成され、2010年には宇都宮百景にも選出されるなど、回遊性の向上に寄与している。

こうした空間整備は、近代以降に継続的に取り組んできた合理的な街路基盤の上に成立しており、歩行者、自転車利用空間化と高質空間化を図る動きとして位置づけられる。宇都宮ではこうした街路骨格を基盤とした面的な都市づくりによって、拠点間の連携を図った回遊性の高い都市空間が実現されつつある。

市街地の広がりと大型店舗の出店状況

現在の中心街
1965年の人口集中地区
1995年の人口集中地区
・ 大型店舗

1.二荒山神社拠点広場

2.オリオン通り商店街の改修後のアーケード

3. 釜川プロムナード

4. 景観整備がなされたバンバ通り

5. 中央通りの並木道

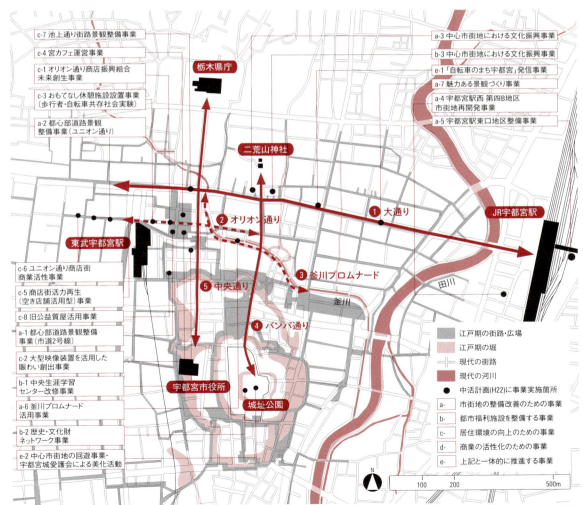

城下町時代の絵図を現代の街路図上に復元したもの。城郭周辺では、近代以降の基盤整備の様子が確認できる（図中の1〜5は本文参照）。事業は「宇都宮市中心市街地活性化基本計画（2010）」を基にプロット

南下した新市街地と保存された伝統的町並み

人口	273,750人
人口の増加率	+2.7%
年平均気温	—
最暖月平均気温	—
最寒月平均気温	—
年降水量	—
年降雪量	—

number
15 Kawagoe 川越
埼玉県

鉄道駅が旧市街地の南に立地したことで、現代的な商業集積地として賑わう駅周辺の新市街地と、城下町の文脈を受け継ぎ活用することで、観光的に賑わう旧市街地という性格の異なるふたつの中心を持つようになった。

| 城下町のデザイン | **武蔵野台地の北端に立つ城下町** |

川越は、江戸から40kmほど離れ、荒川・入間川のつくる低地帯へ突き出した武蔵野台地の北端という、地形的な要害に位置している。江戸をとりまく軍事・政治の拠点のひとつであっただけでなく、江戸と直結した新河岸川の水運を生かし、物資の集散の中心地として発展を続けた。川越の城下町は、1457(長禄元)年に上杉氏の命を受けて太田道真・道灌親子が平城を築いたことに始まり、1637(寛永15)年の大火の翌(1638)年には、松平信綱により現在へと続く町割りが整備された。

城郭の西大手門から延びる通りに位置する「札の辻」と呼ばれる十字路を中心に町人地が発達していった。

原則として、1本の通りの角から角までがひとつの近隣単位の「町」であり、T字路や鉤の手が多く設けられていることで、視覚的に町が閉じられ、空間的な一体感を生んでいた。

川越城下の町割りは、大きく武家地と町分と郷分からなっている。武家地は、城郭に接して上級家臣の屋敷が、城下の出入口の街道筋には足軽組屋敷が配置された。

「十ヶ町四門前」と呼ばれた町人地は、「札の辻」を中心とし商人地である上五ヶ町と、それをとりまく職人町である下五ヶ町、城下西側に配された寺院につらなる4つの門前町から構成されていた。さらに町人地の周囲には、村が町場化した郷分と呼ばれる中間領域があった。こうした町割りと街路の構成は、現代にいたる基盤として色濃く残っている。

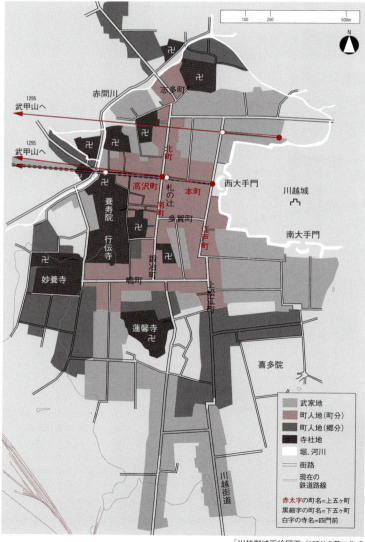

「川越御城下絵図面」(1694)を基に作成

あさひ銀行(現埼玉りそな銀行)より一番街を撮影(1955頃)

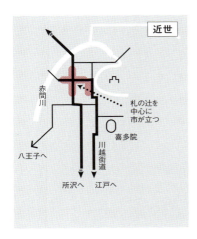
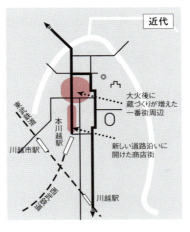
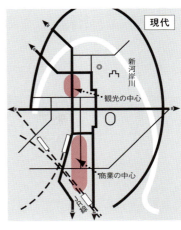

近現代の変容 | 鉄道駅開設に伴い南下する商業集積地

1893年に中心部を焼きつくす大火が起こり、有力商人たちはこぞって防火性能の高い蔵づくりや塗屋づくりでまちを再建した。その後、洋風建築も加わり、いまに残る伝統的町並みができあがった。台地の北端に立地するため、市街地の拡大は南に向かうこととなり、中心部も時代とともに南下してきた。明治から大正にかけて、鉄道駅が旧市街地の南部に分散的に立地し、1933年には旧市街地と駅を直線で結ぶための道路が建設された。その後、新河岸川の改修で水位が下がり舟運が利用できなくなったこと、また戦後に東京の衛星都市としての機能が強まったことなどで、駅の持つ意味合いが強くなり駅周辺が商業集積地となった。

近現代のまちづくり | 伝統的町並みの保存と再生

戦災を免れ、商業集積地の南下により活用されずにあった伝統的建築物の多く残る一番街周辺に、1970年代に入ると町並み保存の機運が高まり始めた。しかし川越のまちづくりは、単なる建物保存には進まなかった。この一番街周辺では、城下町の時代から続く町家の生活文化や居住環境を守りつつ伝統的建築物という貴重な資源を新たな時代に向け活用していこうとしている。

1999年には、一番街を中心とした地区が重要伝統的建造物群保存地区の選定を受けた。また、周辺地域でも、まちの歴史や文化を生かした環境整備や都市景観形成重要建築物の指定が行われ、それぞれの場所性にあったまちづくりを展開している。現代の川越は、大型店舗や中高層マンションが建ち並び若者たちで賑わう駅周辺の新市街地と、城下町の文脈を受け継ぎ活用することで観光的賑わいをみせる旧市街地という、性格の異なるふたつの中心を持つようになった。

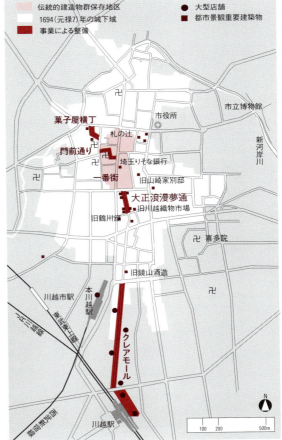

菓子屋横丁

クレアモール

15 川越

市民・地域・行政が連携した「保存・再生・活用の必勝パターン」

市民主体で進める保存まちづくり
・市民の手による町並み保存の歴史

川越の町並み保存は1970年代に入って始まった。1971年、地元出身の建築専門家の呼び掛けで城下町川越開発委員会が結成、その運動は青年会議所に受け継がれる。また1974年には川越を舞台に日本建築学会関東支部主催の「歴史的街区保存計画」設計競技が実施され、建築や都市計画の専門家が数多く参加した。これは、現在の川越のまちづくりに関わる多くの人材を生むきっかけとなっている。翌1975年伝統的建造物群保存対策調査が実施されたが、伝統的建造物群保存地区の選定には至らなかった。

1980年代に入り、1981年川越市が16棟の蔵づくりを文化財に指定すると、空いていた蔵づくりの修復や再利用が個別的に始まった。それらを背景に1983年、地元住民、周辺市民さらには川越以外の川越ファンも一緒になって「川越蔵の会」が発足した。川越にとって初めての大きな住民組織の誕生だった。その後、コミュニティマート構想の計画案を進める中、「町づくり規範」と「町づくり会社」のふたつの概念が生まれたが「町づくり会社」は実現していない。1987年一番街商店街で「町づくり規範に関する協定書」が締結、町並み委員会が発会し「町づくり規範」が作成された。以後27年にわたり毎月1回の町並み委員会を開催し、多くの建物改修に関わり一番街の町並みを修景してきた。

・商業活性による伝統的町並みの保存

「川越蔵の会」は以下の3つの目標を掲げて発足した。
① 住民が主体となった町づくり
② 北部商店街の活性化による景観保存
③ 町並み保存のための財団形成

川越の町並み保存運動が特徴的であるのは、②にあるように建物そのものの保存だけを目的としたのではなく、商店街を活性化することで町並みを保存しようとしたことである。つまり、建物や町並みを保存すれば商店街が再生できると考えるのではなく、各商店が生き生きしてこそ建物や町並みを保存することができると考えたのである。これは、古い建物や町並みを単なる観光資源としてのみ利用している地域とは一線を画しており、地域に根ざした自分たちの生活環境を主体的に改善していこうという姿勢の現れである。

町家空間の保存と活用
・町並み委員会と町づくり規範

一番街町並み委員会がそのまちづくりの原則集としている「町づくり規範」は、C.アレグザンダーの「パタン・ランゲージ」を参考とし、単に外観のみを規制、誘導するための規範(ルール)でなく、町家の空間構成を理解した上でその秩序を守り継承しようとするものである。規範の中でその特徴をよく表す項目として、「4間・4間・4間のルール」がある。これは、南北街路に面する短冊型敷地の欠点である日照・通風の悪さを、街区内の一定の場所に中庭を確保することで解消するという、空間構成の作法である。

このように「町づくり規範」は、町並み保存のために建物の形態を規制しているものではなく、新しくまちを創造するための共通言語なのである。

現在、一番街の大通りは歴史的資源の魅力と各商店の個性あるみせづくりが功を奏し、多くの来訪者で賑わっている。そのなかで近年は、大通りから脇に延びる路地沿いで、古い小さな建物を改修した主婦や若者が経営す

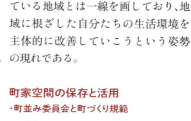

1897年頃の商店の姿

1985年頃の一番街と「ヤマワ」

1989年 改修された「陶館やまわ」

1993年 電線地中化された一番街

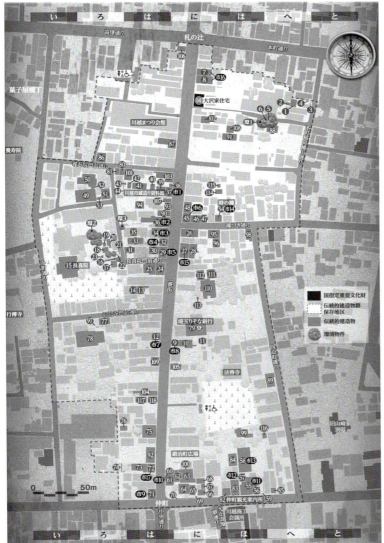

「伝建地区の町歩きMAP」(2013)、川越市都市景観課

旧鏡山酒造

旧川越織物市場

旧鶴川座

旧山崎家別邸

る小さな店が増えてきている。これは、大通りの重厚な蔵造りの町並みとはひと味違った、落ち着いた路地空間の魅力づくりにひと役かっており、来訪者が大通りから脇道へ回遊し、まちの魅力が奥行きを持って面的な拡がりを増してきている。

伝建地区指定後も続く、市民・地域・行政が連携した『保存・再生・活用の必勝パターン』

伝建地区の指定後、地区内の歴史的資源はその制度で守られることとなったが、その周辺の歴史的資源は、変わらず開発の力により消失の危機にさらされていた。そのなかで、2000年に廃業した旧鏡山酒造は、地元住民の強い保存の意向を受け川越市がそれを買収し、川越蔵の会などの活用提案などを経て、小江戸蔵里（こえどくらり）として再生した。続く翌2001年には、市場建築としては全国的にも希少である旧川越織物市場にも解体の危機が迫り、川越蔵の会を中心に地元自治会、商店街、川越唐桟愛好会などが協力し、保存運動に立ち上がり、その後川越市が所有し、2005年有形文化財に指定し、現在その活用と整備を検討している。

ほかにも、首都圏では唯一ともされる芝居小屋である旧鶴川座、伝建地区に隣接する川越を代表する商家の建物、旧山崎家別邸などを市民の手によりの保存運動を展開し、いずれも川越市が所有し、文化財として指定している。

このように、「市民の発意と行動によって、保存運動が立ち上がり、それが地域のまちづくり運動に発展し、結果市役所が文化財に指定し、さらに所有し、整備活用する」、このような「必勝パターン」（関係者の間での合い言葉）で、市民と地域と行政が連携する都市は非常に珍しいと言える。

馬の背台地を貫く都市軸の形成

number
16
茨城県

Mito
水戸

人口	167,757人
人口の増加率	-1.2%
年平均気温	14.0℃
最暖月平均気温	24.8℃
最寒月平均気温	3.4℃
年降水量	1,074mm
年降雪量	0cm

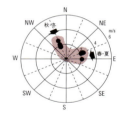

馬の背台地上に形成された城下町水戸では、
東西に並ぶ4つの拠点形成を図り、
これらを貫く背骨としての都市軸の強化をめざしている。

| 城下町のデザイン | 馬の背台地の上下に形成された双子町 |

水戸の起源は平安時代末までさかのぼるが、城郭としての構えが成立したのは14世紀になってからである。1590（元正18）年から佐竹氏によって城の拡張が行われた後、1625（寛永2）年に入府した徳川頼房が城郭の大改修と城下町の整備拡張を実施した。

水戸城は那珂川と桜川によって浸食された「馬の背」状の台地の先端に位置し、台地を掘削してつくられた五重の堀で守られていた。またこの城下町は、奥州と江戸を結ぶ宿場町としての機能も持った複合的都市であった。

城下町は台地上の上町と、那珂川と千波湖に挟まれた低地に開かれた下町より成立している。両者には武家地と町人地が併存していたが、武家地は上町に多く、町人地は下町に多く配置された。

上町の町人地は、馬の背台地の地形に沿った街道沿いに細長く配置され、下町では城下域の端部に位置するクランクの多い街路に合わせて配置された。特に下町は、江戸街道と結城街道によって江戸と奥州を結ぶ重要な位置を占め、さらには那珂川の舟渡、河岸が接していたことなどから繁栄した。このように上町と下町は地形条件だけでなく、集落の形態や機能が異なった双子町的な性格を有していた。

「常陸国水戸城絵図」（正保期）を基に作成

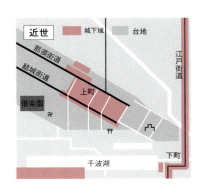
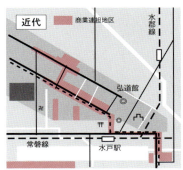
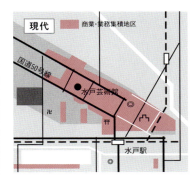

| 近現代の変容 | 台地上での中心市街地の展開と南側新市街地の発展 |

水戸では、1889年に城郭の南側（台地の下）に鉄道駅が開設された。同時に、駅と台地上の市街地をむすぶ銀杏坂が開通したことによって、中心商業地区が下町から上町に移行した。戦災復興都市事業により、駅から台地上の市街地を貫く国道50号線が強化され、現在の基本的な都市構造が形成された。また、駅南側の千波湖の干拓によってできた新市街地には、県庁および市役所が移転するなど、大きく発展している。

| 近現代のまちづくり | 都市中枢機能集約と連携による市街地再生 |

県庁の移転や郊外への大型店舗出店などにより、水戸市中心市街地の居住人口は著しく減少し、歩行者人口もここ十数年で約半分にまで減少した。こうした背景を踏まえて中心市街地の再生をめざし、「地域の特徴を活かした魅力あふれるまちづくり」が進められている。

水戸市は、2014年3月に公開された第6次総合計画の中で、「魅力・活力集積型スマート・エコシティ」を空間構想における基本方針とし、都市中枢機能の連携強化と集積を図っている。中心市街地の賑わい創出効果を期待して、市街地南西に位置する大工町、泉町周辺地区では現在再開発事業が進められており、同時に三の丸を中心とした歴史あるまちづくり、千波湖や偕楽園などを活かした水・緑の豊かなまちづくりも進められている。このようにしていくつもの拠点を設け、それらの間を歩いて楽しめるようなまちを目標に、電線の地中化など歩行者空間の整備を進め、さらに循環バスの整備も検討されている。

景観に関しては、市街地部分が馬の背台地となっており、その台地の上から眺める景色や、下から見た際の景観の向上に努め、斜面地の緑化に力を入れている。三の丸周辺の歴史的町並みについても、修景整備にあたり現在具体的な基準が検討されている。

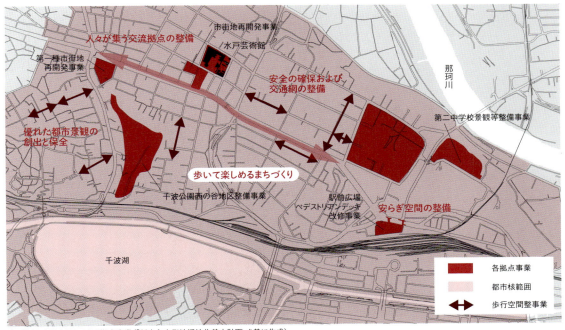

市で設定した都市核における拠点事業（「新中心市街地活性化基本計画」を基に作成）

城下町の空間構成の再編

number **17**
茨城県

Tsuchiura
土浦

人口	89,813人
人口の増加率	+2.2%
年平均気温	14.8℃
最暖月平均気温	25.5℃
最寒月平均気温	4.0℃
年降水量	928mm
年降雪量	1cm

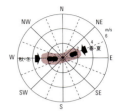

低湿地に形成された城下町・土浦は、近代に入り堀や川の埋め立てを伴う市街化が進められた。最近では城下町域での歴史的環境の保全、創出に向けた取り組みが本格化している。

城下町のデザイン｜五角形状の城下町構成

土浦では、霞ヶ浦に流れる河川が入り組んだ低湿地に城下町が建設された。城下には、いくつもの河川と堀を巧みに組み込んで小さな領域を設定してゾーニングがされた。(旧)水戸街道は南北方向に導入されたが、城下の中では屈曲が施された。また、城下の中心部に入る箇所には南と北に各々、桝形と馬出しが置かれ、往来者の監視がされた。

城下町の形状を見ると、城を中心として五角形状になっている。右図は、1852(嘉永5)年に本丸の建物の修復に際して城の測量を行った長島尉信が、古図との対比を示したものである。尉信は土浦城を末広(扇)に見立てていることがわかる。余白に描かれているのは、同じ1,000坪の本丸の場合、形によって外周の長さが違うことを示している。円形であれば、最も外周の長さが短い、すなわち防御線が短くてすむ。土浦の場合、低湿地という制約から、平城を中心にできるだけコンパクトな城下町にする必然性があった。加えて、五角形にすることによって防備的視点から外周距離を短くしながらも、外部からはつねに二辺の城下町域を見ることになり、より大きな城下町に見せる効果も果たした。

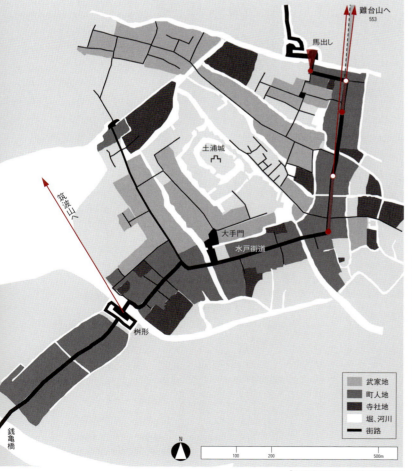

「土浦城下絵図」(1716)を基に作成

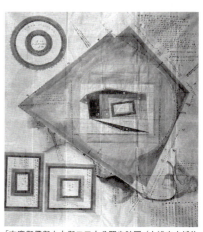

「末廣御備御本丸御二三丸分間歩詰図」(土浦市立博物館蔵)

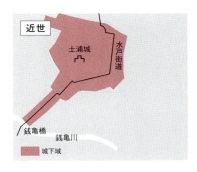  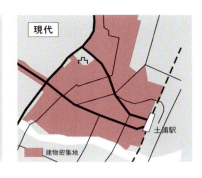

| 近現代の変容 | 水面の埋め立てと市街化 |

近代に入り城下町をとりまく堀や川が徐々に埋め立てられ、宅地や道路となった。鉄道は当初の敷設計画では市街地の西方を通る予定であったが、地元からの強い要望で東方に変更された。鉄道敷を、市街地を水害から守るための堤防を兼ねたものとすること、霞ヶ浦の水運との結節点に駅を設置することが意図された。駅前通りは旧桜川の埋め立てを利用して整備された。城下町の周囲にあった湿地や沼地は、徐々に埋め立てられ、市街化が進んだ。隣接する阿見町に海軍航空隊が設置され軍都としての性格を帯び、あわせて新市街地も形成された。市街地の直接的な戦災は免れたが、市街地の拡大は進行し、市役所は1963年に桜川の南に新築された。1985年の科学博覧会にあわせて、駅東口から市街地を西に向かう高架道が建設され、旧川口川付近には高架下に列状の商業施設（モール505）が付設された。駅前には、再開発事業によって大型複合施設が建設されたが、市街地内の大型商業施設やホテルの閉鎖が相次いだ。2015年に駅前再開発ビル内の大型店舗の撤退跡には市役所が移転することになった。

| 近現代のまちづくり | 亀城公園（城址）を中心とした市街地整備 |

土浦城址である亀城公園を含む周辺の旧城下町域での良好な住環境の再編が進められている。歴史的資源として城址の西櫓と東櫓が復元され、また大手門跡では、歴史的都市景観整備として幼稚園の塀と門扉を整備した。中城通り（旧水戸街道）沿いには多くの蔵建築が残され、そのうちの老舗である「大徳」を歴史的商家建築物改修整備事業として補修などを行い、市の観光・文化情報の発信基地「まちかど蔵・大徳」として活用。向かいの「まちかど蔵・野村」とともに旧街道の拠点を形成している。中心市街地活性化計画では、「歴史ゾーン」に指定され、旧街道の「歴史軸」と土浦駅から延びる「都史軸」とが交錯する地域として位置づけられた。

歴史的資源の保全と顕在化や商店街の活性化を図る目的で、旧城下町域内の細街路を中心に、回遊性を増進させるための歴史の小径（こみち）が整備された。この小径整備計画の策定過程では、沿道周辺の住民が参加するワークショップを連続的に行っている。

景観計画では、中城通りを中心とした景観形成重点地区が指定された。また、まちづくりファンドが創設され、景観形成事業を支援している。

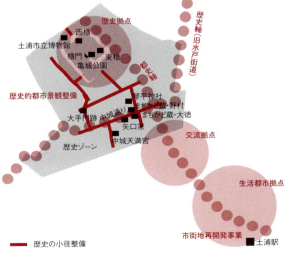

櫓門（亀城公園）

まちかど蔵・野村

矢口家（県指定文化財）

まちかど蔵・大徳

住民参加ワークショップ

住民参加ワークショップ

17　土浦

水面の埋め立てによる近代のまちづくり

低湿地にある土浦は、近世からたびたび水害に見舞われた。洪水の原因は川の氾濫と霞ヶ浦の逆水とのふたつあった。

近代に入り、水害対策のため河川や湖岸の整備とともに、市街地内の堀や河川の埋め立て、暗渠化が進められた。埋め立てられた跡地は道路や宅地となった。土浦駅の開業に伴い、市街地内部への駅前通りも河川が埋め立てられて道路が整備された。鉄道は、当初の計画では市街地の西方を通る予定であったが、地元からの強い要望によって、現在のように東方の霞ヶ浦との間に変更された。鉄道敷を霞ヶ浦からの逆水を防ぐ堤防を兼ねさせたのである。

川口川は1932〜35年に埋め立てられたが、当時、この埋め立てにあたって、その是非の議論が沸騰した。不衛生な川口川を暗渠化し、埋め立て剰余地を売却してその費用で道路拡張を行うという埋め立て賛成派と、水郷としての美を川口川に求め、流水させて水路としても活用を図るべきだという埋め立て反対派との対立である。結局は埋め立てられたものの、こうしたまちづくりへの議論は、住民のまちに対するエネルギーであり、健全なまちづくりの姿でもあった。戦後も小河川を中心に埋め立てや暗渠化が進められた。その一部は遊歩道として整備されている。

1941年の洪水（『むかしの写真 土浦』）

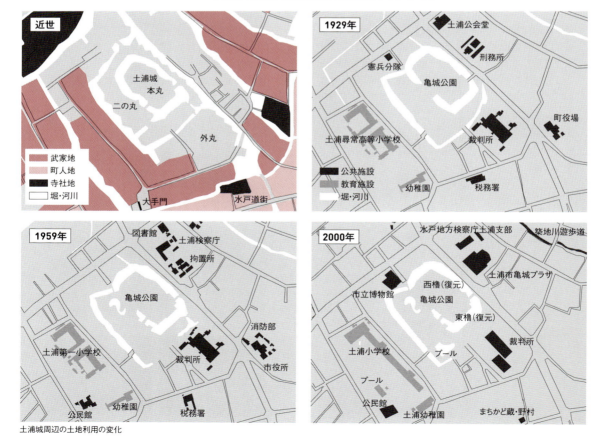
土浦城周辺の土地利用の変化

築地川遊歩道　　　　　亀城公園脇の堀

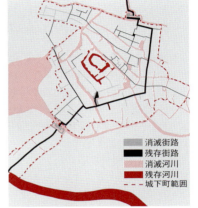

近世と現在の河川と街路の変化

消滅街路
残存街路
消滅河川
残存河川
城下町範囲

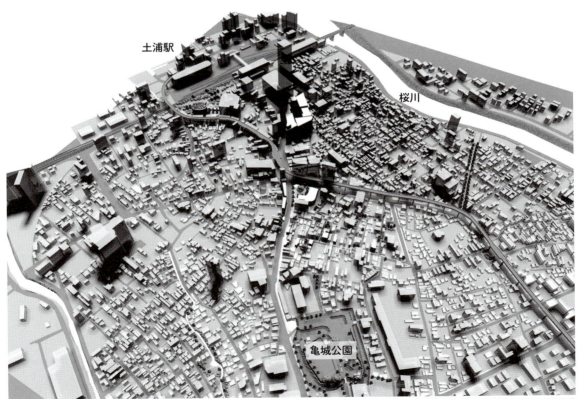

2000年の土浦市街地。亀城公園(城址)周辺は、戸建住宅を中心として、比較的建物密度も低い住宅地となっている。上方には土浦駅があり、手前(西口側)には大型の商業施設など、奥側(東口側)には業務ビルが立地し、駅周辺には中高層の大型施設が集中している。旧城下町域とこれらの地区との間には、駅東口から延びる高架道が設置され、空間的な分断を招いている

城山への軸線と微地形に沿った街道のデザイン

number 18
茨城県

Kasama
笠間

人口	12,108人
人口の増加率	+3.1%
年平均気温	13.7℃
最暖月平均気温	25.0℃
最寒月平均気温	2.4℃
年降水量	1,095mm
年降雪量	—

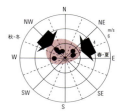

芸術家の集まる焼きものの町として知られる笠間は、首都圏との近接性と豊かな自然と歴史資源を生かして、クラインガルテンでの滞在型市民農業などで、周囲の山並みの保全と都市型観光の両立を進めている。

城下町のデザイン | 城山に向けられた景観・信仰軸

笠間盆地のほぼ中央に位置する笠間は、宿場町であり、稲荷社の門前町でもあり、同盆地の中心都市として栄えた。笠間城の起源は1219年(承久元)までさかのぼるが、近世城下町の町割りは、1594(文禄3)年の玉生氏による本町・高橋町の整備に始まる。

城下町の都市デザイン手法としては、微地形とモデュールに沿った街道の配置と城山に向かう景観演出が見られる。まちなかを南北に走る水戸街道は、標高48mの等高線に沿って微妙に向きを変えており、また町割りは30間モデュールで構成されている。城山に向かう景観演出では、結城街道の延長上に城主の居館である下屋敷、天守、信仰の山である佐白山が見えた。これは都市活動の軸と景観・信仰の軸を重ね合わせた空間演出であった。

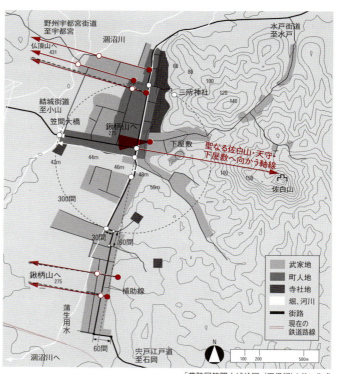

「常陸国笠間之城絵図」(正保期)を基に作成

近現代の変容 | 鉄道駅の開設による商業地区の延伸

明治期に鉄道駅が町の南方2kmに開設され、駅前商業地区が形成されたが、やがて旧町家地である商業地区と連続した商店街となった。現在では水戸のベッドタウンとして住宅地が拡大しつつある。

 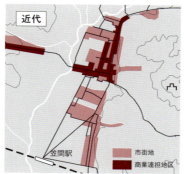 

浅間山に向かって羽ばたく鳥をイメージした造形

number 19
長野県

Komoro
小諸

人口	8,767人
人口の増加率	-28.5%
年平均気温	10.7℃
最暖月平均気温	—
最寒月平均気温	—
年降水量	1,132mm
年降雪量	—

中心市街地が鉄道で分断された小諸は、城跡の懐古園が唯一の観光拠点であったが、北国街道での町並み保全運動が近年実を結び、旧本町地区など4地区で町並み環境整備事業と町家の修景などが急速に進んでいる。

城下町のデザイン｜浅間山への軸と街道の交差

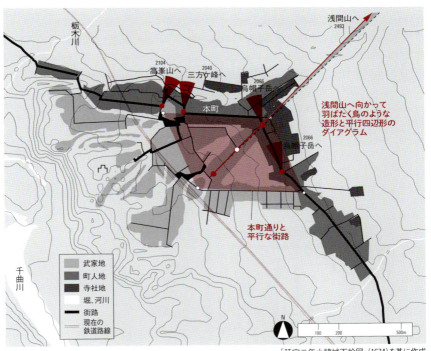

島崎藤村ゆかりの地として知られる小諸は、千石氏が入城した1590（天正18）年以降、近世城下町としての整備が進められた。

城下町の形を見ると、鳥が羽ばたいているかのような造形が特徴的である。この鳥の胴体の部分はほぼ完全な平行四辺形であり、その対角線の延長上には浅間山がそびえている。鳥の首の部分で大きく屈曲している北国街道は、等高線に沿って計画されたものである。また、細かい屈曲や設計の基点となるポイントは30間というモジュールにより組み立てられている。

「延宝二年小諸城下絵図」(1674)を基に作成

近現代の変容｜鉄道駅とバイパスへの拡大

千曲川の段丘上に発達した小諸は、北国街道沿いに町人地が展開していたが、駅が城郭と武家地の間に位置したため、駅前の旧武家地が商業地化した。現在は駅前と旧国道18号線沿いに商業地区がある。市街地は段丘上から扇状地の北側に向かって拡大し、バイパスの建設が工場の立地などとともにその拡大を促進しつつある。旧城下は町割りが残り、駅からバイパスに延びる街路と市街地を抜ける旧国道18号線を軸とした空間構造となっている。

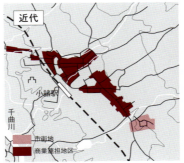

歴史的市街地における遊動空間の創出

number 20
長野県

Matsumoto
松本

駅前に発展した新市街地に中心街が移行した松本では、
衰退が進んだかつての中心商業地区において、
城下町の歴史的基盤を活用した遊動空間の整備が進展している。

人口	145,146人
人口の増加率	+1.2%
年平均気温	12.1℃
最暖月平均気温	25.2℃
最寒月平均気温	-0.8℃
年降水量	809mm
年降雪量	67cm

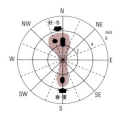

城下町のデザイン｜天守を基点とした同心円構造

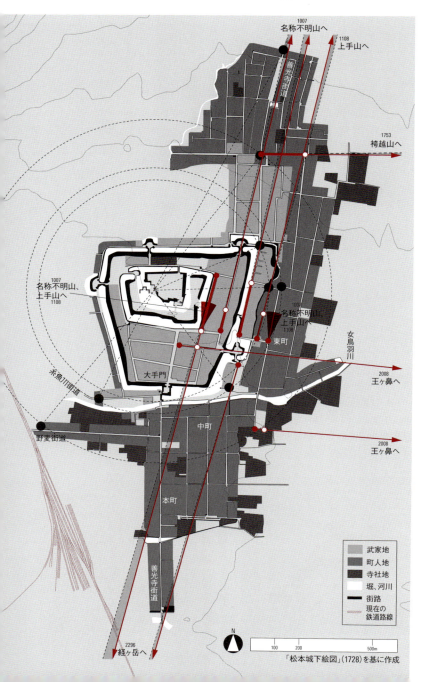

「松本城下絵図」(1728)を基に作成

城下町松本の基盤は、16世紀後半に小笠原氏によってつくられた。その後、1590(天正18)年に入府した石川氏によって大規模な整備が実施され、近世城下町がおおむね完成した。漆黒五層天守閣を誇る国宝松本城は、数少ない現存する近世城郭である。

また、城下を善光寺街道・野麦街道・糸魚川街道が通過する松本は、宿場町を兼ねた商業の町でもあった。

武家地は三の丸内の上級武家地とその東側の下級武家地からなり、住み分けが明確に行われていた。また町人地は、3街道に沿って城郭の東と南側に形成された。町人地も親町3町、枝町10町、小路24町に区割りされ、職種による住み分けが行われていた。親町3町で現在でも中心商業地として栄えているのは大手門南側の本町だけであり、東町(現在の上土町付近)と中町は衰退している。後述する遊動空間整備は、この2町で展開されているまちづくりである。

デザイン手法としては、天守を基点とした同心円構造が見られ、おもだった城門や街路の屈曲部がこれによって決定されたものと考えられる。また城下町でよく見られる天守への軸線は全く見られず、街路上から天守を正面に見せない工夫が行われたと考えられる。

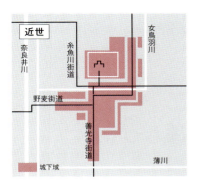
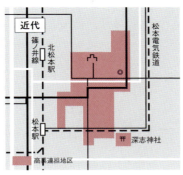
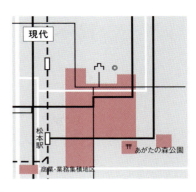

近現代の変容 | 駅前地区での新市街地の形成と旧町人地の衰退

松本では、1902年に鉄道が城下町の西端に沿って敷設され、駅は城下域の南西に離れて開設された。それ以降、市街地が駅方向に拡大されたが、依然として旧親町3町が中心街として栄えた。しかし近年実施された駅前地区における土地区画整理事業によって商業・業務機能が同地区に移行し、旧東町や中町は衰退した。都市構造としては、旧大手門前にある千歳橋が新旧市街地を束ねる役割を果たしており、その中心性は失われていない。

近現代のまちづくり | 城下町の歴史をふまえた回遊性のあるまちづくり

松本は天守閣が現存する数少ない城下町都市である。旧城下域でも城下町時代の街路がほぼ継承され、歴史をふまえたまちづくりが展開されている。

まず、城郭周辺では大手門枡形周辺の整備や南・西外堀の復元、内堀の修復などが取り組まれている。そして旧城下域では「まちなみ修景事業」による建物のファサード改修や、「街なみ環境整備事業」による道路の美装化や公園の整備を通して、松本城や神社仏閣などの歴史的景観と調和した町並み創出に取り組んでいる。これに伴い景観法に基づく「景観計画」では、建築物に関して風土に合った素材を扱うように定めることに加え、道路を視点場として町並みと山並みが調和した景観の形成や、河川沿いの眺望と山当ての対象山を含む北アルプスや美ヶ原高原の景観の保全がめざされている。

また、松本は豊富な地下水に恵まれているため、名水と謳われた「源智の井戸」を代表とする井戸や湧水が古くから見られた。このような特性を活かし、公共の井戸の整備や、個人の井戸の修景補助がなされており、町並みの整備と合わせてまちの回遊性を演出している。

近年では、市街地の一体的な整備をめざした「歩いてみたい城下町事業基本方針」が策定され、城下町の歴史をふまえた魅力あるまちづくりをめざしている。

城郭周辺の整備／現存する天守閣を中心に大手門枡形周辺の整備、外堀の復元、内堀の石垣の修復などが進行中

(左)埋立てられている南・西外堀における用地買収の進行
(右)崩壊の危険度が高い石垣の解体および修復工事の実施

回遊性を演出する町並みの整備／「街なみ環境整備事業」による「まちなみ修景」や街路整備、井戸・湧水の整備によりまちの回遊性を演出

(左)街路の整備と蔵造りをモチーフにしたまちなみ修景
(右)観光客の回遊性を高めるための公共の井戸の整備

周辺自然景観の保全／山当ての対象山を含む北アルプスと美ヶ原への眺望や女鳥羽川沿いの景観の保全を推進

(左)高さ規制により保全されている美ヶ原への眺望
(右)旧大手門前の橋詰広場から見られる女鳥羽川の景観

松本市「街なみ環境整備事業」(2013)、「歩いてみたい城下町整備事業」(2011)、「景観計画」(2008)、「水めぐりの井戸整備事業」(2006)、「歴史的風致維持向上計画」(2011)を基に作成

20 松本

住民組織と行政のパートナーシップによるまちづくり

小規模事業の連鎖的展開

松本市の城址公園(中央公園)と駅前地区に挟まれたかつての中心商業地区では、住民や商業者が主体的にまちづくりを推進し、行政がこれに呼応して小規模な空間整備事業を連鎖的に展開している。その結果、城下町時代からの空間や近代化のプロセスで派生した小空間を中心に、遊動空間のイメージが見えてきている。これらのまちづくりは、特に、旧町人地であった「中町地区」と「中央東地区」、そして武家地、堀、町人地にまたがった「お城下町地区」の3地区で展開されている。

中町地区は旧善光寺街道沿いに発達した江戸期以来の商業地域であり、現在でも見通しのきく直線的な街路を軸に短冊基盤が継承されている。明治期の大火により町家の大半が焼失したが、街区内部には今日でも蔵が点在している。

しかし、昭和50年代の区画整理事業に伴う駅前地区への商業拠点の移行によりかつての中心商店街の魅力は相対的に薄れ、集客力が低下した。こうした状況下でまちづくりが始まり、1986年に中町地区の商店街振興組合と町会を中心に「中町まちづくり研究会」が設立された。その後基本構想の策定と「蔵のあるまちづくり協定」の

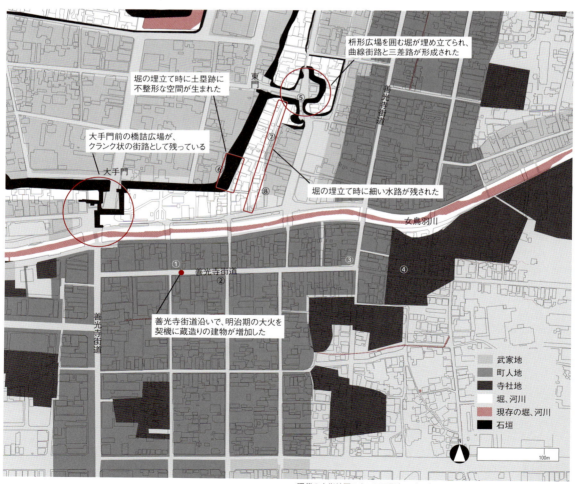

現代の市街地図の上に江戸期(1730年頃)の街路とゾーニングを重ね合わせて作成した

締結を経て、1989年から「街なみ環境整備事業」による改善型のまちづくりが行われている*1。

例えば、下図の②蔵の会館は、地区内にあった歴史的木造建築物である。マンション建設に際して住民から移築を希望する声が挙がり、松本市が現在地に移築した。現在は、住民の集会施設や展示場として協議会が運営している。

女鳥羽川を挟んで中町地区の北側にある「お城下町地区」は、江戸期には郭内の武家地と町人地とをつなぐ東門があり、城下町の中心地区のひとつであった。明治以降に外堀が埋め立てられて街路が新設されるなど、基盤条件は大きく変わった。堀跡には飲食街が形成され、昭和30年代までは市内有数の繁華街として栄えた。

中町地区と同様に、お城下町地区では1993年から町会を中心に「街なみ環境整備事業」によるまちづくりを開始した。明治期に基盤が変わった地区では、大正期の建築物が多く、「大正ロマンの街」をコンセプトにしている*2。

⑤下町会館は、まちづくり推進協議会と行政のパートナーシップによるまちづくりの成果が最もよく現れた例である。1928年に建設された洋館建築が街路整備によって撤去されよ

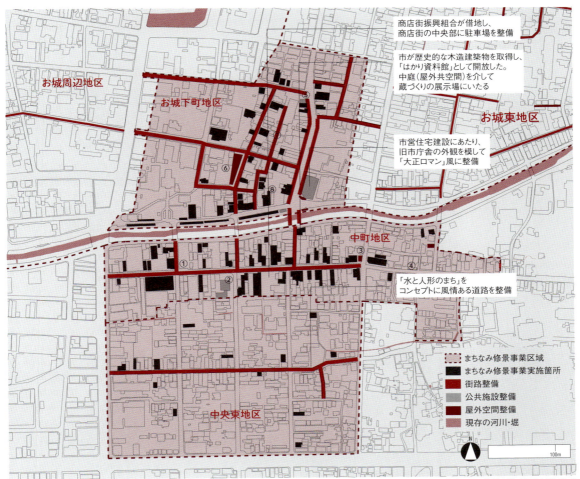

松本市による「街なみ環境整備事業」(2013)、「まちなみ修景事業」(2014)を基に作成

20 松本

うとした際に、住民らが資金を出し合い、ファサード部分を保全した。その後、街なみ環境整備事業基本計画によって、市の建築物として再生された。現在は協議会の運営のもとで事務所や会議室として使用され、まちづくりの拠点となっている。

中町地区の南側にある中央東地区は、人形職人が多く存在した商業地域であり、源智の井戸に代表されるように豊富な水資源にも恵まれていた。この地区は、土地区画整理事業などが行われなかったこともあり、現在でも江戸時代からの町割りの面影が残っている。

中央東地区では中町地区とお城下町地区から10年ほど遅れ、2004年に「中央東高砂通り周辺地区まちづくり推進協議会」が設立され、「街なみ環境整備事業」により高砂通りと源智の井戸を中心としてまちづくりが行われている。

中町地区／高密市街地における街路に面した広場状空間の埋め込み

街路を軸にした高密市街地において、街路に開けた街角広場などを新設することによって、シークエンスを演出している。中町地区は、街路自体は見通しのきく単調な構造である。屋外広場状共空間としての街角広場などを埋め込むことで、歩行者の視線が一気に広がる。先に示した②蔵の会館は、移築時に街路に面した開口15m×奥行5mの新しい広場状共空間を創出した。または、商工会議所が所有する駐車場の一部を市が無償賃貸して藤棚と歩道状共空間を整備しており①、地区北側の女鳥羽川や四柱神社との空間的な連続性を演出している。

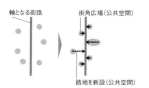

①商工会議所が所有する駐車場の一部を市が無償賃貸し、歩道状共空間と藤棚を整備。女鳥羽川と空間的な連続性を演出している

②住民の声を反映して、近くにあった歴史的木造建築物を市が現在地に移築した。直線的な街路に面して屋外広場状共空間を創出した

③旧善光寺街道の屈曲部で市が用地を取得して、中町商店街の導入部に広場状共空間（小公園）を整備した

④かつての水路部分で、隣地の一部を買い足すことで市が街区を通り抜けられる路地として再生した。奥には小公園も同時に整備された

お城下町地区／街区内を貫く既存の公共空間を活用した路地空間の再生

近代化の過程で派生した城下町固有の隙間的な公共空間を路地として再生し、街区を貫くネットワークを創出している。⑦外濠小路は、堀の埋め立て時に水路として残された部分（幅1.5m×200m）を、市が路地として整備したものである。また⑧縄手横町小路は、⑦に連続する水路と路地沿いに形成された飲食街で、堀跡の上に明治以降に形成された市街地である。南北の2街区で路地空間が連結されたことで、お城下町地区固有の遊動空間が形成された。城下町の近代化の過程で派生した空間を、遊動空間として再生した一例である。

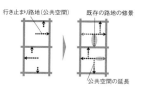

⑤解体が予定されていた歴史的建造物を住民らが保全し、市が現在地に移築した。かつて枡形広場があった場所に街角広場を創出した

⑥堀の埋め立て時に派生して公園として利用されていた不整形な土地に、道路の付け替えなどを行って公園として再生した

⑦外堀跡の水路を、市が暗渠化して路地として再生した。修景した南側街区の路地と連結され、路地が2街区を貫く遊動空間を創出した

⑧外堀の埋め立て跡に形成された市街地と以前からの市街地の狭間に派生した路地を市が修景し、公共性を高めた

特に高砂通りは源智の井戸へ通じる道であるとともに人形店が多い特徴的な通りとして「水と人形のまち」をコンセプトに道路の美装化と水路の開渠化が施された*3。

このほかに3地区では、まちなみ修景事業によって、まちづくり協定に即した住民などの建替えに松本市が補助金を交付することで、歴史や文化を活かした統一感のある景観形成を支援している*4。

城下町固有の基盤を生かした遊動空間

現在は、まちづくりの開始から約25年が経過したが、こうした小規模な空間整備事業が連鎖的に展開されることによって新しい歩行者空間の構造が見えてきている。基盤条件や近代化のプロセスが異なる各地区では、同じ事業手法を用いたまちづくりでありながら、創出されつつある遊動空間はそれぞれの特徴を持っている。

2010年には上述の中町地区・お城下町地区・中央東地区と、お城周辺地区・お城東地区の5地区のまちづくり推進協議会が手を取り合って、「歩いてみたい城下町まちづくり連合会」が設立された。これにより、対象5地区を一体的なエリアとして整備し、松本駅から松本城までの周辺商店街への回遊性を高めるとともに、松本城や城下町の歴史をふまえたまちづくりがめざされているのである*5。

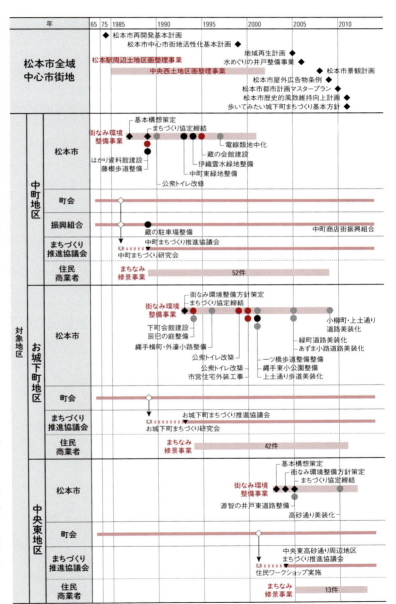

松本市による「松本市の都市計画」(2011)、「水めぐりの井戸整備事業」(2012)、「街なみ環境整備事業」(2013)、「まちなみ修景事業」(2014)、を基に作成

水系システムと庭園都市づくり

number 21
長野県

Matsushiro
松代

人口	253,351人
人口の増加率	+1.0%
年平均気温	12.0℃
最暖月平均気温	24.8℃
最寒月平均気温	-0.6℃
年降水量	843mm
年降雪量	172cm

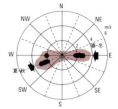

扇状地に形成された松代は「カワ」「セギ」と呼ばれる独特の水系システムがあった。
これらをつなぐ武家屋敷の泉水路の復元や歴史的資源をつなぐ
「道すじ」の整備により、庭園都市づくりをめざしている。

城下町のデザイン｜逆L字型の街道と5つの山への軸線

「川中島の戦い」の折、北方の上杉攻めの前線基地として武田軍が築城したものが、松代城の前身である。当初海津城と呼ばれていたこの城は、1600 (慶長5) 年に入部した森忠政により城下町とともに整備された。その後1622 (元和8) 年に真田信之が入封し、以後幕末までの250年間、六文銭の真田氏の支配下に置かれ、10万石を誇る信濃国第一の城下町として栄えた。

長野盆地南東部に位置する松代は、典型的な平城の城下町である。扇状地状の地形に城下町が形成されているため水路網が発達しており、かつては各町内の道路中央を「カワ」という水路や、「セギ」と呼ばれた屋敷裏の灌漑用水が流れていた。

城下の中央を、北国裏街道が城郭を取り囲むように逆L字形に走り、街道沿いにある「町八町」と呼ばれる町人地の他、周辺部にも「町外町」として八町からあふれでた町人らが居住地を形成した。寺社地は城下町の東郭外に、南北2列に並んでいる。築城当時は北の外堀のすぐ外側を流れていた千曲川は、たび重なる水害のため、宝暦年間 (1751〜1764) に現在の川筋に変えられた。

城下町の都市デザイン手法としてふたつの同心円と周辺の山への軸線による基準点の決定とモデュールに基づいた町割りが挙げられる。天守と町割りの南東の基準点を中心に円周を描いてみると、多くの重要な点がこの上に配置されている。そして周辺の5つの山に向かった軸線が基準となっている。また、町人地では44間という共通のモデュールに基づいて街区が構成されている。

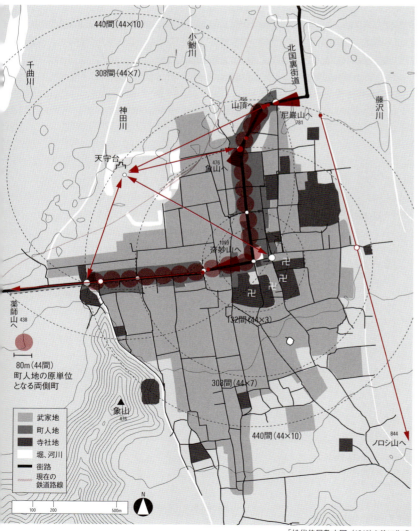

「松代侍屋敷之図」(1848) を基に作成

紺屋町通りからの奇妙山

近現代の変容 | 長野市編入による中心部の衰退と近世都市骨格の継承

近代に入り、廃藩置県によって一時松代県となるが、すぐに隣接する長野県に統合された。長野県庁を松代に移す運動が起こるが失敗し、廃城のために松代城も破却となった。1922年に鉄道駅が城郭付近に堀を埋め立てて開設されたものの、旧城下域以外に市街地が広がる気配は見られなかった。戦後は長野市の一部に編入され、長野市松代町となった。長野電鉄河東線は2002年、一部区間の廃止とともに屋代線と名称変更されたが、残された区間も2012年3月末、廃線となった。

近現代のまちづくり | 泉水路の復元と城跡・新御殿跡を中心にした環境整備

鉤型の街路や寺、屋敷、庭園など城下町の空間構造と景観が多く残るこのまちでは、1980年代初頭から「庭園都市」の名の下にまちづくりを進めてきた。1983年には伝統環境保存条例が制定され、代官町、馬場町など南側の旧武家地を対象に門塀・泉水などへの修景助成が行われ、約50軒が修景を行った。また真田公園線や竹山町通りなどの「歴史的道すじ」整備が進められ、その後「街なみ環境整備事業」による電線地中化や歩道・小公園、水路などの整備が行われ、歩行者空間のネットワークが形成されてきている。また、道に面した「カワ」、背割り沿いの「セギ」、庭園の泉水を結ぶ「泉水路」という固有の水系システムを復元・再生する試みが、新御殿跡(旧真田邸、国史跡)、旧横田家住宅(国重文)、樋口家住宅(市指定文化財)の整備に合わせて進められた。

1981年、国史跡に指定された松代城跡は、2004年に石垣の修復、堀・土塁の整備、太鼓門などの復元が完了し、松代城公園として公開された。その後文化財活用ボランティア組織による「エコール・ド・まつしろ(松代学校)」と呼ばれる生涯学習プログラムやまち歩きツアーなどが展開されている。

旧樋口家住宅の泉水路　街なみ環境整備事業　新御殿跡周辺　復元された松代城跡

周辺の山々への景観演出

number **22**
新潟県

Murakami
村上

人口	17,178人
人口の増加率	-5.5%
年平均気温	12.6℃
最暖月平均気温	24.6℃
最寒月平均気温	1.9℃
年降水量	2,542mm
年降雪量	215cm

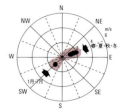

新潟県の北端に位置する村上は、町人地のまちづくりで全国に知られた小城下町である。山城を龍が飲み込むような特異な形態は周辺の山々への見事な景観演出が図られており、それを町並み保全と都市デザインにどう活かすかが課題である。

城下町のデザイン｜山城を龍が飲み込む形

新潟県の北端に位置する城下町村上は本丸・二の丸からなる山城とその下に町割りされた城下町という構成であり、龍の姿の城下町が大きな口を開けて山城を飲み込むような形をしている。

都市設計における大きな特徴は南北に位置する下渡山と山居山、それに城山である臥牛山などへの数々の山当てにより主要な骨格の位置が決定されていることである。例えば、中心商業軸である上町通りは北の下渡山と南の山居山を結ぶ線上に町割りされていたり、街道の屈曲や派生する小路は下渡山と臥牛山への見通しが演出されている。また、大手門およびその先にある桝形広場では3つの山をきれいに眺めることができた。

小町坂から見る下渡山

鷹取山

「内藤候治城明治維新時代村上地図」(1868)を基に作成

近現代の変容 | 城下町骨格の保全

三面川の河口に発達した村上は、出羽街道と北国街道が交わる交通の要衝にあり、城山である臥牛山を中心に背山臨水型の町割りがされた。

鉄道駅は城下町の骨格を侵すことなく城下の西に少しはずれた田畑に設置され、線路は南北に通過している。

現在は、駅周辺に市街地の拡大が進んでいる。また道路整備を見ると、城下町時代の街路が現在も保存されているが、ループ状の幹線道路が旧城下域を囲む形で整備され、旧城下域内部の街路の拡幅整備が計画されている。

近現代のまちづくり | 武家屋敷の保全から町屋の再生へ

村上のまちづくりは、初期段階に武家屋敷の保全が中心に進められ、その後町屋の再生へと展開した。

1990年代までは、藩政期に武家地が置かれた臥牛山麓のエリアで、武家屋敷を活かしたまちづくりが進んでいた。これにより、国の重要文化財である若林家住宅をはじめ、市有形文化財に指定されている武家屋敷の復元保存が進んだ。1998年には3棟の武家屋敷の移築復元などによって「まいづる公園」が整備された。

1997年からは、町屋の多く残る町人町で道路拡幅に伴う大規模な近代化計画が持ち上がったことを機に、市民が主体となり、町屋を守る取り組みが開始した。住民の協力を得て内部を公開し、雛人形や屏風を展示するなど、さまざまな催しを行うなかで、町屋の歴史的価値が市民に認識されるようになった。2004年には、市民の有志によって「町屋の外観再生プロジェクト」が立ち上げられ、会員の年会費で基金をつくり、修景の補助が行われた。2014年までに、計26物件で外観再生が実現し、町人町の歴史的景観の復元が進んでいる。

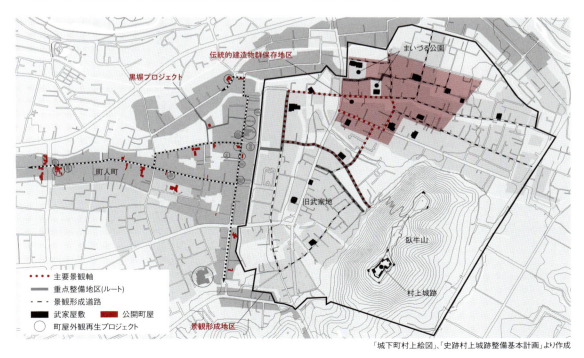

「城下町村上絵図」、「史跡村上城跡整備基本計画」より作成

22 村上

多様な借景・ヴィスタを演出する都市造景

3つの山当てが織りなす多様な借景

村上では、多くの山当て景観が確認されるが、その風景の特徴から、以下の3つに大分することができる。

1｜象徴的な景観を演出する山当て

内堀の軸や鬼門軸、町割りの基準となった街路など、城下の大枠の骨格を構成する対象街路では、ライン間角度が0.5°以下で、山頂に対して明確な軸線を持つ山当てが確認された。村上城下町では骨格街路の中央に山頂が眺められる象徴的な景観を体験することができる（図1）。

2｜鈎形街路上に演出される眺望の場

村上で顕著に確認される鈎形に屈曲した街路の先には、ほとんどの場合、山や櫓を見通すことができる。屈曲の先の開けた場所に、山への眺望の場が演出されている（図2）。

3｜連続的な山の見え隠れが演出された山当て

街道の南北軸からは、山居山、下渡山のふたつの山が眺められるが、ライン間角度は3.1°、4.8°と大きくずれている。この街道の両端でそれぞれの山は視界から消えるが、端部で接続するふたつの鈎形街路からは、再び下渡山、山居山を眺めることができるのである。これは、ふたつの山に対して、主軸をおおよそ均等にずらし、南北対象に鈎形街路を配することで、山の見え隠れの風景を借景として演出する造景デザインであったと解釈することができよう（図3）。

このような3つの山頂への見通しを用いた造景技法が多様な山の風景を町に演出している。

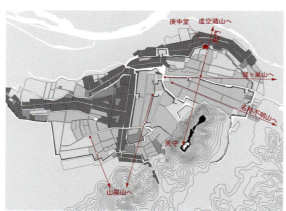

図1　大枠の骨格を構成する山当て

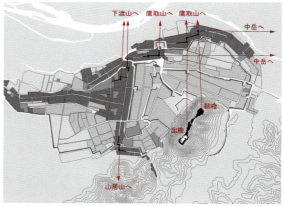

図2　鈎型街路上に演出される眺望の場

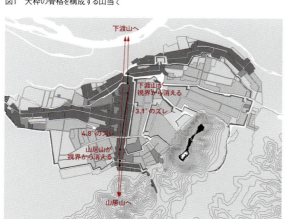

図3　連続的な山の見え隠れが演出された山当て

3つの山当ての風景
左上：1では、道路の中心が山頂へ正確に向かう
右上：2では、屈曲の先の開けた場所で山が眺められる
左下：3では、山頂は道路の中心からずれ、雄大な山並みが視認される

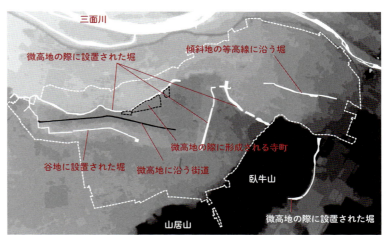

図4　微地形との関係が見られる堀や街道

微地形に応答する有機的骨格

GISの3D解析ツールを用いて標高、傾斜角を算出し、標高が大きく変化している部分、傾斜の大きい部分から、微高地、谷地、傾斜地を特定した。これに地図データを重ね合わせることで、微地形の形状と街路・堀の形態、土地利用との関係を考察した結果、計6本の堀が、微高地の際や谷地の最深部、急な傾斜地の傾斜方向に沿って設置されていることがわかる。

また、北国街道の内、肴町口から入り、大町—上町で直交するまでの区間の一部は、微高地の形状に沿うように屈曲している。さらに、北国街道付近の寺町は、微高地の際に連続して配置されている（図4）。

以上のように微地形を綿密に読み取り、これに応答することで、有機的な骨格が形成されたのである。

山とのつながりを視覚化する視軸

3つ以上のものが一直線上に並んでいる視軸の関係を調査したところ、4カ所に確認することができた（図5）。

まず、南面の総堀の最西端である肴町口と最東端である牛沢口を結ぶ軸線は、ライン間角度0.252°で光兎山の山頂に向かっている。肴町口には道祖神が祀られており、耳病の神として信仰されている*1。同様に牛沢口にも道の神として「きんかさま」が祀られており、これは難聴を治す神である*2。さらに、光兎山には阿弥陀如来が祀られており、病気平穏の信仰が栄えていた*3。このように、ふたつの門と光兎山には信仰上の繋がりが存在する。

また、天守からおよそ北東の方角に、虚空蔵山が存在し、山頂には虚空蔵大菩薩が祀られている。虚空蔵菩薩は十二支の丑、寅の守り神であり、守護の方角が鬼門であることは通説である。これに加えて、天守と虚空蔵山を結ぶ軸上に庚申堂が祀られているが、これは鬼門鎮護を目的に建立されたのである*4。虚空蔵山を鬼門の守り神として崇め、その軸線上に庚申堂を意図的に配置したと考えられる。

さらに、出櫓から下渡山山頂を眺めた軸線上には、下渡門が配置されている。

天守・櫓を見通すヴィスタの演出

合計11本の天守・櫓へのヴィスタが確認された。街道上に3本確認され、うち2本では、山と櫓を対面に眺められる。門や枡形からのヴィスタも4本確認されている（図6）。

以上のように、村上では周辺の自然環境や中世より培われた信仰、天守・櫓への眺めなど、多様な要素を組み立てた、全体の都市造景を読み取ることができる*5。

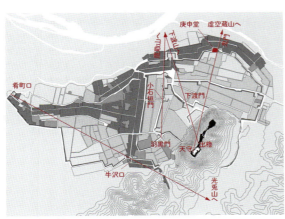

図5　視軸の関係

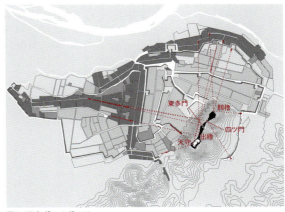

図6　天守・櫓へのヴィスタ

公共交通軸による多核型コンパクトシティの実現

number
23
富山県

Toyama
富山

人口	223,250人
人口の増加率	+2.1%
年平均気温	14.2℃
最暖月平均気温	26.4℃
最寒月平均気温	2.8℃
年降水量	2,271mm
年降雪量	139cm

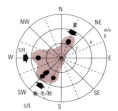

明治期の鉄道駅の設置によって旧城郭が市街地の中心に立地することとなった富山市では、駅と官庁街、城址公園、中心街などを、公共交通軸で連結させる多核型コンパクトシティの実現をめざしている。

| 城下町のデザイン | 河川の蛇行を利用した城下町の立地 |

城下町富山の起源は、16世紀半ばまでさかのぼるが、本格的な城下町の建設は、1579(天正7)年の佐々成政の入城によって始められた。さらに1661(万治4)年以降には、前田家によって10万石の城下町としての改修・再編が行われた。

富山城は蛇行する神通川の南側に築城され、北側は神通川によって防御されていた。城下町は城の南および東側に配置され、武家地は城を三方から囲むかたちで整備された。南側の市街地には北陸街道が引き込まれ、街道沿いには町人地が形成されている。また、北陸街道と直行する飛騨街道が南側に延びている。

「天保二年富山城下図」(1831)を基に作成

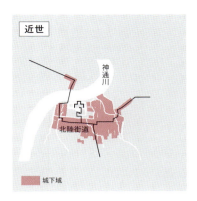
近世 城下域

近代 市街地

現代 人口集中地区(1995年)

近現代の変容 | 河川改修による旧市街地と駅前地区の連結

神通川の直線化によってできた中州に、旧城下域から離れて鉄道駅が開設された。その後、旧河道敷が市街地化し、駅前の新市街地と旧城下が連続した。郭内にあった官公庁は旧河道に移転し、商業地区は南側の旧町人地と駅前地区が並立している。鉄道駅が城郭を挟んで旧町人地と反対側に開設されたことによって、駅−官庁街−城址公園−旧町人地が南北に連なる固有の都市構造を構成している。また戦災復興事業によってグリッド状の骨格道路が整備され、近代都市として生まれ変わった。

近現代のまちづくり | 拠点性の強化と公共交通機関による連結

富山市は、旧城郭が駅と中心商業地区の間にあり、鉄道駅−官庁街−城址公園−中心街がコンパクトに立地している。2007年には、新中心市街地活性化基本計画の第1号認定を受け、都市構造を活かしたコンパクトシティの実現をめざしている。

同市では、まず駅前地区において再開発事業などによる都市機能の強化が図られ、江戸期以来の中心街では、再開発事業と商店街活性化事業が連動して実施された。その後の中活事業では、中心街での賑わいの創出を意図した事業などが継続され、さらに、既存路面電車の環状線化やコミュニティバスの運行などにより、拠点間や郊外との連結を強化している。

1.富山赤十字病院／2.とやま女性総合センター／3.駅北・奥田新町地区市街地再開発事業(業務・駐車場)／4.牛島地区市街地再開発事業(ホテル)／5.富山市芸術文化ホール／6.富山市体育館／7.ブールバール／8.電鉄富山駅ビル／9.富山ターミナルビル／10.西街区第2地区市街地再開発事業(ホテル)／11.西街区第1地区市街地再開発事業(業務)／12.富山駅前街区市街地再開発事業(店舗・ホテル)／13.桜町地区市街地再開発事業(店舗・駐車場)／14.安住町2番街区優良建築物等再開発事業(業務)／15.大手町地区市街地再開発事業(会議場・ホテル)／16.大手町6番地区優良建築物等再開発事業(公益施設)／17.大手モール／18.総曲輪通り／19.総曲輪3丁目地区市街地再開発事業(店舗)／20.総曲輪2丁目地区市街地再開発事業(駐車場)／21.中央通り／22.中教院モール／23.路面電車環状線化事業／24.富山駅周辺地区土地区画整理事業／25.富山駅付近連続立体交差事業／26.中心市街地活性化コミュニティバス運行事業／27.富山城址公園整備事業／28.総曲輪南地区第一種市街地再開発事業／29.グランドプラザ整備事業／30.賑わい交流館整備運営事業／31.賑わい横丁整備運営事業／32.街なかサロン「樹の子」運営事業／33.総曲輪四丁目・旅籠町地区優良建築物等整備事業／34.西町南地区第一種市街地再開発事業／35.西町東南地区第一種市街地再開発事業／36.堤町通り一丁目地区優良建築物等整備事業／37.中央通地区第一種市街地再開発事業(23以降は、新中活計画に基づく事業)

中心市街地の再生ヴィジョンと事業展開

戦災、震災復興による街路基盤を活用したまちづくり

number **24**
福井県

Fukui
福井

人口	167,518人
人口の増加率	+2.9%
年平均気温	14.0℃
最暖月平均気温	26.9℃
最寒月平均気温	3.2℃
年降水量	2,137mm
年降雪量	107cm

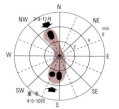

福井城下町は同心円構造の町割りの典型である。
戦災、そしてその直後に震災に見舞われたが、それを機に徹底した基盤整備を行い、
現在ではその街路基盤を活用したまちづくりが行われている。

城下町のデザイン｜足羽川と矩形の町人地に囲まれた武家地

福井は1575(天正3)年に柴田勝家により、北の庄(現在の福井市中心部)の地に平城中心の壮大な城下町を構築したことに始まるといわれているが、実態は明らかでない。その後、結城秀康により本格的な改造がなされた。城下町は東西に流れる足羽川を境として、北側は城周辺に広大な武家屋敷が広がり、その外側の西部、北部の北陸道沿いに町家が形成されていた。城郭を中心にしたほぼ同心円状の構成で町割りされ、多重の堀が巡らされており、河川の付け替えにより残された南西の河川跡が百間濠として雄大な風景を演出していた。また、南を区切る足羽川にかかる九十九橋も西の山塊を背景にした景観ポイントとして幕末の風景に描かれている。本丸を中心に武家屋敷街で同心円的に固め、堀の外に街道をL字にところどころで雁行させながら引き込んで町人地を構成するという、典型的な城下町構成と言える。

1903年には福井駅前道路の改良のため、百間濠の埋め立てを行うなど局部的な改良も順次行われた。昭和に入ると、城内本丸跡に県庁が移転し、官公庁などが集中した。それと同時に、もともと県庁があった場所には百貨店が創設され、その周囲に商店が移築したことで中心商店街が生まれて、都市機能が城跡以南から足羽川までの間に集積した。

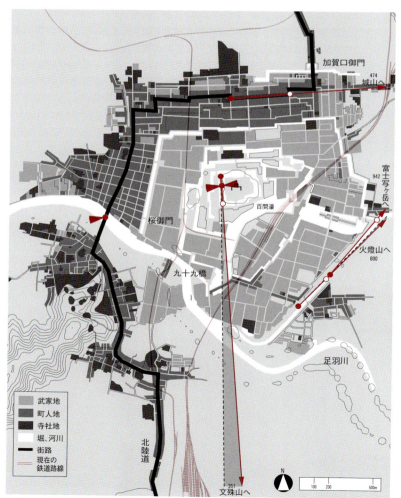

「福井城下之絵図」(幕末期)を基に作成

九十九橋から西の山並みを見る(「福井城旧景」福井市立郷土歴史博物館蔵)

百間濠から城郭を見る。幕末に描かれた福井城下町の風景(同上)

Fukui

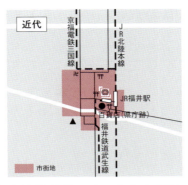
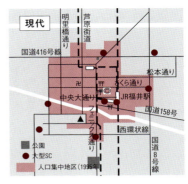

| 近現代の変容 | **堀の埋め立てと街路基盤整備による中心市街地の形成** |

近世の城下町福井は、南に足羽川を配し、南北一里十五町（5.639km）の規模であった。近代には城趾の内堀や周辺の百間濠を残して堀はすべて埋め立てられた。また、鉄道が開通し城趾の南東には福井駅が配された。城趾周辺には官公庁が集積し、その南に位置する県庁跡には商業施設が建てられ中心商店街が生まれた。昭和になり、戦災、震災を乗り越えた福井市は、中央大通り（シンボルロード）などの骨格街路を整備し、都市化が急速に進展した。

| 近現代のまちづくり | **復興による街路基盤を活用した賑わい交流拠点づくり** |

中央大通りは駅前から伸びる街路樹などの装飾を施した広幅員のシンボルロードであり、復興のシンボルとして、美しい町並みと快適に歩ける中心街をめざしていた。しかし、その後、都市基盤整備が進み郊外へさまざまな機能がスプロールした結果、都心部の空洞化が深刻となる。再び都心部を再生しようとする計画が昭和50年代後半から現れる。1992年から2009年にかけて福井駅付近連続立体交差事業を含む再区画整理事業である福井駅周辺土地画整理事業（約16.3ha）が行われ、福井駅付近が大きく変わりつつある。さらに、駅前地下駐車場事業（2001～06年度）、柴田公園整備事業（1998～2003年度）、にぎわいの道づくり事業（2000～04年度）、商店街環境整備事業（2002～06年度）、コミュニティバス運行（2000年）など中心市街地活性化を主目的とした整備事業が次々と行われた。

しかし、福井駅、城趾、中心商店街が立地的には隣接しているにもかかわらず人の流れは少なく、福井城趾という歴史的な資源を活かした中心市街地全体の整備やデザインはあまり行われてこなかった。現在、城趾を含む中心市街地の全体的な空間計画づくりを含む県都デザイン戦略（2013年度）が作成され、実現化に向けて検討が始まっている。

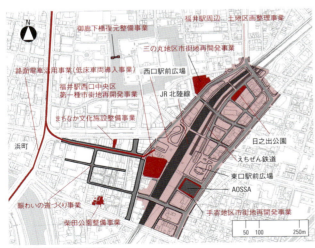

中心市街地における主な事業

駅西口広場の完成イメージ

戦後のシンボルロード

路面電車活用事業（低床車両導入事業）

県庁お堀御廊下橋復元と石垣のライトアップ

柴田公園（北の庄城址）

歴史的町並みと食をテーマとしたまちづくり

number 25
福井県

Obama

小浜

人口	10,769人
人口の増加率	-4.5%
年平均気温	14.7℃
最暖月平均気温	26.4℃
最寒月平均気温	3.6℃
年降水量	1,899mm
年降雪量	140cm

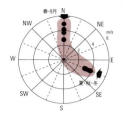

古くから都への物流拠点として食文化が築かれ、港湾と山岳に囲まれた複雑な地形によって個性的な町並みが形成され、現在はこれらを生かしたまちづくりをめざしている。

城下町のデザイン　地形に沿った街道の屈曲をモデュールとして骨格を規定したまち

小浜は北に小浜湾、南は山岳地帯で囲まれた、若狭湾の中央に位置する細長い城下町である。古代から大陸文化への門戸として栄え、また、都への食材供給地としての役割を担っていた。港町として繁栄してきた小浜は、1552(天文21)年、町の南にある後瀬山に城を築いたことで城下町の性格も持つようになる。近世に入り城は後瀬山から海側の城址へと移り、町割りが大きく変化した。地形に沿った曲線的街道を通し、城を基準に南部、北東部に武家屋敷を配置し、それらを挟むように町人地を立地させている。食違い(鈎形)や行き止まり、T字路がつくられ、遠見が遮断され道幅も一定しない。このような屈曲は小浜が城下町化していく過程で形成されたものであり、城下のゾーニング、城下内の道路形態と一体となって城下町小浜を防衛する役割を持たせた構成になっている。

点Aから点Bまでは緩やかにカーブし、その間200間(50間×4、約360m)となっている(この200間のうち、点Aから100間、150間の位置に路地が入っていることに注意)。次にCG間も緩やかにカーブし、その間の長さの関係はCD=DE=50間であり、点FはEG=200間を三等分するEF=67間となる位置にある。点Aから点GまでのBCを除く道のりは500間(50間×10、約900m)であり、点Dを中心とする円上に点A・Gが乗っている。

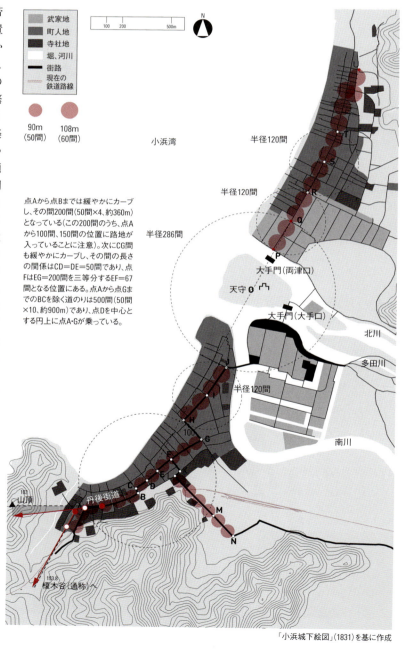

「小浜城下絵図」(1831)を基に作成

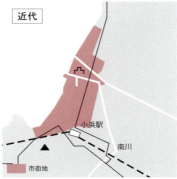
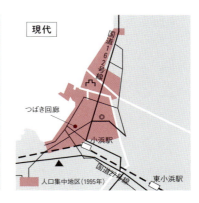

| 近現代の変容 | 河川の埋め立て・鉄道敷設による新市街地の形成 |

海と山に囲まれた地形上の制約を受けながら発展した城下町小浜は、城を中心に鳥が翼を広げたような形で発達してきた。近代に入り、鉄道の敷設と南川河口付近の埋め立て・改修によって、中枢的施設や市街地が現在の市役所近辺に移り、新市街地が形成された。現代になると国道162号、27号線沿いに住宅地・工業地が広がり、人口集中地区の範囲が国道162号線に沿っては北方向へ、国道27号線に抜ける道に沿って進行している。

| 近現代のまちづくり | 歴史的町並み保存への動き |

小浜西部地区は、旧丹後街道沿いには近世の町家が、後瀬山の麓には寺社が多く点在し、「放生祭」は地域が誇る伝統行事として受け継がれるなど、近世小浜城下の特色を色濃く残している。また、西部地区の南西に位置する三丁町は近世において花街(遊郭地)として栄え、出格子など一風変わった独特の景観を醸し出している。旧市街地では、このような歴史的資源を保存・活用したまちづくりが行われている。

2008年、小浜西組が重要伝統的建造物群保存地区に選定され、町家の保存改修が行われ、来街者の増加につながっている。さらに、町家deフェスタなど、町家を活用した伝統文化の体験イヴェントも行われるようになった。

2003年からは小浜縦貫線整備事業における街路の無電柱化と町並み景観協定事業が行われ、街路拡幅と景観の整備が行われた。

朝廷に食材を提供した御食国(みけつくに)だった小浜をよみがえらせようと全国初の「食」をテーマにしたまちづくりが行われており、2004年から「OBAMA食のまつり事業」として小浜の食や特産品による誘客事業が行われている。

さらに現在、歴史的市街地の玄関口とも言える場所に、「まちの駅」をつくる計画が進行している。

水と歴史性を生かした生活空間づくり

number
26
福井県

Ohno
大野

人口	14,320人
人口の増加率	-8.6%
年平均気温	13.2℃
最暖月平均気温	25.7℃
最寒月平均気温	0.4℃
年降水量	2,166mm
年降雪量	427cm

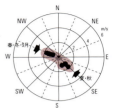

地下水が湧き出る清水の拠点整備と、歴史的町並みの再生、まちなか居住の推進を行うことにより、生活空間づくりによる市街地の再編をめざしている。

| 城下町のデザイン | **亀山に規定され寺社地に囲まれたグリッド都市**

大野市は福井県の東部に位置した、人口約4万人の城下町都市である。越前大野は、1575(天正3)年に金森長近により、大野盆地の西方にある亀山に天守閣が築かれたことに始まり、亀山の東麓(大野城旧百間堀)を城郭とし、その周囲に武家屋敷を配し、さらにその東に町家が形成された。東西6筋、南北6筋の碁盤目状の街路構成であり、町人地・寺社地で囲まれているのが特徴である。6筋の通りは六間通りと石灯籠通りが火防線として拡幅された以外は、400年前と大差なく保たれており、寺町通りを除く南北筋の町家の背後には「背割用水」が当時のまま残されている。

現在の中心市街地は、安土・桃山時代に区画割りされた町人地であり、当時の敷地割り(標準で間口4〜6間×奥行き16間)がそのまま現在の敷地割りにつながっているため、細長い狭小な敷地が多い。白山の支脈に囲まれた市域は、下流部では伏流水により湧き水となり、御清水に代表されるように「水の町大野」を印象づけている。また、南から北に向かい地形が低くなっていることを利用して通りの真ん中に上水が流されていたことも大きな特徴である。

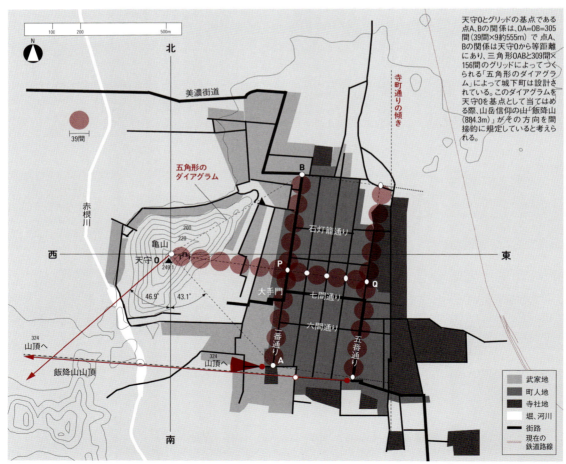

「大野城下絵図」(1682)を基に作成

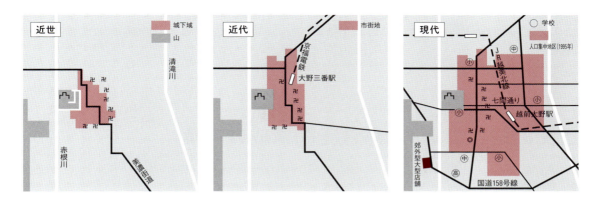

近現代の変容 | 城下町の町割りをとどめた大野の市街地

近世に城下町として形づくられた大野のまちは、町人地を囲むように寺社地を配し、その中央を旧美濃街道が通っていた。近代において鉄道駅(京福電鉄)が城下の北東に設置され、後に越前大野駅(国鉄越美北線)が城下の南東部に設置された。それぞれの駅は街道に近接して設置されたため、中心商業地の位置はほとんど変わっていない。また、駅の立地と道路が東部に延伸したことにより、市街地は東部に広がりつつある。

近現代のまちづくり | 「水」と「歴史性」を活かしたまちづくり

大野市は、地下水が湧き出る湧水(清水)が多く存在しており、中心市街地を取り囲むように位置している。そのため、市内大半の世帯は井戸を持ち、今でも飲料水として活用されている。町を流れる水路(町用水)は本願清水から引かれ、生活用水は上水として表通りの真ん中を流れ、生活雑排水は背割り通路に下水として流した。現在では上水は道の両端を流れているが、背割り用水は継承されている。また、大野では「水」を守るために数多くの活動が行われている。例えば、市民が自主的に清掃活動を行い、数多くの市民組織が河川の調査やシンポジウムに参加するなど、市民レベルでの取り組みが行われてきた。さらに、これまでに清水を資源とした拠点整備も行われてきた。その中でも「御清水」は1985年に名水百選に指定されるなど市民との関わりが強い。また、天然記念物である「イトヨ」が生息している本願清水では、市民が主体的に関わる施設として本願清水イトヨの里ミュージアム(2001年)が整備されている。戦国武将朝倉義景の墓所に隣接し義景清水と親しまれていた義景公園が2012年に整備された。

またかつての美濃街道であった七間通りは、伝統的建築物が連続して建ち並ぶ通りであり、七間朝市も開かれる町の中心地である。1992年には石畳舗装が行われ、休憩所なども整備され1997年には都市景観百選にも選ばれている。

御清水　　本願清水　　義景公園　　七間通り

七間通りの景観(日本ナショナルトラスト『越前大野の城下町と町家』)

26 | 大野

歴史的建物の活用と居住空間構成の継承

東西6筋、南北6筋の碁盤目状の街路構成は400年前と大差なく保たれてきた。

これは大野が雪深いためもともと街路の幅員は4〜5間と広く設計され、特に拡幅せずとも現代の生活に適用できたからと考えられている。

また当時の敷地割り(標準で間口3〜5間×奥行き16間)も現在の敷地割りへ継承されている。

町を流れる水路(町用水)についても、かつて表通りの真ん中を流れていた上水は現在、道の両端を流れているが、生活雑排水を流した街区の中央を流れる背割り用水は昔のまま継承されている。

このように碁盤目状の街路構成と背割り用水が継承され、そして町家や街区内部の居住空間構成も昔のまま残っている敷地も多く見られる。

現在100坪以上の敷地規模を持つ敷地も多く、比較的敷地規模が保たれている。家を建て替える前後の庭(敷地の空地)の形状の変化を見ると、裏庭がある場合は多くの家が庭を残して建て替えている。冬は雪の深い大野では、街区内部にある空地やそこを流れる背割り水路は、雪下ろしのために必要な空間であった。奥行き約30mの敷地はそれほど深くないこともあり、こうして旗竿状に分割されずに、裏庭を持った敷地割りが継承されている住居が多い。また敷地内に庭などの空地がある敷地は大半を占め、その空地の必要性を感じている人も多い。

雪下ろしのため隣り合う庭を共同で使う家、互いの庭を観賞し、採光やコミュニケーションのため塀や垣根などの敷地境界をつくらず協調して使う住居も見られた。

このように碁盤目状の街路構成や背割り用水、居住空間構成が継承されてきたのは、通りには用水路、街区内部には中庭や裏庭、背割り水路があり、これらの要素がひとつの敷地内で一体となった大野の生活を支えるシステムがあったからである。

こうして継承されてきた空間構成を活かしたまちづくりが街なみ環境整備事業によって行われている。

緑のある背割り空間

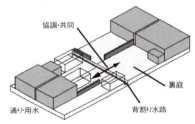

居住空間システム

(1)旧内山家周辺地区

旧武家地と町人地が接するこの地区では、住宅の裏側の背割り水路を歩行空間として整備した(2006年)。またその入り口となる場所にギャラリーとして整備していた蔵と併設して水の用いた広場を整備することで、街区内部の空間の生活の様子を楽しみな

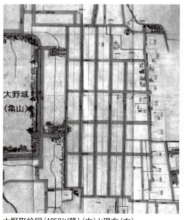

大野町絵図(1858以降)(左)と現在(右)

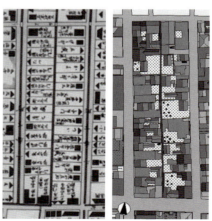

1844年の大野の街区(左:坂田玉子氏提供)と現在(右)

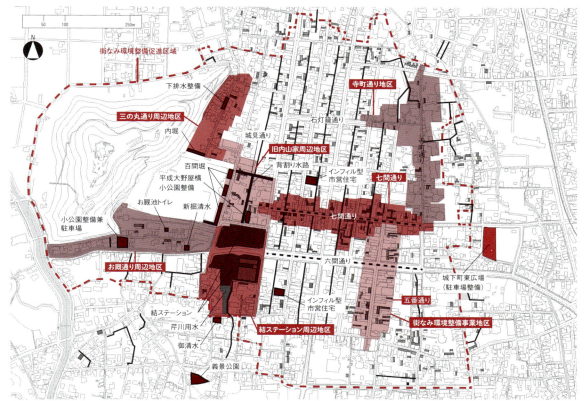

街なみ環境整備事業整備実績図

学びの里「めいりん」と百間堀の整備

新堀清水の整備

がら歴史に触れられる通りとして再生した(2007年)。さらに、住民ワークショップにより記憶に残っているお城が見える路地の整備を行った(2007年)。かつて百間堀があった大野高校が移転し、この地に有終西小学校、生涯学習センター、公民館が一体となった複合施設である学びの里「めいりん」を建設することにより百間堀を復元した(2006年)。

(2) お厩(うまや)通り周辺地区

亀山城の上口、また市街地への入口であるこの地区では、公園整備と兼ねた駐車場整備を行っている。また、市街地各地に点在する湧水の一つである新堀清水を整備し、水を飲めて水と触れられる場所に整備した(2012年)。

(3) 結ステーション周辺地区

有終西小学校があったこの地区は、車で福井市から市街地へ入る玄関口であり、観光拠点として重要な場所であった。

ここに物産館、休憩施設、大野市商工会議所、駐車場兼イヴェント広場を整備し、街あるき観光の起点となる場所を整備した(2009年)。ここでさまざまなイヴェントが行われている。

さらにここから御清水へとつながる芹川用水が整備され、町の回遊性が大きく高まった(2011年)。

この他、現在、五番商店街となっている五番通り地区、七間朝市で有名な七間通り地区、寺町通り地区では、建築物等整備事業が進んでいる(2005年度から2013年度までで計20棟)。

結ステーション

結ステーションと御清水をつなぐ芹川用水の整備

七間通りの建築物等修景事業(従後)

26 | 大野

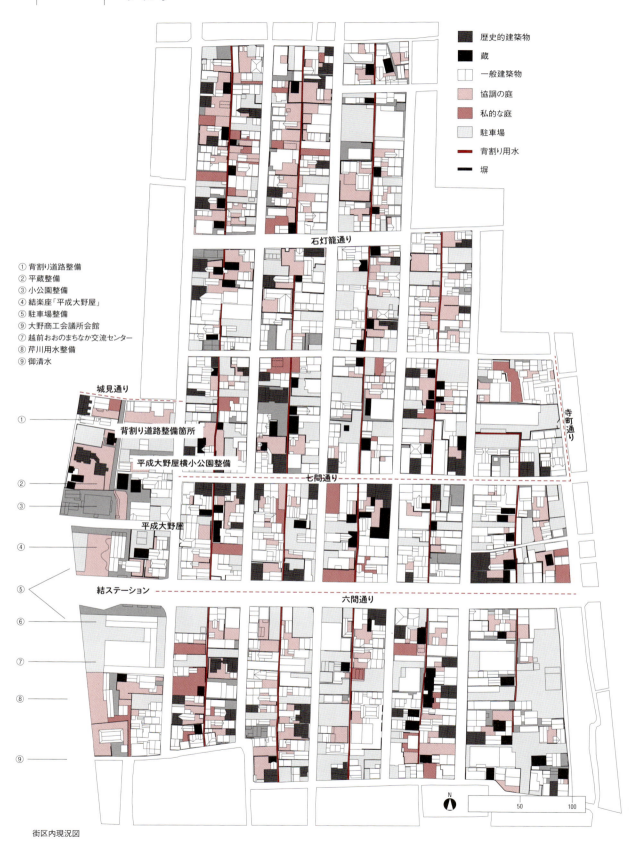

街区内現況図

方位と亀卜による骨格の組立て

number 27
福井県

Maruoka
丸岡

人口	26,102人
人口の増加率	-1.9%
年平均気温	—
最暖月平均気温	—
最寒月平均気温	—
年降水量	—
年降雪量	—

現存する最古の天守閣を誇る丸岡は、
1948年の福井地震による壊滅的な被害から立ち上がり、
美しい天守が見え隠れする橋詰めや登城道などの眺望拠点の演出に取り組んでいる。

城下町のデザイン｜亀卜によると伝えられる不規則な構成

城下町丸岡は、柴田勝豊が豊岡から丸岡に移った1576（天正4）年から、丸岡城の築城と同時に建設が始められた。その後、1613（慶長18）年には本多氏の入封により城郭が完成し、近世城下町の基礎が築き上げられた。

丸岡の都市デザインは、城下町周辺に目標となる山々がなく、また障害となる地形もなかったため、方位と亀卜（きぼく）を重要視したと伝えられている*1。

亀卜とは占いの一種であり、これによってメインストリートの傾きが決定された。主要なポイントは、天守を基点として30間と50間のふたつのモジュールにより構成されている。

「越前国丸岡城絵図」（正保期）を基に作成

近現代の変容｜城郭を中心とした外延化

丸岡は北陸街道を軸とする城下町であったが、1948年の福井地震後の復興計画によりグリッド状の新しい町割りが整備された。鉄道は1914年に開設されたが、1969年に廃線となった。現在では、国道8号線バイパスが市街地の西側に建設されたが、市街地の中央を南北に走る旧国道8号線沿いに旧町人地を継承した商業地区が形成されている。

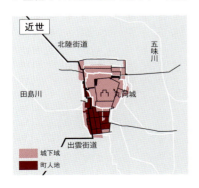

複合城下町の特徴を引き継いだまちづくり

number **28**
石川県

Kanazawa
金沢

人口	377,419人
人口の増加率	+3.0%
年平均気温	14.6℃
最暖月平均気温	27.0℃
最寒月平均気温	3.8℃
年降水量	2,399mm
年降雪量	281cm

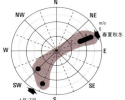

台地先端に城郭が、ふたつの川の間に城下が配され、加賀藩最上級の家臣団・八家の屋敷が分散配置されたことで、複合城下町*¹が形成された。都市の近代化は、城郭と八家屋敷跡地を中心に行われ、藩政期の都市構造が引き継がれている。

城下町のデザイン | 八家屋敷の分散配置と庭園一体型の水路計画

1583(天正11)年、前田利家により浅野川、犀川に挟まれた小立野台地先端に城郭が築かれた。同時に内外総構堀の掘削が進められ、1631、1635(寛永8、12)年の二度の大火を機に町割りが行われた。この際、城内にあった重臣・八家の屋敷とその下屋敷が城郭周辺に分散配置された。

犀川上流から辰巳用水で引き込んだ水は、歴代藩主によって築かれた「兼六園」を通して金沢城内の堀および内総構堀に流されており、庭園と利水・治水システムが一体となったデザインがなされた*²。

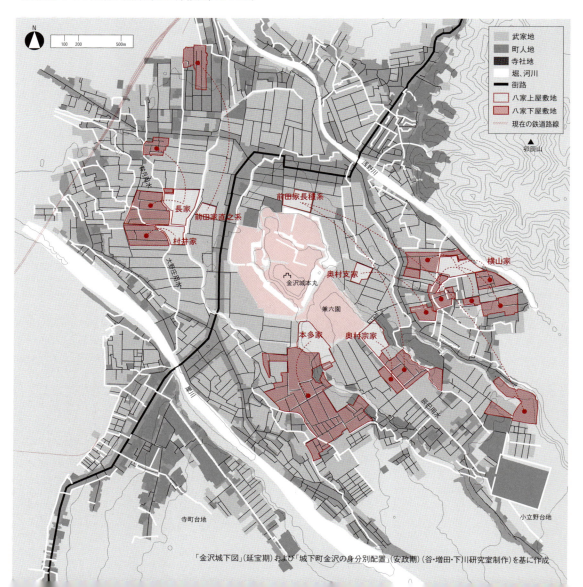

「金沢城下図」(延宝期)および「城下町金沢の身分別配置」(安政期)(谷・増田・下川研究室制作)を基に作成

近現代の変容 | 城郭と八家屋敷跡地を中心とした近代都市づくり

版籍奉還後、城郭と八家屋敷跡地が公用地化され、ここを中心に都市の近代化は進められた。明治維新直後はすべてが軍の駐屯地として利用されたが、明治初期から八家屋敷跡地の土地利用が多様化する。城郭内に第九師団の拠点が置かれたことで軍施設として利用されたほか、官庁街や殖産興業化に伴う工場など、近代化に向けた土地利用がなされた。戦後、軍施設が文化施設や病院として再利用され、昭和後期までの間に、八家屋敷跡地の土地利用に合わせた施設が周辺地区にも集積した*3。

近現代のまちづくり | 地区固有のまちづくりによる特徴の多様化と親水空間の再生

近代は城郭と八家屋敷跡地を中心に、現代ではその他の各地区で固有のまちづくりが進み、複合城下町の構造を引き継ぎながら、多様な特徴を持つ地区が増えてきている。

まず、ひがし茶屋街を始め計4地区が伝統的建造物群保存地区に指定されたほか、「こまちなみ保存条例」の制定によって、金沢独自の風情を残す町並みが保全されている。

さらに、地区計画やまちづくり協定によって土塀や武家屋敷など地区固有の景観保全が進んでいる。都心軸上には、金沢駅のもてなしドームや近江町市場の再開発などが連続し、兼六園付近には、金沢21世紀美術館が開館したことで、賑わいの中心が生み出されている。

加えて藩政期に築かれた堀や用水の保全と開渠化に伴い、日本三名園・兼六園を中心とした親水空間の再生が進んでいる。

「金沢市まちづくり情報支援システム」より作成

保全される土塀

伝建指定された「ひがし茶屋街」

復元された用水路

28 金沢

八家屋敷地を中心とした都市変容プロセスについて

金沢はかつて百万石を誇った城下町であり、現在も行政と市民が一体となって景観整備を進めている。重臣・八家の屋敷とその下屋敷が城下に分散配置されていたことは、他の城下町都市と比べると際立った特徴である。こうした藩政期の都市構造は、近現代の都市づくりを経て、多様な町の特性が複合した現在の金沢の持つ魅力を生み出した。

中心となる金沢城跡には、明治維新以後、第九師団の司令部など軍用地が置かれ、1949年には金沢大学となった。1996年より金沢城址公園として整備され、市民に開放されている。この金沢城跡に隣接する前田家長種系屋敷跡は官庁街に、本多屋敷跡は文化地区となり、ほかの6つの屋敷跡はさまざまな土地利用がなされた。

明治維新以降の八家屋敷地を中心とした都市変容プロセスから、多様な魅力の形成過程を述べる。

大手門前に形成された官庁街（前田家長種系屋敷跡周辺地区）

金沢城に隣接し、大手門前に位置するこの地区は、明治維新以降細分化され、官庁街が形成された。内務省山林局の石川大林區署や逓信省の金沢郵便電信局、大蔵省の税務管理局が置かれるなど、各省庁の建物が建設された。この結果、主に逓信省に関係する施設が集積し、逓信練習所（現・NTT大手ビル）や日本放送協会（現・NHK）を中心に複数の施設が現代でも林立している。

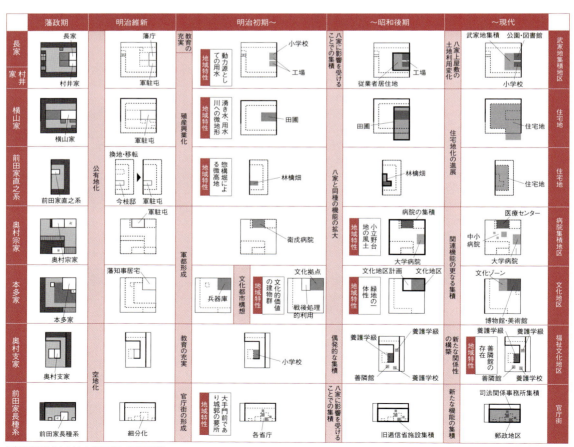

八家屋敷跡地を中心とした都市プランの変容課程

昭和に入り、付近に裁判所や検察庁の施設が建設され、司法関係の事務所が集積した*4。

軍建築と緑地の一体性を活かした文化地区（本多家屋敷跡周辺地区）

明治維新後、上屋敷跡地が兵器庫に、下屋敷跡地の一部は第一中学校になった。戦後、兵器庫の文化的価値から上屋敷が文化地区として位置づけられた。一方で、下屋敷は時代の流れに合わせて土地利用の変更が続いたが、後に上屋敷に統合されるように文化地区に位置づけられた。これは、小立野台地の斜面緑地を含め、上下屋敷の豊富な緑地が風致地区に指定されたためである。ここに、博物館や美術館が整備され、2004年には、下屋敷隣接地に金沢21世紀美術館が建設されたことで、文化地区としての地域性を強めている*5。

惣構堀の微高地がつくり出す果樹園芸の拠点（前田家直之系屋敷跡周辺地区）

明治維新後、殖産政策のひとつとして果樹園芸が奨励された。この地区は、外惣構堀に隣接しており、周辺に比べ地盤が高く日当たりが良かったため、リンゴ畑として利用された。その後、現代にいたる過程で土地が細分化され、宅地化した*6。

公用地から外され、宅地化の進んだ地区（横山家屋敷跡周辺地区）

明治維新以降、上屋敷跡地が公有地化された結果、陸軍所轄地として利用された。後に陸軍所轄地から外れ、空地化したが、浅野川の氾濫原であったことから宅地化が進まず、江戸時代から存在する農業用水を利用して田園地帯となった。その後、土地が細分化され、宅地化した*7。

台地の風土が生み出す病院集積地区（奥村宗家屋敷跡周辺地区）

軍都形成時に上屋敷に衛戍病院が建設された。後に、金沢医科大学附属病院が付近に建設され、さらに、衛戍病院の敷地が周囲に拡大した。これは、高燥で水が綺麗な小立野台地の特徴が病院建設に適していたためである*8。

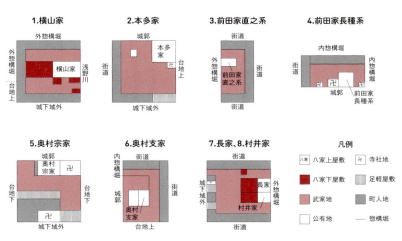

八家上屋敷を中心とした藩政期土地利用プラン

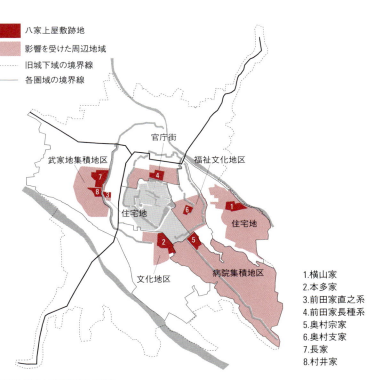

現代金沢における各圏域ごとの特色

高等小学校を取り巻く社会福祉拠点（奥村支家屋敷跡周辺地区）

上屋敷に建設された高等小学校が、昭和後期に特学分校を設け、周囲に特別支援学校が偶発的に集積した。社会福祉拠点としての善隣館が付近に存在したことから、現在民生委員を中心に連携の活動が始まろうとしている*9。

工場立地を背景とした歴史地区（長家・村井家屋敷跡周辺地区）

長家・村井家の上屋敷は、付近に用水が流れていたこと、平地であること、駅に近いことから明治維新後、工場が建設された。周辺武家地に工場従業者が居住したことや、煤煙問題で開発が抑制されたことから、武家屋敷が大量に残存した*10。

以上のように、複合城下町の都市構造が、金沢の多様な魅力を生み出したことが分かる。こうした多様性を生かしていくことが、金沢のまちづくりの鍵となる。

自然環境を積極的に取り入れた都市設計

number **29**
岐阜県

Gujou-Hachiman
郡上八幡

人口	—
人口の増加率	—
年平均気温	12.4℃
最暖月平均気温	24.8℃
最寒月平均気温	0.2℃
年降水量	2,849mm
年降雪量	686cm

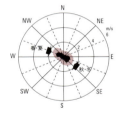

郡上踊りで有名な郡上八幡は、清流長良川の上流部に位置する小城下町である。地形の制約を受けたこともあって、コンパクトな市街地が形成され、豊富な水資源を生かしたまちづくりが展開されている。

城下町のデザイン | 周辺の山々に向かう景観軸と城郭への眺望

郡上八幡は、長良川の上流部に位置し、周辺を山々に囲まれた谷間に立地する山城の城下町である。稲葉流ともいわれた城づくりの名人である稲葉貞道により、八幡城の大改造および城下町の町割りがなされた。

地形の制約を大きく受けている城下町郡上八幡は一見すると、地形に沿って都市の骨格が決定されているように見受けられるが、それだけではなく、山当てやモジュールを駆使した周到な都市デザイン手法が見られる。街道は地形に沿って通っているが、ところどころで折れ曲がっており、それぞれの屈曲点ではその延長上に周辺の山々の山頂や天守が見えるようにデザインされている。また、天守を中心とした20間の整数倍を半径とする同心円上に主要な基準点がおかれている。町割りは自然地形に対応しつつも、40間(20間×2)のモジュールを基になされている。

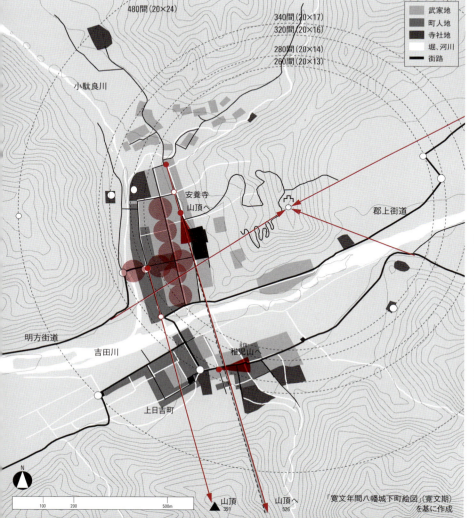

安養寺に面する道から山当てを確認できる

上日吉町の通りからの山当て

明方街道からの城当て

近現代の変容 　立地条件などによる都市形態の保全

谷平野に発達した城下町郡上八幡は、吉田川の南岸と小駄良川の東岸にT字型の町割りがなされた。国道156号線、鉄道は長良川沿いを通り、駅も離れて設けられた。そのため、城下町の町割りは現在でもそのまま継承されており、町並みは城下町の雰囲気を色濃く残している。地形の制約もあって、市街地の拡大はほとんどみられないが、西端のグリッド状の区画は、近代に整備されたまちである。市街地のこれ以上の拡大はないと思われる。

近現代のまちづくり 　水辺空間・歩行者空間・歴史的町並みの保全による歴史まちづくりへ

豊富な水源を有している郡上八幡では、歴史的に階層的な水利用がされており、現在でもまちのあちこちで生活の場としての水辺空間を見ることができる。飲料水・生活用水として利用されている「宗祇水」や「水舟」、3つの美術館が集積している「やなか水のこみち」、生活空間としての「いがわこみち」など、多種多様で生活感溢れる個性的な水辺空間が点在している。

歴史的な町並みについては、1919年の北町の大火により、吉田川の北側の北町はほぼ全焼したものの、その後に建てられた町家群による町並みの一部が2012年に「重要伝統的建造物群保存地区」に選定された。また、建物や敷地の修景について住民による自主的なルールを定めた「まちなみづくり町民協定」が2002年に定められた。

城下町のエリアの大部分の道路には脱色アスファルト舗装が施され、町並み景観向上を図っている。城下町のエリアを南北に縦断していた都市計画道路を平成15年に廃止し、城下町のエリアを囲むような外周道路を都市計画道路としている。

近年、増加しつつある空き家については、一般財団法人郡上八幡産業振興公社が空き家を買い取って飲食物販・環境学習の場・観光案内所・体験教室などの場として活用したり、民間でもゲストハウスやシェアハウスとして活用される動きがみられつつある。

郡上八幡親水空間マップ（郡上八幡町「水の恵みを活かす町」を基に作成）

伝建地区の町並み

空き町家を活用した「町家玄麟」

やなか水のこみち

歴史的町並みの保全と「まちかど」整備

number
30
岐阜県

Takayama
高山

人口	39,025人
人口の増加率	-4.9%
年平均気温	10.9℃
最暖月平均気温	24.2℃
最寒月平均気温	-1.9℃
年降水量	1,782mm
年降雪量	417cm

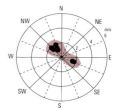

高山祭りや古い町並みで有名な飛騨高山は、毎年多くの観光客が訪れる観光都市である。山間の城下町の歴史的な資源を活かしながら、小さな事業を連鎖させて斬新的なまちづくりを展開している。

| 城下町のデザイン | **六角形のダイアグラム** |

小京都と呼ばれ、現在でも美しい町並みを色濃く残している飛騨高山は、名将金森長近によって建設・整備された城下町である。

城下町の都市デザイン手法を見ると、同じく金森長近により建設・整備された大野(114ページ)ときわめてよく似た手法が用いられている。すなわち、多角形のダイアグラムによる町割りの基準点の決定と、ふたつのモジュールを用いたグリッドによる町割りである。大野における五角形に対して、高山は六角形のダイアグラムによって町割りの基準点が決定されている。この六角形は線対称であり、線対称となる対角線上に街道、城山の上に立つ天守が重なっている。町割りは39間と60間というふたつのモジュールによるグリッドにより成り立っている。

また、景観演出としては、街道の屈曲点や広小路といった主要なポイントから天守が眺められるように都市デザインがなされている。

「飛騨高山城下之図」(1692)を基に作成

近現代の変容 | 市街地の西への拡大

高山は、宮川と江名子川と城山に囲まれた地区を中心に発達した。天領となってからは、宮川の西岸に陣屋が設置され、宮川の西岸にも町が広がった。近代、鉄道が宮川と平行に市街地から西に離れて敷設され、新市街地は鉄道と宮川の間に、旧国道41号線を軸として広がった。そのため、宮川の東岸と西岸には、伝統的建造物群に指定されている古い町並みが建ち並び、それ以西は新しい商業地域が広がるなど、何本かの南北の軸を骨格として新旧市街地が共存している。現在、国道41号線バイパスが市域の西端(山の麓)を通り、市街地は鉄道を越えて西に広がりつつある。

近現代のまちづくり | 景観保全、スポット整備、歩行者空間の整備による遊動空間の形成

歴史的な町並みが現在でも保全されている飛騨高山では、面的な保存地区の指定による町並み景観の保全、スポット的な交流の場の整備、各スポットを繋ぐ歩行者空間の整備という3つの施策により、魅力的な歩行者空間のネットワークを作り出している。

保存地区の指定については、まず、ふたつの伝統的建造物群保存地区(三町伝統的建造物群保存地区・下二之町大新町伝統的建造物群保存地区)が選定されている。高山市景観計画では、旧城下町地区を「城下町景観重点区域」として指定している。

スポット的な整備については、橋のたもとや歴史的に意味のある場所を市民の交流の場として整備する「まちかど整備事業」、歴史的風致維持向上計画で位置づけられたふたつの観光拠点整備(旧矢島邸:高山市まちの博物館、旧森邸:防災機能を有した屋内外交流スペース)が挙げられる。

歩行者空間の整備については、文化財をつなぐ周遊ルートの整備(川沿い・遊歩道・横丁・高山城跡公園など)が進められてきており、観光エリアの拡大をめざしている。

高山市まちの博物館の庭と自由通路は午前7時から午後9時まで開放されている

横丁整備の例

中橋スポットの橋詰広場

城郭を中心とした都市の一体感と水都の再生へ

number
31
岐阜県

Ohgaki
大垣

人口	92,961人
人口の増加率	0.0%
年平均気温	15.9℃
最暖月平均気温	27.7℃
最寒月平均気温	4.3℃
年降水量	1,699mm
年降雪量	—

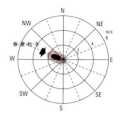

四重の堀が巡らされた「水都」大垣は戦災復興都市計画により、スーパーグリッドの都市構造へと転換した。現在では、このグリッド内に残った堀や水路を活かした親水空間整備が進められており、水都が再生されつつある。

| 城下町のデザイン | 城郭から同心円上に主要なポイントを配置

大垣は戸田氏十万石の城下町である。近世城下町としての体裁が整えられたのは、1613 (慶長18) 年、石川忠総が城主のころである。

城下町の形を見ると、城郭を中心として四重の堀が巡らされ、街道は城郭を取り囲むように逆L字型に引き込まれる、という平城城下町に典型的な構成になっている。街道沿いに形成された町人地は24間と32間というふたつのモジュールにより街区が構成されている。また、街道の屈曲点や寺社などの主要な基準点は、城郭から24間の整数倍を半径とする同心円上に配置されている。

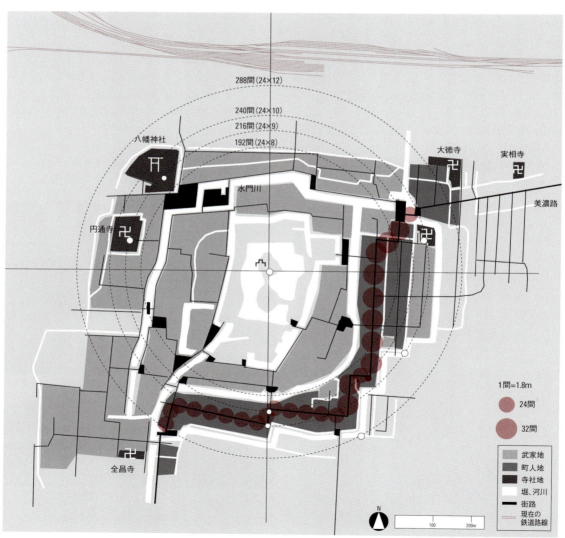

「美濃国大垣城絵図」（正保期）を基に作成

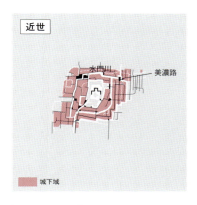
近世 城下域

近代 市街地

現代 人口集中地区（1995年）

| 近現代の変容 | **戦災復興都市計画によるスーパーグリッドの形成**

戦後、戦災復興都市計画によりグリッド状の新しい骨格が形成され、市街地の表情は一変した。市中には、幹線道路である国道21号線が屈曲していたが、市の北部にバイパスが整備されたのを受けて、その役割を譲った。鉄道駅が旧町人地のすぐ北端に設置されたことから、商業地区は旧町人地と連動して形成されている。市内を縦横に流れていた堀は、そのほとんどが埋め立てられてしまっている。

現在では、繊維工業や情報産業の中心として発展し、市街地の外縁部にその多くが立地している。郊外部にもグリッド状の道路を整備し、市街地の拡大に対応している。

| 近現代のまちづくり | **外堀沿いの親水空間、奥の細道むすびの地、美濃路沿いの整備による回遊空間**

水都と呼ばれた大垣の中心市街地を散策してみると、幹線道路で区画された街区の中に、現在でも無数の堀や水路が保存・再生されていることに驚かされる。その中でも、近世において外堀として利用されていた水門川沿いには、遊歩道や橋詰広場などが整備されており、貴重な親水空間として活用されている。特に水門川がクランクして牛屋川と交わる京橋周辺では、四季の広場や吊り橋である虹の橋などが集積しており、広大な水際空間のランドスケープを楽しむことができる。

近年では、松尾芭蕉にちなんだ奥の細道むすびの地周辺整備に力を入れている。具体的には、奥の細道むすびの地記念館の整備・記念館前のイヴェント広場の整備・周辺道路の遊歩道化・川湊の整備・川舟の運航・川湊に面した建物の修景などである。

さらには、美濃路大垣宿本陣跡の整備や美濃路のカラー舗装化なども進められつつあり、外堀沿いの親水空間と美濃路沿いの歴史的空間というふたつの城下町の空間資源を活用したまちづくりが展開されつつあると言える。

美濃路大垣宿本陣跡と美濃路

川湊に面した建物の修景

川の結節点に設けられた四季の広場

水門川沿いの遊歩道と
奥の細道むすびの地記念館

富士山に向かう雄大な家康の居城

number
32
静岡県

Shizuoka
静岡（駿府）

人口	625,147人
人口の増加率	-0.3%
年平均気温	16.7℃
最暖月平均気温	26.8℃
最寒月平均気温	6.4℃
年降水量	1,909mm
年降雪量	0cm

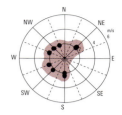

徳川家康によってつくられた端正なグリッドを持つ城下町は、大火と戦災を経て、グリッドの高密化と都市機能の強化が行われた。これらの豊かな都市基盤を生かした拠点づくりが進められている。

城下町のデザイン｜富士山に向かうグリッドによる正方形の町割り

城下町静岡は、徳川家康の居城が置かれた江戸幕府ゆかりの地であり、1609（慶長14）年から天下普請によって城下町が築かれた。

町割りは富士山に向かったグリッドを基調にし、背後に富士山、左手に駿河湾の大海、右手に身延山地から連なる深山、前面に安倍川を配する構成は風水の原理そのものである。大規模な城郭を北の奥に据え、その正面に条坊制による正方形の町割りが整然と行われた。

家康は、先行条件である今川氏とともに繁栄した浅間神社付近の寺院群、その門前町として発達した安倍市を取り込みながら、新しい時代の城下町を巧妙に展開している。城の周囲には上級武士の武家屋敷が建ち並び、南に大手門をとり、まちは主に南に開け、周辺を寺院で固めるという常套的な方法がとられている。安倍市から発展した駿府九十六ヶ町と呼ばれる商工業者の住む町人地は、面的な広がりを持ち、また寺社地は、安倍川を渡ってくる敵に対する防御の寺町とその付近、加えて今川時代からの浅間神社界隈に集中している。

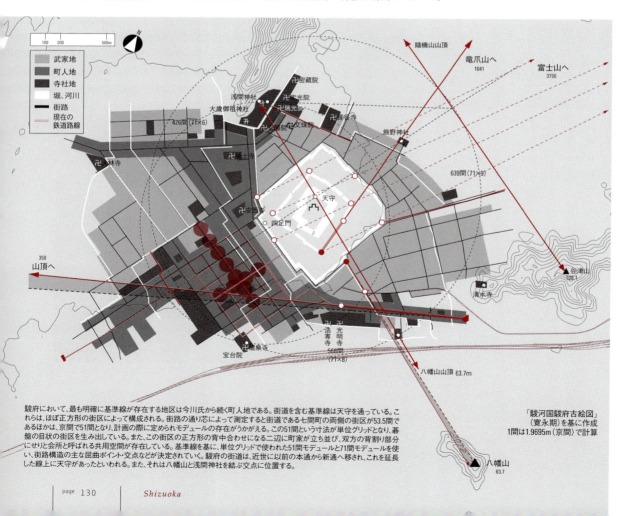

駿府において、最も明確に基準線が存在する地区は今川氏から続く町人地である。街道を含む基準線は天守を通っている。これらは、ほぼ正方形の街区によって構成される。街路の通り芯によって測定すると街道である七間町の両側の街区が53.5間であるほかは、京間で51間となり、計画の際に定められモジュールの存在がうかがえる。この51間という寸法が単位グリッドとなり、碁盤の目状の街区を生み出している。また、この街区の正方形の背中合わせになる二辺に町家が立ち並び、双方の背割り部分にせりと会所と呼ばれる共用空間が存在している。基準線を基に、単位グリッドで使われた51間モジュールと71間モジュールを使い、街路構造の主な屈曲ポイント・交点などが決定されていく。駿府の街道は、近世以前の本通から新通へ移され、これを延長した線上に天守があったといわれる。また、それは八幡山と浅間神社を結ぶ交点に位置する。

「駿河国駿府古絵図」（寛永期）を基に作成
1間は1.9695m（京間）で計算

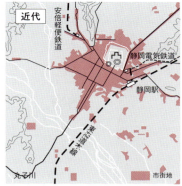

| 近現代の変容 | グリッドの高密化と放射状の市街化 |

東海道沿いに宿場町としても栄えた城下町静岡は、雄大な城郭とともに整然としたグリッド状の街路により形成されている。この城下町時代のグリッド状の街路骨格は近代都市計画に適合しやすく、大火・戦災などの復興計画でも成果を収めている。正方形の一町の大街区は、東西に矩形に背割りすることで高密化に対応した。商業地は城郭南部を中心に街道沿いに発達した。明治以後、幹線道路の整備が進められ、この道路沿いと城郭南東部に設置された駅前を中心に市街地化が進み、グリッドの増殖とともに町の形は放射状になっていった。近年、新幹線・高速道路の開通により、駅南部の市街地化が進行している。

| 近現代のまちづくり | 城下町時代の街区構成と山容景観を活かしたまちづくり |

静岡では、1940年の静岡大火の復興区画整理事業の際、防火帯として青葉通りが整備された。この時城下町建設以来の約90m四方の街区は背割り道路の新設により南北に2分割され、城下町時代の正方形のグリッド基盤を活かしつつ近代的な土地利用に適した街区となった。現在では旧東海道にあたる呉服町・七間町通りと、広場的空間を兼ねる上述の青葉通りで週末の歩行者天国などと合わせてイヴェントが催される。このように城下町時代の街区構成を活かし、旧街道沿いの旧来からの賑わいを活かしたまちづくりが続けられている。

また、近年、1989年の巽櫓の復元に続き、富士山への山当ての起点である坤櫓の復元とその前面に広がる富士見芝生広場の整備が行われた。富士見芝生広場からはその名の通り富士山を眺望することができるため、山容景観を取り込んだ城下町の設計意図を実見することができる。

以上のように、街路構成のみならず、周辺自然環境も含めた城下町の都市構成が現代のまちづくりに反映されている。

静岡市「都心地区まちづくり戦略」(2010)、「景観計画」(2008)を基に作成

城郭を中心とした求心性の解体とグリッドからの再出発

number
33
三重県

Tsu
津（安濃津）

人口	134,315人
人口の増加率	+2.6%
年平均気温	16.0℃
最暖月平均気温	27.4℃
最寒月平均気温	5.3℃
年降水量	1,362mm
年降雪量	—

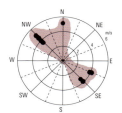

城下町時代の城郭を中心とした求心性は戦災復興都市計画により解体され、国道23号線を軸とした一軸型都市構造となった。郊外開発を重点的に進めてきた政策を転換し、求心性のある複合都心を再生できるかが最大の課題である。

| 城下町のデザイン | **城郭を中心とした求心性** |

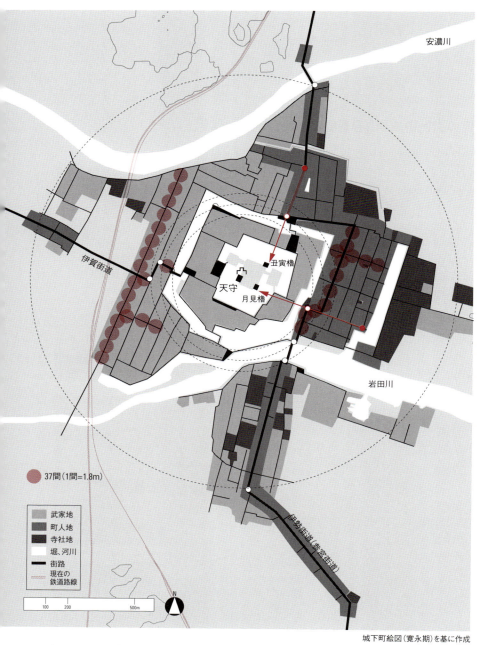

城下町絵図（寛永期）を基に作成

津は、伊勢・伊賀を治めた名築城家として知られる藤堂高虎により改修・整備された城下町である。高虎は上野を有事の際の根城、津を平時の居城として位置づけていた。

まず、城下町の構成をみると、安濃川と岩田川の間の沖積平野に築かれた典型的な平城である。堀は、名古屋城や大阪城に見られる輪郭式が採用されており、城郭を囲むように「回」字形に二重に巡っている。ゾーニングについては、城を中心として北・西・南の三方に武家地を配し、東に町人地、寺社地を置いた。そしてそれまで海岸沿いを通っていた伊勢街道を城下町内に引き込むことにより、「伊勢は津でもつ、津は伊勢でもつ」と呼ばれるほど参宮街道随一の繁栄を成しとげた。

また、街道の屈曲点や橋詰広場などの主要なポイントを城郭を中心とした同心円上に配置する技法と、37間のモジュールを用いた街区設計手法が特徴的である。

| 近現代の変容 | **一軸型グリッドパターンへの転換** |

津は、名古屋と伊勢を結ぶ伊勢街道沿いに宿場町、港町としても栄えた。鉄道駅は市街地のはずれである安濃川に架かる塔世橋北に設置されたため、市街化には大きな影響を及ぼさなかった。

戦災復興都市計画により、幅員50mの国道23号線が南北に城下を貫くことで一軸型の都市構造へと転換し、旧城下域ではスーパーグリッドの市街地が形成された。また、近鉄津新町駅が城郭の西方に設置されたことで新駅に直行する形で新しい商業軸が形成され、津駅の北東部では工業化が、東側・南側では住宅地化が進行した。都市の中心軸である国道23号線の交通量がきわめて多いことから、中心市街地は東西に完全に分断されることとなった。そのため、国道23号線の西側に平行して中勢バイパスを整備したものの、交通渋滞は緩和されないため、西側に中勢バイパスが計画・整備されている。近年は塔世橋北西地区の丘陵地帯において住宅地開発が進んだ。

| 近現代のまちづくり | **戦災復興と都市計画** |

現在の津の中心市街地を散策すると、二重に巡らされた堀、T字路やL字路などの変形した街路パターン、歴史的な建物など、かつての城下町の面影はほとんど残っていないことがわかる。

津市は戦災により市街地の73%を焼失した。戦災復興計画により、城下町の街路パターンを大幅に変更した。幅員50mの国道1号線(現在の国道23号線)と伊勢湾に延びる幅員37mの津港跡部線(フェニックス通り)によるT字の骨格を基準としたグリッドにより市街地形態が一新されたのである。

近年では、伊勢自動車道の「津インターチェンジ周辺」、大門・丸之内地区などの「旧城下町地区」、旅客船ターミナルのある「津なぎさまち」の3つの拠点をつなぐ新都心軸構想を持っている。城下町の遺産を活かしたまちづくりについては、一部の市民組織が津城本丸北面の復元(丑寅櫓・戌亥櫓・多聞櫓)に向けた募金活動を行っている。

城下町の道路骨格と戦災復興計画との比較(三重県津都市計画復興事務所「藤堂藩政下の津の街と戦災復興」を基に作成)

歴史的町並みと現代的町並みとの調和による回遊性

number 34 三重県 *Matsuzaka* 松阪（松坂）

人口	71,091人
人口の増加率	+8.1%
年平均気温	—
最暖月平均気温	—
最寒月平均気温	—
年降水量	—
年降雪量	—

独特のノコギリの歯状の歴史的町並みの大部分は、街路の拡幅整備事業により姿を消したが、一部保全された歴史的町並みと、鉄道駅から延びる駅前通りを中心とした現代的町並みとが調和し、遊動空間を形成しつつある。

城下町のデザイン｜平行四辺形と菱形による町割り

商業都市として栄えた松阪は1584年に入封した蒲生氏郷により近世城下町の建設が行われた。

松坂城は、孤立丘陵である四五百森(宵の森)を利用して築かれた平山城である。氏郷はこの丘陵を切り通し、南北に分け、北丘を城郭、南丘を鎮守の森とした。

城から北東に円弧を描くように堀・武家地・町人地・街道・寺社地を配置してできている城下町の形を幾何学的に分析してみると、平行四辺形と菱形という歪んだ図形により全体の町割りが決定されていることがわかる。

まず天守、橋、街道の交差点の4つの点を結ぶと、ちょうど平行四辺形のダイアグラムができる。次に内堀の3つの端部と点を結ぶと菱形のダイアグラムが見えてくる。

さらに街道沿いの町人地に「伊勢の松坂いつ来て見ても襞の取様で襠(まち＝町)悪し」(松坂権興雑集)とうたわれたようなノコギリの歯状の町並みが形成されたが、その理由は定かではない。

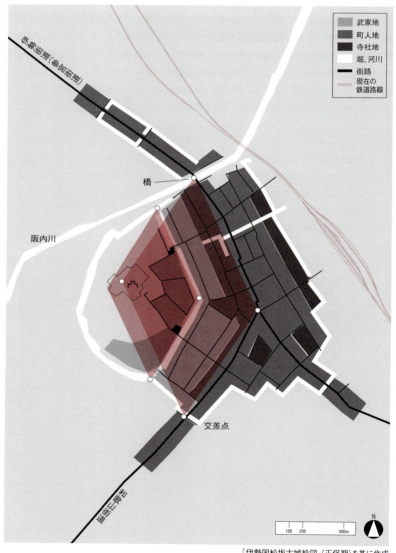

「伊勢国松坂古城絵図」(正保期)を基に作成

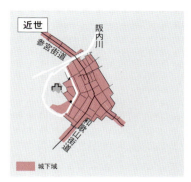

近現代の変容 | コンパクトな市街地の形成

城下町松阪は、伊勢街道、和歌山街道沿いに軸状に宿場町として栄えた。鉄道は伊勢街道と平行に町人地から離れて通り、松阪駅は和歌山街道の延長上に設置された。国道23号線を始めとする幹線道路の発達により、市街地は鉄道を越えて北東部および南部へと拡大したが、中心市街地にはノコギリの歯状の個性的な町並みと鉤形や屈曲路の多い旧城下町の町割りがよく保全されている。参宮街道と平行に東西に発達した伝統的な町並みが残る歴史的商業軸と、駅前から南北に発達し街路の拡幅や再開発、商業近代化事業などが行われた近代的な新しい商業軸とが直交することにより、新旧の対比的な都市の骨格を形成している。

近現代のまちづくり | 駅と歴史的町並みを歩行者空間でつなぐ

松阪の中心市街地を歩いてみると、歴史的な町並みと近代的な町並みとがうまく調和し、コンパクトな市街地を形成していることが理解できる。

旧武家地である殿町周辺地区では、見事な生垣が連続し、美しい庭園的景観をつくり出している。また、旧町人地の一部では、ノコギリの歯状の街路が現在でも保全されており、街路沿いの町家建築と一体となって、町並みを形成している。このような歴史的町並みは、本町交差点から松阪駅にかけて現代的な町並みに一変する。

松阪市では、2008年に景観計画が策定され、旧城下町のエリアの中では、旧町人地である「通り本町・魚町一丁目周辺地区」（2012年）、松坂城および旧武家地である「松坂城跡周辺地区」（2014年）が景観形成重点地区に指定されている。ふたつの景観形成重点地区のさまざまな観光施設を整備しつつ、松阪駅とふたつの景観形成重点地区をつなぐように歩行者空間整備が進められており、全体として、回遊性の高い都市観光のネットワークが創出されつつある。

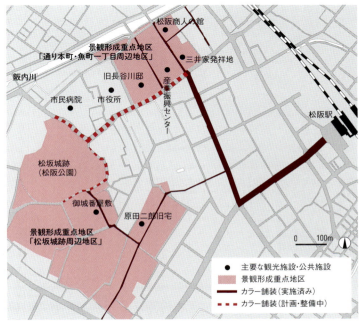

ふたつの景観形成重点地区と松阪駅をつなぐ歩行者空間整備

ノコギリの歯状の街路沿いの歴史的町並み

生垣が連続する旧武家屋敷地区は庭園的雰囲気

市民セクターによる遊動空間の創出

number **35**
滋賀県

Nagahama
長浜

人口	32,528人
人口の増加率	+4.5%
年平均気温	—
最暖月平均気温	—
最寒月平均気温	—
年降水量	—
年降雪量	—

「株式会社黒壁」を中心とするさまざまな市民セクターが
小規模事業を連鎖的に展開したことによって、
歩行者が街区内部を自由に散策できる遊動空間の形が見え始めている。

| 城下町のデザイン | **城下町から商都へ** |

　長浜は滋賀県の琵琶湖東岸に立地する城下町であり、1574（天正2）年に羽柴秀吉によって築城された、いわゆる織豊型城下町の初期の原型である。1615（慶長15）年の廃城以降は彦根藩に吸収され、その後は、藩の三湊のひとつとして彦根藩の経済的中心地となった。

　1695（元禄8）年には、1,084軒（4,723人）のうち、約1/3の383軒が商業を営んでいたという記録がある。秀吉時代に「楽市楽座」として設置された商業振興策である「長浜町町屋敷年貢米三百石免租地」が名高く、彦根藩編入後も明治維新まで継続され、商業都市長浜の発展の一因となった。

　長浜の城下町は、条理制を踏襲した碁盤状の町割りで、城下町特有の鉤形街路はほとんど見られない。街路形態は見通しがきく一方で、空間的には単調であるとも言える。

　現在の中心市街地は、北国街道と大手道の交差部を含む当時からの中心地である。大手道に平行する東西軸を主軸とする竪町を形成していたが、その後の北国街道の開設で、北国街道を軸にした横町の短冊敷地に町家が発達した。2〜2.5間の間口が大半を占め、敷地の奥に中庭を介して蔵が立地するタイプが一般的である。

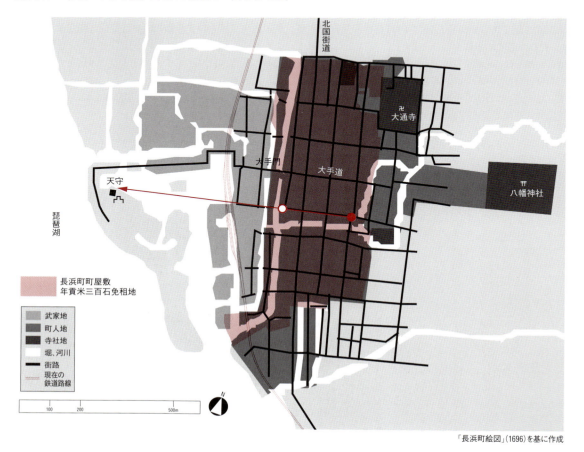

「長浜町絵図」(1696)を基に作成

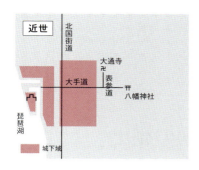
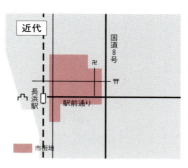
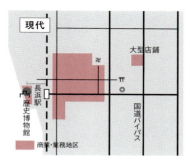

| 近現代の変容 | **城下町基盤の継承と中心商店街の衰退** |

1884年に、旧城郭と市街地を分断するかたちで鉄道が敷設された。旧来の北国街道に代わって国道が市街地の東側に開通し、バイパスがさらに東側に建設されたために、一部の街路の拡幅を除いて、旧城下域では江戸期の街路形態が維持されている。

昭和50年代には国道沿いに大型店舗が建設されたことが一因となり、北国街道を軸とした旧来の中心商店街が衰退する傾向にあった。

| 近現代のまちづくり | **長浜市と(株)黒壁のパートナーシップによるまちづくり** |

長浜市の中心市街地は、おおむね旧城下域で構成されている。城下域と1965年の市街地を比較すると、北側に若干の拡大が見られる以外はほぼ一致する。その後の30年間で、市街地は約1.3倍に拡大し、全市人口は114%に増加した。しかし、この間に中心市街地では人口は55%に減少し、またバイパス沿いに大型店舗が進出したことによって、商業拠点としての機能も低下している。

こうした状況下、都市全体を「博物館都市」として位置づけ、中心市街地の活性化に取り組んだ。空間形成ヴィジョンとしては、近世以来の中心街を対象に、豊富な歴史的資産の活用と商業機能強化、歩行者空間整備や景観形成などを目的とした事業を集中的に展開することで、面的に広がる歩行者空間ネットワークの形成をめざしている。

長浜市の場合、今日までの多様な事業展開に先駆けて、「博物館都市構想」(1984年)によって目標とする都市像を明確にした。この構想を受けて、歴史的建造物を改修して商業施設として再生するなどの小規模事業を連鎖的に展開してきた。また同時に、景観整備を目的とする公共空間整備も連携して実施された結果、江戸期以来の中心街において、質の高い空間が連坦されてきている。

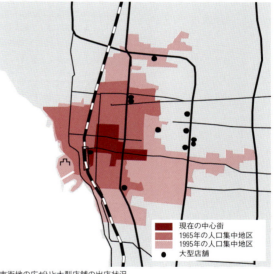

市街地の広がりと大型店舗の出店状況

これらの事業展開では、長浜市とともにまちづくり会社(株)黒壁が大きな役割を担ってきた。さらには、多数の市民組織がこれと連携してまちづくり活動を展開している。

保存された「黒壁」に隣接して整備された歩行者空間

35 長浜

小規模事業の連鎖的展開による遊動空間の創出

長浜市の中心市街地におけるまちづくりは、1984年に策定された「博物館都市構想」に始まる。前年度に開館した長浜城歴史博物館の建設で、まちづくりの気運が盛り上がったのがひとつの契機である。

まちづくり会社の先駆けとなった第三セクター・黒壁が活動を開始したのが1988年であるが、それに先だって市が街路の修景事業などを実施し、具体的な空間整備が始まった。また1988年には博物館都市構想に基づいた「建築デザインマニュアル」を作成し、補助金の交付によって住民や地権者による町並み形成を促した。

このような基盤に支えられた黒壁だったが、その活動は目覚ましく、次々に新しい店舗などの施設展開を進める経営戦略だけではなく、市民のまちなかに寄せる「遊動空間のイメージ」を具体化している。そうした意味で、この地区の空間整備は、黒壁と市の協働作業である。

また、この地区でのまちづくりは、黒壁設立から10年が経過して新たな段階を迎えた。1996年の「(株)新長浜計画」の設立である。休眠状態にあった地元工務店の子会社に黒壁が出資し、まちづくり会社として再生した。現在では、黒壁と「まちづくり役場」(任意組織)を加えた3組織が、まちづくりの中核を担っている。黒壁がまちづくり戦略の立案、まちづくり役場が事業展開の総合企画、新長浜計画はディヴェロッパー(ショップバンク)として主に地区東側で店舗展開を行っている。

新長浜計画のまちづくりに占める役割は大きく、例えば地元高齢者が空店舗活用を行っている「プラチナプラザ」に対しては、店舗を所有して賃貸するなど、市民によるまちづくり活動を支援している。またまちづくり役場は、地元放送局を含めてさまざまなまちづくり組織の情報交換の場となっている。

これらの組織は、中核メンバーが重複している場合が多く、これまでのまちづくりを担ってきた人達によって、密な連携が保たれている。

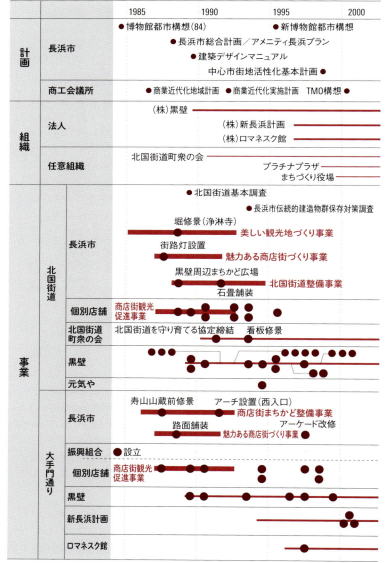

長浜市と黒壁が中心になってまちづくりを開始してから約15年が経過し、次ページに示した異なるふたつの遊動空間のイメージが見えてきている。

　この2地区は、基盤条件は短冊基盤で共通する。しかし、北国街道地区が歴史的な町家が保全されているのに比べて、後者は明治期の大火によって消失した歴史を持つ。この空間条件が遊動空間の違いを生んだ要因となっており、整備手法にも現れている。黒壁による北国街道地区での事業展開は、基本的に町家を保全して私的空間であった中庭を開放する手法である。これに対して、新長浜計画が中心となって整備されている東側地区では、借地して建築物を除却することによって屋外共空間を整備している。

　共空間とは建築敷地内にあって、歩行者が自由に利用できる空間である。「共用空間」は特定施設の利用者が共用する空間であるのに対して、「共空間」は広く一般の歩行者が共用できる都市空間を指している。

　こうして城下町の奥行きの深い町人地の構成を活かして、多様な機能と都市空間を組み立てている。

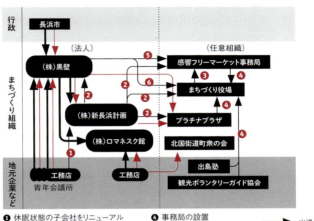

主なまちづくり組織の関係

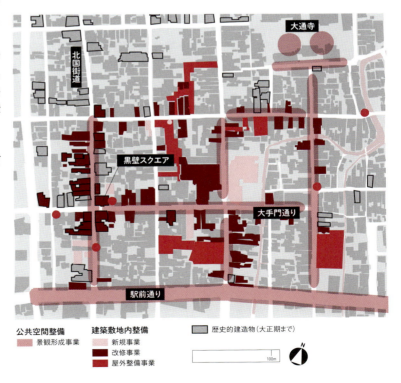

中心市街地における事業展開図

35 長浜

北国街道地区／街路を介した建築敷地内共空間の連鎖

黒壁を中心としたまちづくり組織が事業展開している北国街道沿いでは、町家を部分的に改修することによって商業施設などへ用途転換し、かつては居住者の私的空間として存在した中庭などを歩行者に開放している。

歩行者は、見通しのきく北国街道を直角に曲がり、店舗や敷地内の路地的空間を通り抜けて、中庭に達することができる。例えば❶は、地区内でも有数の町家を黒壁が取得し、ガラス美術館として開放している。美術館からは中庭が開けると同時に、敷地内の路地を進むと、別の中庭の先にある蔵を改装したレストランにいたる。❷は、黒壁が町家を改装して地権者がレストランを経営しており、利用者は店舗を介して中庭にいたることができる。また、❸では、隣接する中庭を連結することで隣地を介して街路と連結されている。

❶ 黒壁10号館の脇道／14号館と北国街道を結ぶ。建物内を通ることなく中庭空間へ進入できる

❷ 黒壁19号館（茂利志満）の奥庭／町家の奥庭を飲食スペースとして開放している

❸ 黒壁5号館の中庭／3棟の建築物が連結され、中庭も3棟で共有。各建物を介して街路と連結されている

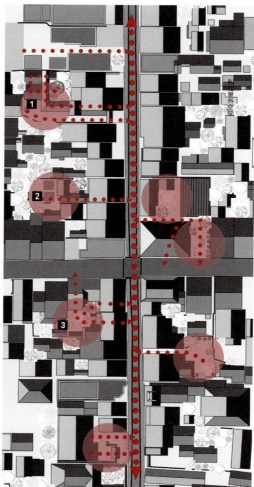

長浜東地区／屋外共空間を中心とする街区内通り抜け空間

北国街道の東側にあり、共空間が連担して通り抜け空間が街区内をネットワークしている。これが南北の3つの街区で連続し、特徴的な遊動空間を創出している。

一連の通り抜け空間の整備にはさまざまな手法が用いられている。例えば**4**では、新長浜計画が敷地単位で連続して借地しており、屋外共空間によって通り抜けができる。また**7**では、隣接する建築物同士を連結させて施設内共空間によって通り抜けを可能にしている。北側の駐車場は、歩行者空間として整備する事業が進行中である。

6は、建築物の新築に際して屋内貫通通路状共空間を計画的に整備し、隣地の駐車場に連結させている。

このように歩行者は、屋外共空間の他に施設内共空間を通過するなどして、街路を通らず街区内で行動できる。

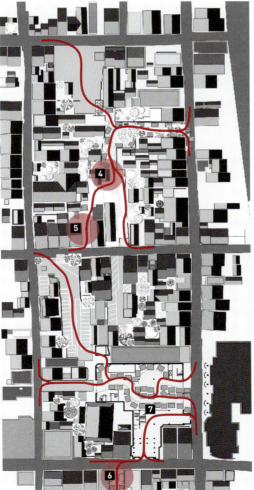

4 感響フリーマーケットガーデン／短冊状の敷地つなぐことで、街区内に路地が形成されている

7 感響フリーマーケットガーデン／隣棟間を利用して街区内につくられた貫通通路

6 ロマネスク館の屋内貫通通路／隣接する駐車場を介して街区を通り抜けることができる

35 ｜ 長浜

城下町と祝祭空間――2
城下町のグリッド基盤の交差点を
舞台として演出する祝祭空間

日本三大山車祭のひとつである滋賀県長浜市の長浜曳山祭では、城下町のグリッド基盤の街路空間を舞台として子ども歌舞伎が催されることで、都市空間が劇場的祝祭空間（図1）に変化する。ここでは、長浜曳山祭における劇場的祝祭空間を紹介する。

長浜曳山祭では、毎年、全13基中12基の曳山で子ども歌舞伎が上演される。子ども歌舞伎の上演場所は主に自町敷地内の街路空間である。過去3年分の子ども歌舞伎の上演場所を地図にプロットすると、城下町時代の町人地の範囲の主に交差点部分に多いことがわかる（図2）。街路空間の形態により、劇場的祝祭空間は4つの型に分けることができる（図3）。最も多く見られるのは十字路型であり、三方向から鑑賞することができることから、グリッド状の城下町基盤を効果的に活用していると言える（次ページ左上）。常磐山の場合、曳山の舞台が三方向から見られるように曳山を配置し、交差点付近の街灯や道路標識にスピーカーを設置し、音響操作をすることで、街路空間が劇場的祝祭空間に変化する。T字路型でも三方向から鑑賞が可能であり、例えば、金屋公園に面した交差点では、アーケードの付いた大手門通りを正面としての子ども歌舞伎が上演さ

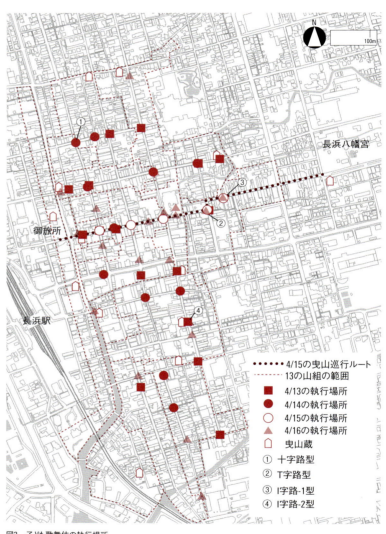

図2　子ども歌舞伎の執行場所

凡例：
・・・・・ 4/15の曳山巡行ルート
----- 13の山組の範囲
■ 4/13の執行場所
● 4/14の執行場所
○ 4/15の執行場所
▲ 4/16の執行場所
⌂ 曳山蔵
① 十字路型
② T字路型
③ I字路-1型
④ I字路-2型

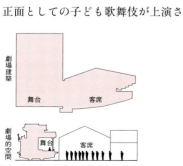

図1　街路上に出現する劇場的祝祭空間模式図

	十字路型	T字路型	I字路-1型	I字路-2型
模式図 ・観客 ■ 曳山				
特徴	三方向から鑑賞が可能である。曳山後方の道路は担い手のための空間となる	三方向から鑑賞が可能である	一方向から鑑賞が可能である。曳山後方の道路は担い手のための空間となる	三方向から鑑賞が可能である。曳山蔵を背後にして曳山は道路にわずかに顔を出す
該当数	39	12	16	7

図3　街路形態による劇場的祝祭空間の4類型

れる(右上)。交差点で上演される際の問題点として、上演中は交差点を横断することができないことが挙げられるが、前述した(株)黒壁による遊動空間や公園・空き地などを抜け道として利用している例が見られた。交差点ではない場所で上演される場合でも鑑賞空間の確保がうまく図られている。例えば、鮒熊例席では、やわた夢生小路と水路の交差する場所で子ども歌舞伎が上演され、舞台の左右には平常時に平面駐車場として利用されているオープンスペースが観客席として利用されている(左下)。曳山蔵を背後にして上演される場合には、三方向から鑑賞が可能となる(右下)。

十字路型
曳山名:常磐山、観測日時:2013年4月14日10時から11時

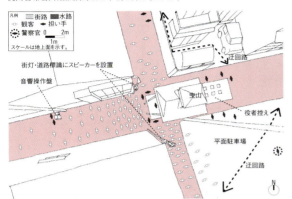

T字路型
曳山名:萬歳楼、観測日時:2013年4月15日13時半から14時

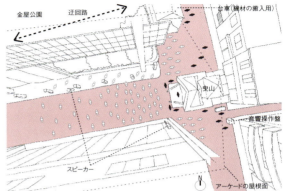

I字路-1型
曳山名:常磐山、観測日時:2013年4月15日14時半から15時

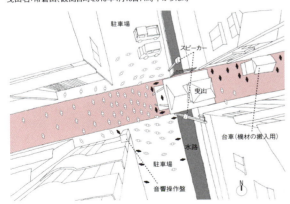

I字路-2型
曳山名:萬歳楼、観測日時:2013年4月13日18時から19時

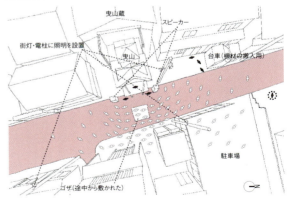

劇場的祝祭空間

再開発事業の連鎖的展開による都市拠点の再生

number
36
岡山県

Tsuyama
津山

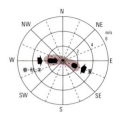

人口	28,480人
人口の増加率	-17.5%
年平均気温	13.6℃
最暖月平均気温	25.8℃
最寒月平均気温	2.0℃
年降水量	1,549mm
年降雪量	23cm

江戸期以来の中心街の衰退に対して、
3つの再開発事業の連鎖的展開を核にした総合的な市街地整備を推進し、
都市拠点としての再建をめざしている。

城下町のデザイン｜城下町の導入部から天守に向けた眺望

津山は、森氏によって1604〜1616(慶長9〜元和2)年にかけて築城された平山城を中心とする城下町である。明治維新後に政府の意向で建築物は完全に撤去されたが、石垣はほぼ完全に現存しており、一大近代城郭が形成されていたことを今日に伝える。

この城下町は津山盆地に位置する。西から東に流れる吉井川に並行して市街地を形成しており、出雲街道を軸とする東西に細長い城下町である。大手門は、城郭の南を走る出雲街道側に設置された。市街地の中心は、外濠として利用された藺田川と宮川の間にあり、その東西には防御拠点としての大規模な寺町が立地する。

武家地は北・西・南側の三方から城郭を囲うように配置され、町人地は出雲街道を軸に東西に展開している。

デザイン手法としては、モジュールによる町割りと、街道筋からの天守への眺望が見られる。

まず城郭西側の市街地では、ふたつのモジュールによって町割りが行われている。モジュールは用途地域に応じて異なり、武家地では80間(東西)×25間(南北)、町人地では64間(東西)×16間(南北)を基本として町割りが行われている。こうした町割りは、東側の寺町周辺でも見られる。

次に、天守を中心とした景観軸のデザインが見られる。津山の場合、城下域に入る直前の地点において、街道の屈曲部を利用した天守への眺望ポイントが設置されたものと考えられる。

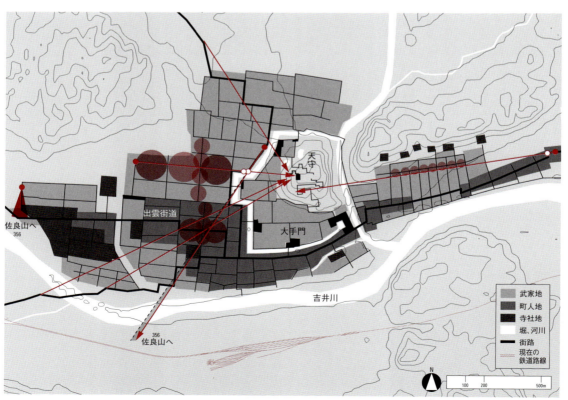

「美作国津山城絵図」(1645)を基に作成

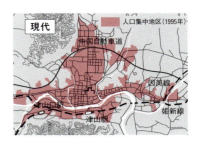

| 近現代の変容 | 大型店舗の郊外化による中心市街地の衰退 |

津山市は、旧城下町の周辺部を巧みに活用することで近代化に対応してきた。鉄道は吉井川対岸に敷設され、出雲街道に変わる国道53号線は吉井川両岸の隙間を縫うように建設された。また、中国自動車道は市街地北部を迂回させている。その結果、現在でも東西の軸が基本骨格となっている。自動車道開通後は、東西のインターチェンジ周辺に大型店舗が進出し、中心市街地の空洞化が深刻な問題となっている。

| 近現代のまちづくり | 再開発事業の連鎖的展開による都市拠点の再生 |

津山市における中心市街地再生に向けた取り組みは、旧中活法の施行に先がけて昭和50年代から始動した。

同市では、1975年に開通した中国自動車道のインターチェンジが郊外に開設され、江戸期以来の中心街にあった店舗群の郊外化が急速に進行した。これに伴って、中心市街地人口も1965年からの30年間で35%にまで減少している。

これに危機感を持った地元商業者らが地区再生に向けて勉強会を発足し、その成果は1983年の「津山地域商業近代化実施計画」で具体化された。ここでは、①夜間人口の増加を図る都市型住宅の供給、②商業文化活動の拠点施設整備、③立体的歩道・街路・駐車場などの都市基盤施設整備、を主な整備目標としている。

具体的には、まず中心街を含む約500m四方の「四周道路」を設定し、その中心部に集客拠点施設(大型商業・文化施設)を建設する「マグネット構想」を提案している。四周道路沿いに駐車場を設置し、集客拠点施設に向かう歩行者が地区を遊動できる仕組みを構築することで、既存商店街への集客もめざすものである。これに向けて、隣接商店街では高度化資金助成制度などによる商業活性化事業も計画された。

その後の事業展開は、再開発事業を中心にほぼこの構想に基づいて実施された。権利者らによる複数の「権利者法人」が連携して、3つの再開発事業を連鎖的に展開したほか、地区全体での戦略的な事業展開の推進役となった(次ページ)。

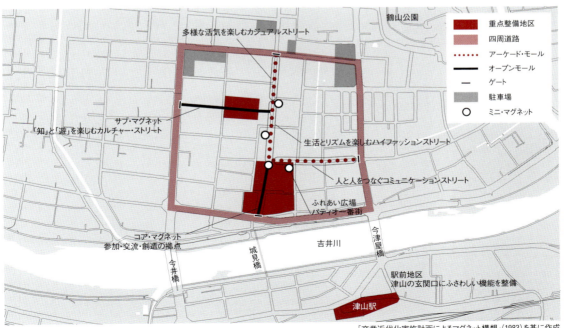

「商業近代化実施計画によるマグネット構想」(1983)を基に作成

36 津山

再開発事業の連鎖的展開による都市拠点の再生

津山市の「中心市街地区域(中活法)」は、おもに東西に伸びる旧城下域と吉井川対岸の駅周辺地区で構成されているが、その再生に向けた市街地整備は、まず歴史的な中心街で進められた。城郭南西部の旧出雲街道沿いに形成された町人地を基盤とする地区である。

前ページで示した通り、中心街で急速に進んだ空洞化に対して、「津山地域商業近代化実施計画」(1983年)に基づいて、3つの市街地再開発事業を連鎖的に展開したものである。大型商業施設と文化施設による再開発事業(3期事業)を中核に、隣接地区で住宅中心のふたつの再開発事業(1期・2期事業)を先行整備した。

1期・2期事業では、四周道路の一部としての街路事業を一体的に実施して3期事業地区への導入路を整備したほか、3期事業地区の居住権利者の受け皿住宅として機能した。

3つの再開発事業はいずれも組合施行であるが、これらの権利者らによる津山市街地再開発準備組合を中核に、これから派生した3つの権利者法人が、地区全体の事業展開の推進役を担った。

その後の「旧中心市街地活性化基本計画」(1999年)では、これら再開発事業などを継続したほか、土地区画整理事業や駅前広場整備など、駅周辺の基盤整備が図られた。

さらに現在の「新中心市街地活性化基本計画」(2013年)では、先行整備した中心街での居住機能の強化をめざすと同時に、「歴史遺産等を活かしたまちづくり」を基本方針のひとつに掲げ、城址公園や旧武家地・寺町などの歴史的地区で景観整備などを推進している。

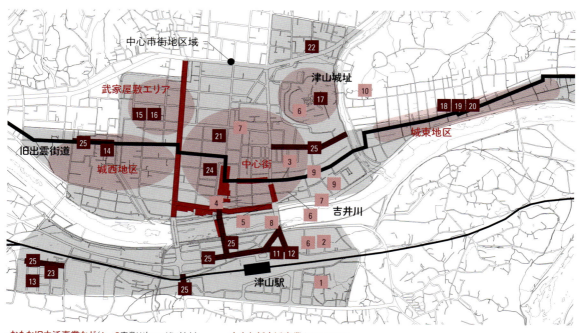

・おもな旧中活事業など (A～G事業は次ページに対応)
1 津山駅南口土地区画整理事業
2 駅前広場整備事業
3 津山市中央地区第一種市街地再開発事業 B事業
4 津山市南新座地区第一種市街地再開発事業 C事業
5 津山市吹屋町第三街区第一種市街地再開発事業 D事業
6 駐車場整備事業
7 街路整備事業 A・G事業
8 城見橋修景事業
9 商店街環境整備事業 E・F事業
10 津山城跡並びに周辺整備事業

・おもな新中活事業 (計画・事業中)
11 津山駅北口広場整備事業
12 観光交流センター整備事業
13 井口防災公園整備事業
14 作州民芸館整備事業
15 だんじり展示館整備事業
16 武家屋敷活用事業
17 鶴山公園景観整備事業
18 街なみ修景助成事業 (町並保存対策事業)
19 城東地区道路空間高質化事業
20 城東地区出雲街道無電柱化事業
21 サービス付き高齢者向け住宅等整備事業
22 高齢者向け施設整備事業
23 養護老人ホーム整備事業
24 医師専用集合住宅整備事業
25 街路整備事業など

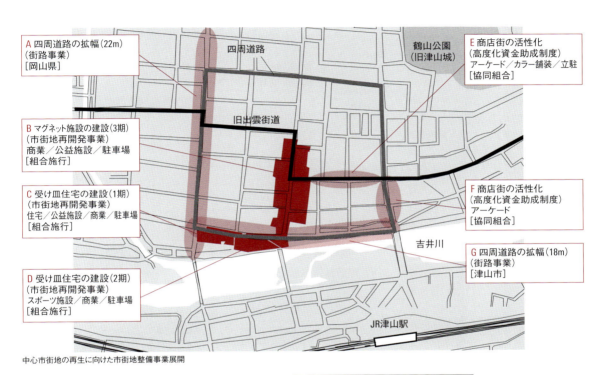

中心市街地の再生に向けた市街地整備事業展開

事業展開プロセス

3つの再開発事業(左側2棟の高層棟が3期事業の受け皿住宅となった1期2期事業、右側の大規模建築物が3期事業)

3期の再開発事業に連結される一番街商店街では、再開発事業に先立ちアーケードなどを建設する事業が実施された

36 津山

権利者の地域内循環居住・営業の支援

権利者法人の設立

任意団体である津山市街地再開発準備組合は、1984年に3つの再開発事業地区の権利者を中心に設立された。個々の再開発事業では各々の法定再開発組合が意思決定機関となるが、ここでは段階的に進められた3事業間の調整や、全体計画の作成を行った。例えば、3期事業に先立ち1・2期事業を先行させるといった戦略プログラムは、準備組合が中心となって作成した。

また、準備組合とともに事業を推進したのが、津山中央開発株式会社、津山商業開発株式会社、津山街づくり会社、の3つの「権利者法人」である。これらは、保留床の一部を取得したり、権利者用の代替地を先行取得したりして、事業展開を大きく支えた。

4つの権利者組織の中核メンバーは多くが重複しており、これらが一体的に活動することによって推進力となった。

再開発事業の段階的展開

こうした推進体制による再開発事業の段階的展開は、地域社会を持続的に発展させるという点において、重要な意味を持った。住宅を中心とする1・2期事業を先行させたことによって、住宅を伴わない3期事業の権利者が1・2期事業地区内で居住を継続することが可能になったのである。実際には、1・2期事業で22人の権利者を受け入れた。

また権利者法人である津山商業開発(株)が、1期事業地区内に従前借家権者用住宅を取得したことによって、7人の借家権者の地域内循環居住*を支援したことは、特筆すべきことである。

津山地区の権利者組織の概要

組織名 数字=1997年9月現在の出資者数	構成員				主な役割	保留床取得 保留床取得と管理運営箇所は一部の場合を含む。また表中の❶〜❸は1〜3期事業を示す	管理運営
	地区住民	❶権利者	❷権利者	❸権利者			
				その他			
津山市街地 再開発準備組合	○	○	○	○	・地区の全体計画 ・事業間の調整　など	—	—
中央開発 株式会社 56名		●	●	●	・代替地の先行取得 ・貸店舗の建設 ・保留床の取得 ・施設の管理運営　など	❶商業／業務 ❷商業／スポーツ	❸商業
商業開発 株式会社 40名		●	●	●		❶借家権者用賃貸住宅	❸駐車場
津山街づくり 株式会社		●	●	●	●	・保留床の取得 ・施設の管理運営　など	❸商業／駐車場	❸施設全体

権利者の地域内循環居住・営業を支援する手法(1)

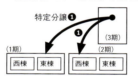

法定権利者(居住者／営業者)
借家権者(営業者)
❶住宅が建設されない3期事業の権利者が特定分譲により1・2期事業に入居・出店

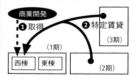

借家権者(居住者)
❶1期事業の住宅(14戸)を商業開発が取得
❷・❸期事業の借家権者が優先的に特定賃貸で入居

再開発事業間の権利者の動き

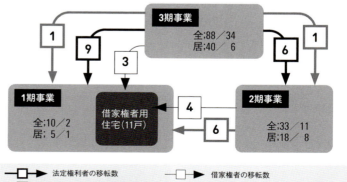

事業地区周辺での権利者の居住・営業の継続実態

また、これら一連の再開発事業では、20人の借家権者を含む64人の権利者が事業地区から移転したが、そのうちの45人が事業地区周辺での居住や営業の継続(地域内循環居住・営業)を希望した。そして実際には、34人がこの希望を実現させた。地域内循環居住・営業を希望した権利者の76%にあたる。希望達成率が8割を超えた法定権利者よりは下回るものの、再開発事業において権利が弱い借家権者でも、希望者の65%が地域内で生活を継続できた点が、この地区の特徴である。

この実績の陰には、津山中央開発(株)と津山商業開発(株)の活動があった。両社が連携して、さまざまな方法によって事業地区周辺に代替地や代替施設を確保したのである。45人の地域内循環居住・営業希望者のうち、24人はこれらの支援によって地域内に移転した。こうした支援は、法定権利者と借家権者にほぼ同じ割合で実践されており、まちづくりに対する基本姿勢が強く現れている。

また、再開発事業に反対して移転を希望した権利者に対しては、特に手厚い支援が行われた。再開発に反対する一方で地域での生活の継続を希望した権利者の約8割に、代替地などが斡旋されている。そしてその多くが、事業地区から100m以内に確保された。

権利者の地域内循環居住・営業を支援する手法(2)

法定権利者(居住者/営業者)
1. 2期住宅に入居希望の地区周辺の住民を優先的に特定分譲価格で入居させる
2. 中央開発がその土地を取得
3. 2・3期事業からの移転希望者に代替地として斡旋

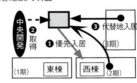

借家権者(営業者)
1. 地域内の土地を中央開発が取得
2. 商業開発などが貸店舗を建設
3. 地区周辺での営業の継続を希望する借家権者が賃貸で入居

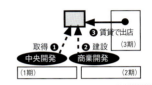

法定権利者(居住者/営業者)
1. 移転を希望する地区周辺の住民に地域外の土地を斡旋
2. その土地を中央開発が取得
3. 移転を希望する権利者に代替地として斡旋

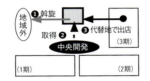

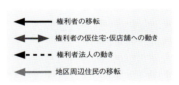

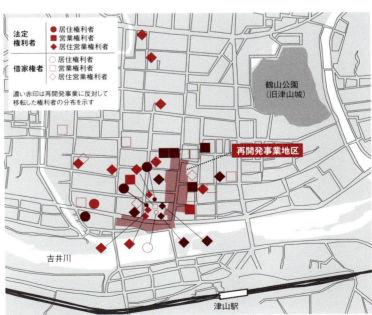

権利者の地域内での移転先の分布

*人が家族構成や生活スタイルの変化に応じて住替えを行い、地域に住み続けることによってまちを維持していくような住まい方、あるいは営業の仕方をいう

ふたつの親水骨格の継承とスクエア型の都心再生

number
37
岡山県

Okayama
岡山

人口	478,993人
人口の増加率	+5.3%
年平均気温	16.1℃
最暖月平均気温	28.2℃
最寒月平均気温	4.9℃
年降水量	1,050mm
年降雪量	3cm

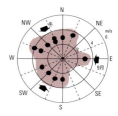

段階的な都市づくりを進めてきた岡山は、旭川沿い、西川沿いのふたつの親水空間の軸と、スクエア状の都市骨格の強化をベースに、新たな都心の魅力づくりをめざしている。

城下町のデザイン | 旭川を背にした大規模改造と、時代をまたぐ段階的な拡張

石山、岡山、天神山の3つの小高い丘に立地する近世岡山城下町の起源は、戦国大名の宇喜多直家によって築かれた通称「石山の城」である。豊臣秀吉の五大老のひとりとなった秀家の時代になって、岡山に大規模な築城技術を駆使した城下町の整備が行われた。この時、西国街道の城下南側に折れ、京橋を渡り、付け替えと旭川の川筋の付け替えというふたつの骨格整備とゾーニングが行われた。

関ヶ原後、入封した小早川秀秋の時代には、外堀(二十日堀)が整備された。その後、池田忠雄、池田光政の時代になって、西川の開削など段階的な整備によって城下町は西と南に拡大し、完成形となった。具体的なデザイン手法については、西国街道の京橋沿いの部分は東山に向けられ、二の丸(内山下)の武家屋敷の中心軸は操山に向かっている。また、縦軸方向に折れ曲がった部分は、小高い丘の天神山の方角に振れている。築城以前から信仰を集めていた酒折宮、伊勢宮、玉井宮などが設計のポイントになっている。街道の屈曲ポイントは天守から等距離にある。

町割りについては、前述したように段階的に城下町が形成されたため、二の丸に上級武家地、三の丸の内側の郭に表八ヶ町の町人地、外郭に武家地、藩役所、外堀の外側に岡山寺、蓮昌寺、大雲寺などの大寺院が配置されるという層状の構成をとっている。三の丸の町割りでは、おもに41間のモジュールが用いられている。

鐘撞堂(岡山市『岡山市史』(1920))

「岡山絵図」(元禄期)を基に作成

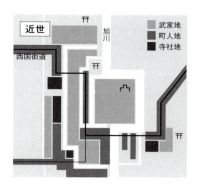
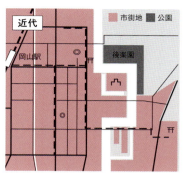

| 近現代の変容 | **都市骨格の段階的強化と施設の再配置**

明治期には県庁を中心とした官庁街と文教地区が、城下町の複雑な骨格の隙間を埋めるように整備されていった。1889年に岡山駅が開設され、1911年には市電が開通し、外堀の埋め立てとともに、電車通りを軸としたT字型の骨格が姿を現した。1884年には後楽園が市民に開放され、物産陳列館の建設とともに観光都市としての顔も持ち始めた。明治20年代には日本初の煉瓦造の劇場と言われる高砂座、浅草凌雲閣を模したとされる亜公園が開園し、都市における娯楽性が付加されていった。

昭和初期に入り、都市計画法に基づく街路整備が進められた。外堀の完全な埋め立てにより、南北軸の柳川線が拡築を行い、合わせて都市計画街路による都心環状交通網が形成された。また、旧藩主池田家の寄付で相生橋のたもとの県立商業学校の移転跡地に市の公会堂が建設された。

戦後に入り、戦災復興区画整理事業が行われ、整然としたグリッドの骨格が強化され、その節目に県庁と市役所が移転建設された。表町周辺では、昭和30年代から再開発関連事業を活用した商業集積が進んだ。

| 近現代のまちづくり | **「1kmスクエア」都心空間の再生**

空襲により壊滅的な被害を受けた市街地の再生は、復興区画整理による街路骨格の整備と主要交差点のロータリー化が大きな空間的特徴であった。このロータリーと表町商店街に囲まれた約1km四方の空間が都心エリアを形成している。駅と柳川、城下交差点を結ぶ大通り沿道には防火建築帯が形成され、野田屋町公設市場跡には、1951年、1階部分をマーケットとした市街地住宅(岡ビル)が整備された。戦後復興を支えたこれらの建築群は更新の時期を迎えている。

昭和30年代には、前川国男の設計による県庁と文化センター、佐藤武夫による市民会館と放送局など、モダニズム建築によるシビックコアの再編成が行われた。表町では、防火建築帯が形成され、再開発マスタープランが提示された。昭和40年代には、岡山城西側外縁部を南北に流れる西川用水が緑道公園として整備され、地下街を含めた駅周辺部の再開発が進んだ。

1994年には、商工会議所が主体となって「人と緑の都心1kmスクエア構想」がつくられ、トランジットモールやコミュニティ道路のネットワークと、路面電車の延伸と環状化による都心再生プランが提案された。2001年、中心市街地活性化基本計画が策定され、小学校移転跡地の開発や文化施設の整備が進められた。この計画における旧城下町歴史地区と文化地区(岡山カルチャーゾーン)、出石町地区、岡山後楽園・旭川河畔緑地を統合する範囲で2014年、「都心創生まちづくり構想」が策定され、城跡の復元・整備や回遊性の強化、文化発信プロジェクトなどが進められている。

岡山中心市街地のゾーニング　岡山地域中心市街地活性化基本計画(2001)

西川緑道公園　　　　　　　柳川ビルとロータリー

37　岡山

岡山城周辺の歴史・文化資産を活かしたまちづくり

後楽園唯心山(写真右端)と操山方向の景観

中心市街地活性化基本計画が策定された2001年以降、岡山城を中心とした旧城下エリアでは、市民・民間と行政双方からのプロジェクトと計画づくりが進んだ。

城下交差点と西之丸周辺で戦災を免れた建物のうち、登録有形文化財に指定された禁酒会館は、2000年代初め、アートNPO主導による拠点活用の先駆例として注目を集め、同じく戦災を免れた出石町や城下周辺での建物活用と文化活動の集積に影響を及ぼした。出石町界隈では、2000年代後半「出石芸術百貨街」をはじめとするアートプロジェクトが実施され、その後も歴史的建物群の日常的な活用が進められている。

重要文化財西手櫓と西之丸御殿の遺構が敷地内に残り、校舎自体も戦前期の建物である旧内山下小学校跡地は、近年NPO等によるイヴェント利用などが進められていたが、2014年、隣接する石山公園とともに、歴史まちづくり回遊社会実験の拠点に位置づけられ、校舎とオープンスペースの多様な活用が進められている。この西の丸・石山エリアは移転・再整備が検討されている岡山市民会館敷地周辺と合わせた整備が検討されている。

元禄時代、藩主池田綱政により「御後園」としてつくられた池泉回遊式庭園である後楽園は、借景となっている操山、芥子山を含めた後背地に対し、1992年、県景観条例「背景保全地区」の指定により眺望景観の保全を進めていたが、2007年に策定された岡山市景観計画に受け継がれた。近年では、保存管理計画に基づく史跡整備が進められ、御舟入跡の発掘調査、公開などが実施されている。

本丸不明門周辺で修復中の石垣

後楽園御舟入跡

出石町界隈

長野宇平治設計の旧日銀岡山支店を改修したルネスホール

4つの山に応答する微妙に屈曲した街道

number
38
岡山県

Takahashi
高梁

人口	6,427人
人口の増加率	-11.0%
年平均気温	14.1℃
最暖月平均気温	26.5℃
最寒月平均気温	2.4℃
年降水量	1,286mm
年降雪量	8cm

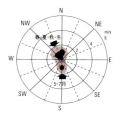

小堀遠州の作庭が残る寺町など、歴史的な資産が豊富で、それらが独特な空間構成の中に配置されている高梁は、歴史的な町並みの保全に早くから取り組み、独特の歴史景観の再生に成果を上げている。

城下町のデザイン｜中世山城と川沿いの城下町の構成

高梁は、標高が日本一高い山城を有し、高梁川沿いに町が形成された城下町である。

近世城下町としての整備は、1600(慶長5)年の関ヶ原の戦いの後に備中松山に派遣された小堀氏により始められ、1685(貞享2)年の水谷氏時代に完成した。

城下町の設計手法としては、微妙に屈曲した街路の軸線と周辺の4つの山々との密接な関係が挙げられる。稲荷山と愛宕山を結んだ線はまちのメインストリートである本町通りの軸線と直交する。また南から町を訪れた人々は、屈曲する街路の延長上で2度天守を眺めることができたり、大木八幡宮と稲荷山が重なって見えるといった景観演出が施されていた。

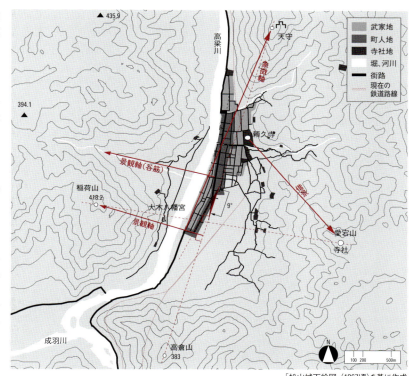

「松山城下絵図」(1867頃)を基に作成

近現代の変容｜旧来の構造を残し歴史的景観を保全

山に囲まれた細長い段丘上に、軸型の城下町を形成していた高梁は、明治以降も現在まで著しい変化はなく、城下町時代の構造を継承している。駅の設置により街道に直交する街路が形成されたが、既存の市街地に大きな変化はない。しかし、川沿いに国道180号が建設されてからは、学校や公共施設を対岸に移すなどの新たな展開をしている。

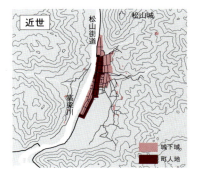
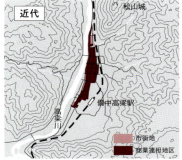
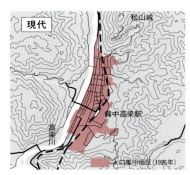

城下町の文脈の継承

number **39**
山口県

Hagi
萩

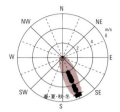

人口	19,350人
人口の増加率	-5.4%
年平均気温	15.8℃
最暖月平均気温	26.9℃
最寒月平均気温	5.6℃
年降水量	2,198mm
年降雪量	6cm

三角州に形成された萩は、近代以降も街路網を中心とした空間構成の多くがそのまま受け継がれている。こうした歴史的環境の保全に加え、新たな都市景観の形成に向けた取り組みが進んでいる。

城下町のデザイン | 三角州上の城下町

徳川幕府の大幅な減封により移封された毛利氏が、阿部川の三角州上の突端に位置する指月（しづき）山を背景にして築いた城下町である。海へ向かう地の利と裏腹に、低湿地を克服するため、藩勢の回復とともに治水に取り組み、徐々に城下町を拡大・整備し幕末の完成形にいたっている。

指月山を背山として、南に城郭を配し、橋本川と松本川に三角州上の微高地・自然堤防上を利用して町割りされた。そして指月山は城下町の風景の象徴として、さまざまな場所から見通せるように演出されている。さらに、北の海を挟んだ笠山、東と南の印象的な山容の山々が配されて、城下町からの借景を楽しむことができる。

築城当初の町割りは、天守からの見通し線が東の城下の中心地の北辺の樽屋町が東西基準軸に、これからほぼ45°振られた南東に向かう軸が、外堀を越えた南東の下級武家地・平安古の町割りに用いられている。また、町人地では50間、武家地では75間のモデュールが

橋本橋から見る指月山（城址）

正確に当てはめられているなど、自然地形を活かしながらも端正な構成を実現している。

城下町の骨格をなしている街道は、城郭を二の丸南門から出て、東に向かい大手門の枡形を経て、現在でも中心商業地である本町の町人地を一直線に進み、唐樋（札の辻）で南下し、橋本川を渡り、安芸からの移封の際一時的な居城となっていた山口に向かい、山陽道につながっている。

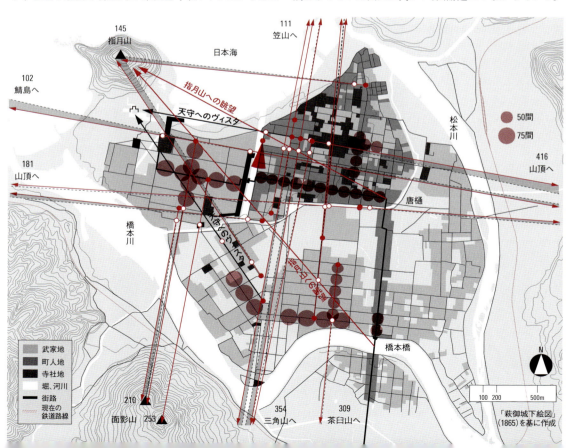

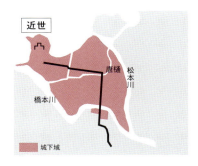
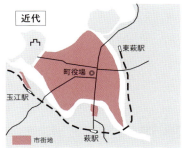

| 近現代の変容 | 城下町の骨格を活かす |

三角州上に立地した萩は、藩政期には2本の橋でのみ対岸と結ばれていた。近代に入り、城下町内部の田畑や水路などの埋め立てにより宅地化が進められた。唐樋付近にあったこうした空地に、公共施設が集中して配置された。さらに、橋本川と松本川には、渡し船に代わる橋が架けられ、孤島状の地理的制約の解消が図られた。鉄道の開通は遅く、西から整備された鉄路は、1925年に東萩駅まで延びた。鉄道の敷設ルートは、当時大きな議論となった。結局、旧城下町域を大きく迂回するような現在のルートとなっている。これに加えて戦災を免れたことで、旧城下町域の街路基盤などが維持される結果となった。特に萩城が日本海に突き出た指月山にあり、その周囲にあった上級武家地の開発圧力は弱く、歴史的環境が比較的よく守られた。鉄道と同様に城下町域を大きく囲むように計画された環状街路は整備されず、現在は南北、東西の十字状の骨格道路の整備が進められている。

| 近現代のまちづくり | 「まちじゅう博物館」構想によるエコミュージアムとしてのまちづくり |

萩市は、「江戸時代の地図がそのまま使える」と言われているほど藩政期の城下町のたたずまいや町割が残っている。

1972年に歴史的景観保存条例が定められ、現在3つの伝統的建築物群保存地区を指定している。これらを含む多くの取り組みを統括するのが、2005年度に策定された、「萩まちじゅう博物館基本計画」(以下、まち博)である。萩城下町全域の中心となるコア、文化遺産が地域にあるがままに展示・保存された5つのサテライトが設定され、まちなかの道が地域の遺産を巡るディスカヴァリートレイルとして位置づけられている。これらを包括し「屋根のない博物館」とし、市民と協働し保存・活用のまちづくりを進めている。こうして、単なる伝統建築の保存活用に留まらず、無形文化の再興やソフト面からのアプローチなどに柔軟に対応している。たとえば町内に設置されたボックスにより観光客から100円の信託金を求め、財政支援の得にくい未指定文化遺産を保全・活用するワンコイントラスト運動などが行われている。

このようにエコミュージアムの思想を基盤とし、市民とともに進めるまちづくりが展開されている。

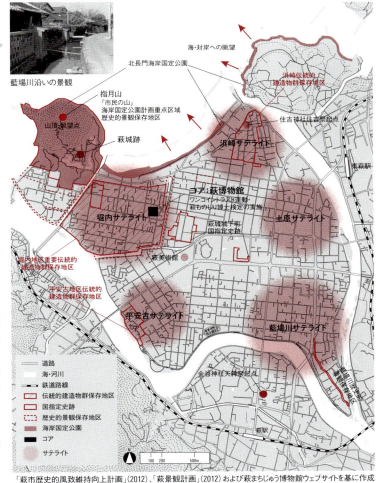

「萩市歴史的風致維持向上計画」(2012)、「萩景観計画」(2012)および萩まちじゅう博物館ウェブサイトを基に作成

39 萩

萩城下町、完成への過程

正保絵図に見る当初の萩城下町

萩は毛利輝元が関ヶ原の戦いで西軍の大将に祭り上げられ、徳川家康の仕置きで安芸を含む8国から周防・長門の2国に減封され、ようやくこの地への選地が許されて築城した城下町である。多くの家臣団を抱えて窮乏する藩財政の立て直し途上での、その後の城下町の充実を見据えた、当初の町割りであったといえよう。正保絵図(1652(慶安5)年「萩絵図」)によれば、築城当初は城郭の東側に竪町の構成で町人地を配置して、その南に武家地、城郭の南の平安古には、放射状の町割りで下級武家地を町割りしている。この時代には、城下町の外周に当たるふたつの川の自然堤防上に町割りされ、内部には低湿の未利用地を多く残していた。

当時、現在市役所や官公庁が置かれている三角州の中央は田や畑に利用され、氾濫原の役割を果たしていた。この時代にはまだ新堀川や藍場川は開削されておらず、三角州の中央には町割りに合わせて小水路が描かれている。

ここに、1687年に外堀の南東隅と東へ松本川へつなぐ新堀川が開削され、これに沿って町割りが拡大し、さらに、1744年には、藍場川(当初は溝川)が開削されて、橋本川から水を引き込み、舟運や治水利水に活用された。後に藍玉座が置かれ、藍染め産業の振興が図られるとともに、日常生活にも活かされていたという。その後、幕末期には藩校・明倫館が新堀の南側に移転するが、依然として農地が中心部に位置している。萩は低地の三角州上の城下町であり、治水は最も重要な課題であるため、この新堀周辺の農地は遊水池的な役

「萩大絵図」(1751)

「慶安古図」からの初期の構成原理図

新堀川から西に見通す玉浦の先の山容　　萩美術館に取り込まれている藍場川が見通す指月山

割を担っていたものと思われる。幕末には、橋本川の河州崎の開削を行うなど治水対策を続け、一方で、川沿いに町割りを進めており、水運による城下町経営を重視していたことがわかる。

周囲の山々を取り込み風景の演出する町割りのデザイン

多くの絵図には、城下町を区切る海と川とともに、周辺の山々が印象的に描かれている。これは幕末の慶応元年の絵図でも同様である。このような、周囲の自然を絵図に書き込むことは、軍事上の情報開示の一部として幕府から求められていたとはいえ、城下町絵図の特色であり、自然と共生する世界観、あるいは広域の領国統治の中心としての城下町を象徴している。こうして、意識するしないにかかわらず、借景が演出されることになる。城下町の構成と、周辺の自然との関係を詳しく見てみよう。

天守閣が町割りの基準として用いられたことはすでに述べたが、北の遠く海を隔てて優美な姿を見せる笠山、東の数々の寺社がその裾に置かれている唐人山、長山などの山塊、さらにとんがり帽子のような茶臼山、さらに西の白水山・天狗山・三角山やなどの山並みは、城下町の各所から見渡せる。

また、橋本川河口のかつて藩主の別荘が置かれた場所の裏山(名称不明)は、新堀川から低い仰角ながら正面に見通せるし、西の海上の鯖島は中堀の軸線上、堀の内の武家地の軸線上に、ぽっかりと美しい姿を見せている。

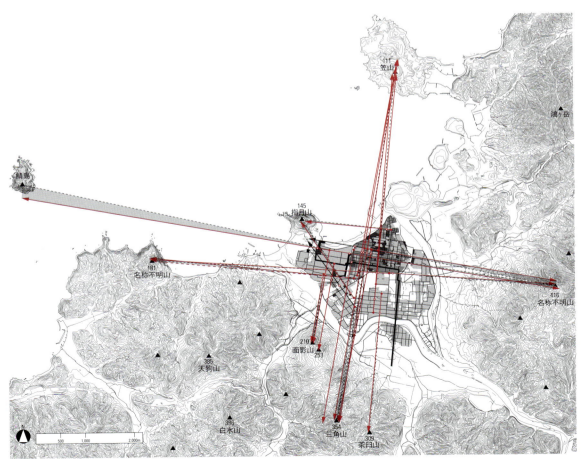

「萩御城下絵図」(1865)を基にした、幕末の周辺の山々も入れた構成原理図

39 萩

山県有朋の原風景

　萩は言うまでもなく明治の元勲を輩出した地である。鈴木博之が『庭師 小川治兵衛とその時代』(東京大学出版会、2013)に描いた山県有朋も城下の南端・橋本川の北岸に屋敷があった。京都東山を借景にした無隣庵などの明治の庭園をつくり、自然を大胆に取り入れる近代の庭園文化の元を築いた人として鈴木が描いた山県の原風景を育てた町でもある。

　城郭内の堀之内、現在は歴史的景観保全地区に指定されている武家屋敷や外堀の東の武家屋敷、町人地から東の軸線上には、松本川のすぐ東側、松陰神社などの向こうに唐人山、長山、権現山などの稜線がそこここから借景として見通すことができる。

　そして、山県らが暮らしていたであろう幕末1865(慶応元)年の「萩城下御絵図」には正方形の絵図からはみ出してこれらの東の山々が描かれている。また、幕末の萩城下周辺の風景を描いた絵巻物(羽様西崖筆「萩両大川辺・奈古屋島辺之図」)には、周辺の山々や川沿いや海岸の風景とともに、そこに暮らす人々の営みが隅々まで描き込まれている。

　このような原風景が山県有朋の小川治兵衛と共同した庭づくりの原型となっていると考えるのは自然なことであろう。京都東山の山並みに地方武家社会の文化の象徴としての萩の風景を想起したのであろうか。

堀之内武家屋敷から東の山並みへの眺望

外堀から南に面影山と三角山

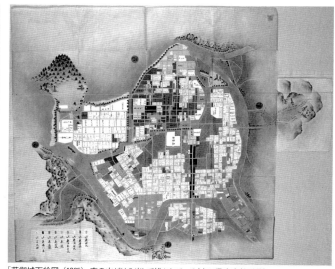
「萩御城下絵図」(1865)。東の山がはみ出して描かれている(山口県文書館所蔵)

橋本川河口の風景、幕末の萩城下周辺の風景を描いた絵巻物より、羽様西崖筆「萩両大川辺・奈古屋島辺之図」(全3巻のうち部分、毛利博物館所蔵)

ふたつの山を見上げる景観演出

40 龍野 *Tatsuno*
兵庫県

人口	11,680人
人口の増加率	+16.0%
年平均気温	—
最暖月平均気温	—
最寒月平均気温	—
年降水量	—
年降雪量	—

旧城下町の構成がほとんど保全されている龍野は、
地場産業の保全と一体となった歴史的景観の保全を行政と民間が協力して進め、
景観形成地区内で「生きた城下町博物館都市」の名に恥じない成果を上げている。

城下町のデザイン｜屈曲させた街道からのふたつの山当て

城下町龍野の起源は、鶏籠山の山頂に築城された1499(明応8)年頃にさかのぼる。近世城郭の整備は、本多氏が入封した1617(元和8)年から始まり、1637(寛永14)年に入封した京極氏時代に五町(立町・横町・下町・上川原・下川原)が成立して城下町の基礎ができあがった。

城下町は背後に山を抱え河川に面する典型的な「蔵風得水」の立地であり、肘掛けのある椅子の形をしている。

町割りは、基本的には河川軸に沿ってなされているが、街道の通し方は背後の山への眺望を重視している。街道は河川軸に平行しているが、途中で大手付近に引き込まれ大きく屈曲している。この屈曲点は大手道と街道を結ぶだけでなく景観の拠点として機能していた。南から城下域に入る来訪者は大手門にさしかかったところで天守とその背後にそびえる鶏籠山を眺め、北からの来訪者は西の白鷺山を眺めたであろう。

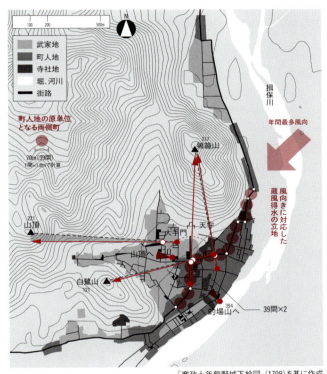

「寛政十年龍野城下絵図」(1798)を基に作成

近現代の変容｜新市街地の発展と旧城下域の保全

龍野は山陽鉄道の通過を拒んできたために大正頃までは城下町時代の軸型構造を維持してきた。1928年に姫新線が開通したが、市街地の東2kmのところに駅が設置されたことからしだいに駅前が発達し、市役所の対岸への移転もあって市街地の中心は東部に移りつつある。このため、城下町の町並みは比較的よく保全されている。

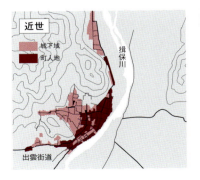

内町都市核の形成と生活景づくり

number 41 兵庫県 *Izushi* 出石

人口	16,670人
人口の増加率	-2.5%
年平均気温	—
最暖月平均気温	—
最寒月平均気温	—
年降水量	—
年降雪量	—

歴史的資源と皿そばを核とした観光戦略が成功した出石では、次のステップとして歩行空間の再生と生活景づくりに取り組んでいる。

城下町のデザイン｜同心円上に寺社、枡形を配置

出石の歴史は古く、「古事記」にもその名が記されている。近世城下町としての都市づくりが行われたのは1604（慶長9）年頃で、それまで有子山山頂にあった中世山城を廃し、その山麓に出石城を築くとともに城下町の整備が始められた。

城下町の設計手法について見てみると、大手道と内堀に面した枡形広場を基点として同心円上に寺社、枡形広場が配置されている。基点から半径150間（30間×5、約275m）の円上には、出石城天守とふたつの枡形が位置する。また、半径270間（30間×9、約495m）の円上には経王寺、見性寺、宗鏡寺の3つの大寺院が重なる。特に経王寺と見性寺は櫓を持ち、城塞のような城下町の守りの要をなす寺院である。

次に町割りについて見ると、八木町通り沿いの町人地は東西南北に沿ったグリッドにより構成されている。このグリッドは南北が街路3間（約5.5m）、街区30間（約55m）、東西が街路3間、街区60・90間（約110・165m）を基本に設計されている。

景観の演出に関しては、城下西から出石を訪れる人々は、出石川に架かる寺内橋を渡る時に、真正面に天守を眺めることができた。現在は出石のシンボルとなっている辰巳櫓のある枡形広場からは、周囲の山々が見渡せる。

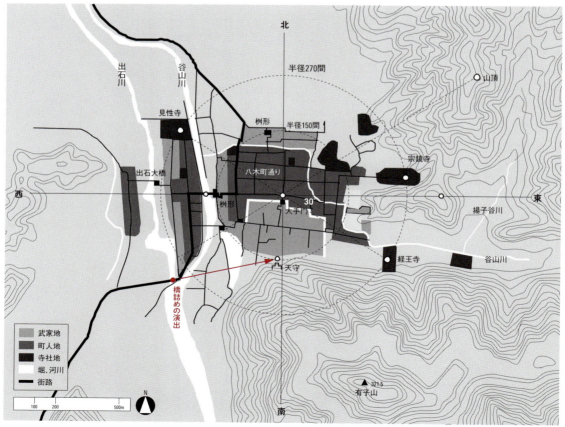

「出石城下町絵図」（1810）を基に作成

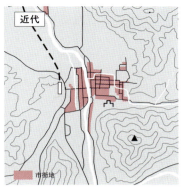

| 近現代の変容 | 城下町基盤の継承 |

近世を通じて出石は但馬（たじま）の中心だったが、鉄道の通過を拒否したため、現在にいたるまで著しい変化は見られない。町割りは藩政期のものがほぼ完全に継承され、新たに市街地化したところではそのグリッドが延長されている。まちのいたるところに古い町並みが残り、車の混雑も少なく、旧城下町の基盤上に現在のまちも成り立っている。

| 近現代のまちづくり | 出石まちづくり公社と観光協会を中心にした歴史地区の継続的運営 |

出石の現代まちづくりは1983年に発足した「静思塾」による活動から始まった。1987年には「内町都市核形成計画」がつくられ、大手前広場を中心として町役場、美術館、観光案内所などの拠点を集中させ、回廊とオープンスペースでつないでいく計画であった。翌年には「旧城下町再生計画」が策定され、回遊路の設置や町並み保全、内町都市核が位置づけられた。ここで打ち出された町並み保全に関して、基礎調査がHOPE計画策定をきっかけに行われた。1993年からは「街なみ環境整備事業」による街路、水路、ポケットパークなどの整備が進

められ、1998、99年には城下町の南北と大手前に駐車場が整備された。住宅・店舗に対しては、県景観条例に基づく修景助成が行われ、これまで100軒以上の実績を上げている。1995年には観光客が年間100万人を突破し、歴史的地区の保全・再生を支える源泉となっている。1998年、中心市街地活性化基本計画の策定に合わせて設立された出石まちづくり公社は、集合貸店舗や観光施設、復原された明治期の芝居小屋「出石永楽館」、町家宿泊施設などの運営を担っている。出石城隅櫓の復元に始まり、町民とともに観光まちづくりを長年担ってきた観光協会は、豊岡市との合併後、NPO「但馬國出石観光協会」として再出発している。2007年には、城下町の中心区域が国の重要伝統的建造物群保存地区に選定され、歴史地区の保全・修復をさらに進めている。

出石永楽館

出石城隅櫓

辰鼓楼と大手前通り

内町都市核周辺

天守を基点とした正方形ダイアグラム

number 42 兵庫県 *Sasayama* 篠山

人口	5,269人
人口の増加率	-6.6%
年平均気温	—
最暖月平均気温	—
最寒月平均気温	—
年降水量	—
年降雪量	—

鉄道駅の影響による市街化圧力をほとんど受けなかった篠山は、中央に城郭をおく歴史都市の原型の上に、歴史資産の保全や城跡大書院の再建などを通し、独自の地域文化を背景にした篠山ならではのまちづくりに取り組んでいる。

城下町のデザイン | 3つの正方形ダイアグラムの重ね合わせ

篠山の城郭および城下町は、当時の最高技術をもって整備された、いわば近世城下町の集大成とも言われている。徳川家康の天下普請に伴い、名築城家の津城主藤堂高虎により城下町の縄張りが行われた。

城下町の形は、城郭を中心として3つの正方形のダイアグラムとしてとらえることができる。内堀と外堀、そして街道の形は正方形により組み立てられており、内堀と外堀の正方形の中心点は一致している。また、天守から街道へ真北に補助線を引くことによりできる直角二等辺三角形の幾何学により街道の屈曲点の位置は決められている。

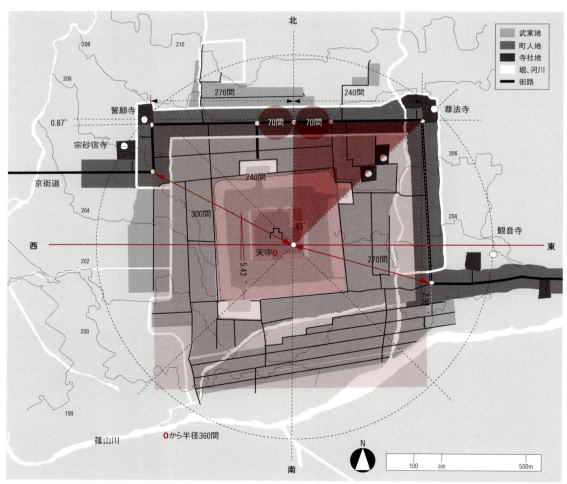

「丹波篠山城之絵図」(正保期)を基に作成

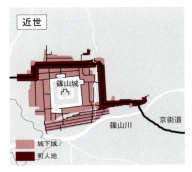

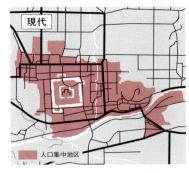

| 近現代の変容 | 城を中心とした空間構造の継承 |

篠山では、鉄道が2度も敷設されたが廃線となったため、市街地の範囲は城下域から大きく拡大していない。近年では、主な道路が城下町の外周部に建設されたため、城郭を取り囲む街の空間構造は現在も継承されている。

| 近現代のまちづくり | 城跡の復元、整備と武家・町家の保存、活用を両輪とした動的プロセス |

篠山城下町のまちづくりは、昭和20年代の城跡保存運動と都市計画公園指定に始まり、城跡の国史跡指定(1956年)を受けて、昭和40年代から石垣修理と民有地の公有化が順次進められた。河原町妻入商家群では、明治初期に建てられた銀行の米蔵を改修した丹波焼の博物館「丹波古陶館」が1969年に開館し、その東隣には能楽資料館がつくられた。1971年には「史跡篠山城跡総合整備計画(第1次計画)」が策定され、2次計画以降も城跡の一体的な復元、整備を段階的に検討してきた。1999年に策定された第4次計画では、大書院復元と周辺を含む二の丸全体の整備が掲げられ、2000年には大書院が、2002年には二の丸御殿跡庭園の復元整備が完了した。2004年には城跡、武家地、町人地にまたがる約40haの区域が重要伝統的建造物群保存地区に指定され、以後70棟を越える建物の修理・修景が進められた。また、城下町を東西に抜ける道と北側を迂回する道など、都市計画道路網の見直し検討が進められ、城下町地区全体で保全中心のまちづくりが進められている。

篠山城下まちづくりのもうひとつの特徴として、個人や中間支援組織のマッチングによる、歴史的建物の活用の多様化と集積が挙げられる。様々な年代の建物が店舗・ギャラリーに活用されるだけでなく、河原町妻入商家群では「まちなみアートフェスティバル」や「ササヤマルシェ」など、ネットワーク型イヴェントの開催へと展開している。

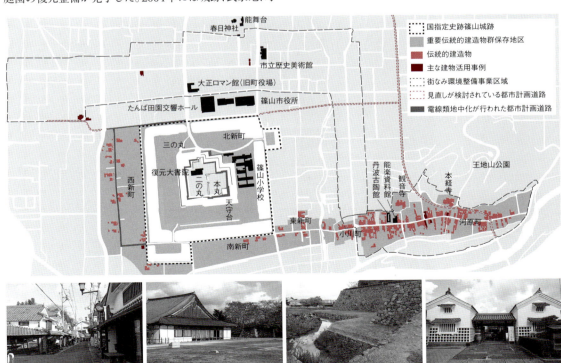

河原町妻入商家群　　復元された大書院　　二の丸北石垣と内堀　　丹波古陶館

宍道湖と堀川の親水ネットワーク

number 43 島根県 *Matsue* 松江

人口	104,925人
人口の増加率	+0.5%
年平均気温	15.0℃
最暖月平均気温	26.7℃
最寒月平均気温	4.2℃
年降水量	2,314mm
年降雪量	27cm

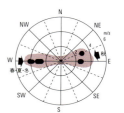

多くの文人にも愛された宍道湖畔の静かな水景が広がる松江では、水質の悪化が問題となっていた堀川の保存・再生を機に、水辺と文化資源をつなぐ新しい観光のネットワークづくりと、中心市街地再生の両立をめざしている。

城下町のデザイン | 山を背にした堀川水路網の整備と飛び石状の町割り

関ヶ原の合戦後、浜松から移った堀尾吉晴、忠氏父子によって、月山富田城から宍道湖岸に城を移すことが計画され、亀田山の地が選定された。普請の名手であった吉晴は、本丸の北側に塩見縄手の大堀を開削し、沼地を埋め立てて町割りを行った。縄張りは小瀬甫庵によって行われた。

最初に町割りが行われた殿町、中原町、母衣町の武家地では、47間モジュールと62間モジュールのふたつが用いられている。大手門から南に延びる街路は白鹿山、真山に向かっている。また、美保関街道の最初の区間は、澄水山、三坂山など北山連峰に向かっている。町人地は街道沿いの末次、白潟の両地に集められた。

白潟の東側には寺町が配され、さらに南の広島街道、米子街道に面したエリアには、足軽鉄砲組の集団的な屋敷が並ぶ雑賀町が置かれた。北側の山地、南西の宍道湖と、天然の要害に囲まれた特性を生かし、東南側の防御を重視した形態をとっている。

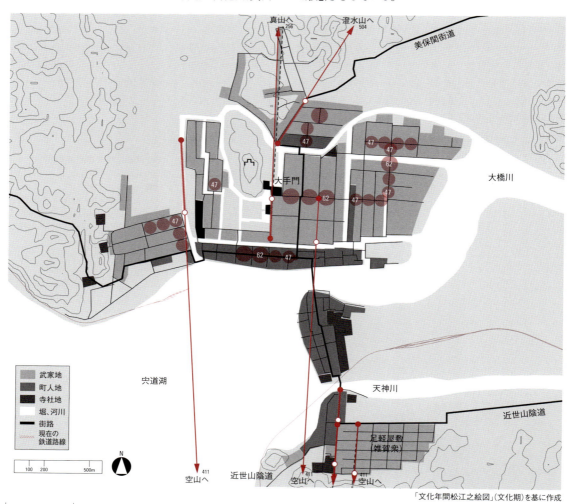

「文化年間松江之絵図」（文化期）を基に作成

近世

近代

現代

近現代の変容　3つの橋による市街地ネットワークの強化

明治維新の後、武家地は荒廃したが、官庁街が城郭の南に設けられ政治的機能の中心としての役割を引き継ぎ、また駅が川の南の町屋の南端、すなわち市街地にとって近世山陰道とほぼ同じ機能を果たす位置に設けられ、松江は城下町時代の構造を踏襲して発展した。大橋川に橋を架けることにより、駅のある南の旧町屋地区と城・官庁街のある北は結びつけられ、機能を分担して発展している。車交通に対しては、道路の拡幅・新設などが行われているが、市街地には旧城下町の道路形態や景観がよく残されている。

近現代のまちづくり　2度の大火からの復興と観光都市への展開

1879年、三の丸南側（京橋川北側）に最初の県庁舎が新設された。1909年には、藩政時代藩主居館のあった三の丸に移転したが、1945年の県庁焼き討ち事件で焼失している。1893年、上級武家地である殿町に郡役所、市役所が設置され、明治30年代には商業学校など各種中等学校と図書館が設置された。本丸には、天皇の山陰巡幸の御座所となった洋館建築である興雲閣が1903年に建てられた（天皇の行幸は実現しなかった）。昭和期に入り、市役所の東隣には、木子七郎のデザインによるRC造の公会堂が建設された。

その後、2度の大火からの復興が大きな課題となった。1927年の白潟大火、1931年の末次大火後には土地区画整理事業が行われた。この区画整理をきっかけとして、中心部を南北に縦断する街路軸が整備された。後堀川を埋め立てて新設した大通りは、新大橋の架橋とともに整備され、北側部分は区画整理地区の中央を縦断する形で設けられた。藩政期からの南北の結節点である松江大橋は、景観に配慮したデザインと最新技術により架け替えが行われ、区画整理地区の西端の街路に接続された。

この頃、城地は城山公園として整備され、小泉八雲の旧居は記念館として保存、公開された。また、観光道路として湖畔道路の整備などが計画された。こうして戦前から日本有数の水景を持つ観光都市として発展した。

近代の松江

島根県庁（松江市『松江市誌』(1989)）

43 | 松江

城山整備からまち歩き観光へ
近現代まちづくりの展開

松江のまちづくりは、松江城を中心とした城山公園の整備を皮切りに、修景による町並みの整備や中心市街地活性化事業による拠点整備と、これらをつなぐ観光ネットワークづくりへと発展した。現在は、まち歩き観光の推進による活性化を進めており、町全体へと取り組みが波及している。

松江は1951年に京都、奈良に続き3番目に国際文化観光都市に指定された。このシンボルとなったのが、現存する全国12の天守のひとつ「松江城」である。ここを中心として興雲閣や城山稲荷神社を含む城山公園全体の整備が進められ、公園につながる北惣門橋、千鳥橋も江戸期の絵図などを基に木橋として復元された。現在でも松江城の国宝化に向けた調査や石垣修理、老朽化の進んだ興雲閣の修理活用などが継続的に進められており、国際文化観光都市の拠点として魅力を高めている。

1973年には伝統美観保存条例が制定され、公園周辺の町並み整備へと拡大した。小泉八雲の旧居及び記念館を中心とした塩見縄手地区を第一次保存指定地区とし、門や塀の復元などの修景事業が行われた。

その後、中心市街地の衰退が顕著となったため、再生に向けた試みが開始された。この先駆けとなったのが、京店商店街での活性化事業であり、1992〜95年にアーケードの撤去や、カラコロ広場、堀川沿いの親水空間が整備された。こうした拠点整備の展開に併せて、これらをつなぐバスルート「ぐるっと松江レイクライン」と、堀割を利用して就航している遊覧船「ぐるっと松江堀川めぐり」による二重のルートとパークアンドライドによる観光ネットワークが形成された。これに伴い、遊覧船から眺められる町並みや、物資の荷揚げに使われた石段、船着場といった藩政期からの遺構など、堀沿いの歴史的な景観が重視され、堀川の再生が行われた。

これらを踏まえ、現在では、まち歩き観光の推進によって、町全体の活性化が図られている。まず、この主要ルートとなっている松江城東側の市街地では、歩道の安全性、景観の向上が進められている。ここでは、レオン・クリエの歩行者空間の単位の考え方（500m四方、歩いて10分のエリア）を応用し、社会実験の結果などと合わせて、300m四方のエリアをひとつの歩行者空間の単位と考え、歩車分離に向けての街路整備を行った。また、大橋川南の市街地では、松江駅から宍道湖畔の県立美術館までウォーキング・トレイルができるように歩道の整備が行われた。さらに、ボランティアガイドによるまち歩きツアー「松江おちらとあるき」や、公民館区ごとでのまち歩きマップ作成などにより、各地区でテーマ性のあるまち歩きが提案されている。ここで重視されているのは、古くから住民の暮らしに根付く文化の体験であり、特に、松平家第七代藩主治郷によって広められた茶の湯文化は、焼き物や和菓子など伝統工芸の発達にも寄与しており、現在でも広く市民に親しまれている。こうした背景から、茶室周辺の整備も進められており、明々庵へつながる「茶の湯のみち」の美装化や、普門院の茶室観月庵の修復など、代表的な茶室で事業が実現している。この修復では、市民で組織した協議会の募金活動によって半分以上の事業費が賄われるなど、行政と市民が一体となって事業が進められた。これら、まち歩き観光の拠点となるのは2011年に松江城東側隣接地に整備された「松江歴史館」であり、美術工芸品や古文書など近世を中心とした城下町の歴史・文化の資料展示のほかに、国際観光案内所を設置しており、観光客の総合的なガイダンスセンターとして役割を果たしている。

修復が行われた普門院の観月庵（写真6点松江市提供）

伝統美観保存区域の修景事例（修景前）

伝統美観保存区域の修景事例（修景後）

松江城天守閣

松江歴史館と堀川

明々庵へつながる「茶の湯のみち」の美装化

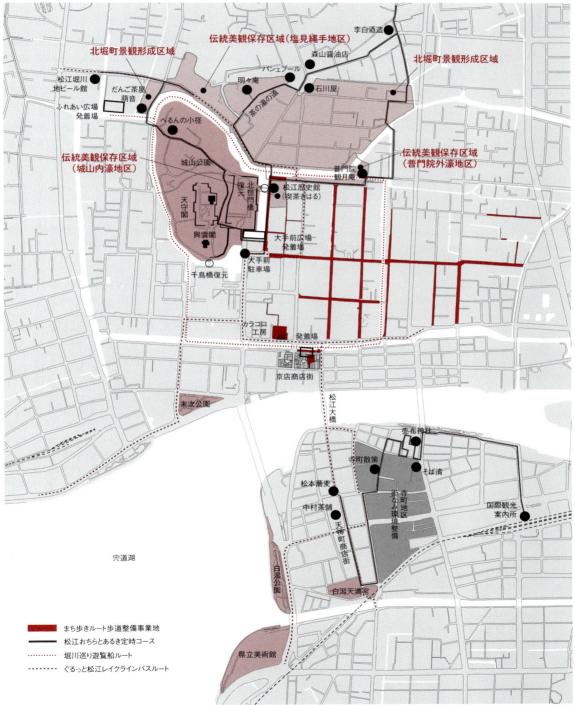

ふたつの山と応答する都市デザイン

number 44 島根県 **Tsuwano 津和野**

人口	8,427人
人口の増加率	-11.4%
年平均気温	13.9℃
最暖月平均気温	25.7℃
最寒月平均気温	2.3℃
年降水量	2,432mm
年降雪量	58cm

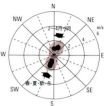

白壁と赤瓦を用いた歴史的町並みにより「山陰の小京都」と呼ばれる津和野は、周辺の自然環境と応答し、綿密な都市デザイン手法により生み出された小城下町であり、美しい町並みと自然の風景により構成されている。

城下町のデザイン | ふたつの山から主要なポイントを決定

「山陰の小京都」と呼ばれる津和野は、山間の山や川による地形に規定されながらも、有機的に見える城下町の骨格が精密にデザインされている。

中世城下町として建設された山城の少し北側の出丸（本城と別に築かれた小城）と、東側の青野山が正確な東西の延長線上に置かれ、その2点と南に位置する野坂山の山頂により正確な二等辺三角形がつくられる。そして、出丸と青野山とを結ぶ線と津和野川との交点に御幸橋が置かれている。

江戸期の天守は、出丸から野坂山への延長線上の最も高い峰との交点に置かれるなど、きわめて正確な幾何学構成となっている。さらに、寺社・橋・街路の構成を見ると、それぞれ青野山や野坂山への軸線が複雑に絡み合って、その配置が決定されている。特に青野山への見通しは非常に重視されており、北の町人地の街路は正面に青野山を向くようにデザインされているものが多い。出丸から青野山を見ると、視線の線上に御幸橋、剣玉神社などが置かれ、津和野がデザインされた都市であることがわかる。

津和野のように、街路が複雑で一見わかりにくい構成の城下町も、幾何学的な形態を組み合わせて、河川や周囲の山々を都市デザインに取り込む手法がとられていたのである。

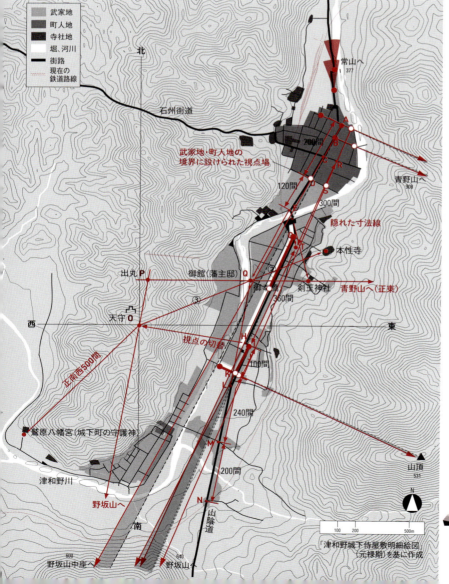

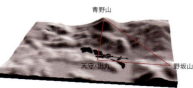

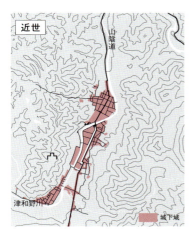
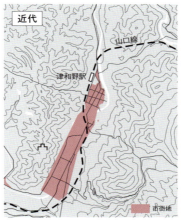
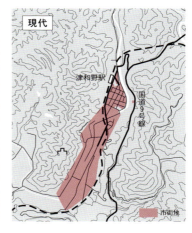

近現代の変容　都市形態の保存

山間の小盆地に孤立するように位置する津和野では、鉄道駅が城下町の北端に設置され、また国道9号線は山陰道を避けて津和野川の対岸に建設されたため、大きな変化もなく、町割りや景観がよく保存された。しかし、鉄道の敷設により分断された城下町の南部の旧武家地は、取り残されるように荒廃が進んでいる。

近現代のまちづくり　身近な景観を基盤とした環境共生まちづくり

自然豊かな盆地に位置する津和野では、伝統的町並みや水路、生活、文化、眺望、動植物や音・香りなどさまざまな要素が景観計画内で位置づけている。これらを踏まえた「日常の生活に根ざした景観づくり」を理念とし、歴史的風致の維持向上事業が推進されている。特に藩政期からの主要交通道であり、常山や青野山への眺望が見られる殿町通り、本町・祇園丁通りでは、歩行者のための「あるくまち」をコンセプトとした町並み整備事業が行われ、津和野川プロムナードと連動した回遊性豊かな空間となっている。

また同時に、城下町全域において進められる空き家改修と定住促進事業や、清流・高津川や豊かな生態系の残る山々により育まれた地産の食物に着目した「食」と「農」のまちづくり事業、鷺舞などの伝統芸能の再興など、さまざまな方面から地域資源の魅力を引き出すためのアプローチがされている。これらの多種多様な取り組みは、現代における環境共生まちづくりの可能性を示すものである。

2013年、上記のようなさまざまな事業により、橋北地区の大部分が重要伝統的建造物群保存地区に選定され、町並み保全活動が活発化した。城山へ登ってみると、かつて城主も見たであろう美しい「山陰の小京都」の町並みが眼前に広がる。

本町・祇園丁通り

城山からの眺め

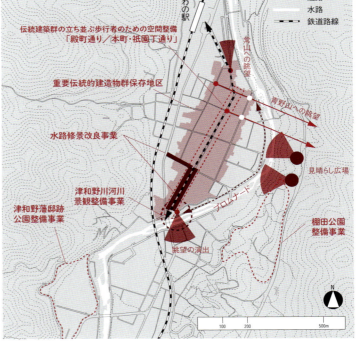
「津和野町歴史的風致維持向上計画」(2013)を基に作成

城山を基点とした放射状の軸線

number
45
鳥取県

Tottori
鳥取

人口	99,472人
人口の増加率	+0.1%
年平均気温	15.1℃
最暖月平均気温	27.1℃
最寒月平均気温	4.3℃
年降水量	2,075mm
年降雪量	60cm

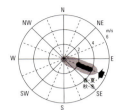

山城とその足下の城下町という典型的な構成からなる鳥取は、
鉄道駅が歴史的な市街地から離れて立地したため広範に市街地が拡大し、
中心性を回復するための「賑わい交流拠点の整備」に取り組んでいる。

| 城下町のデザイン | **久松山と城郭へのヴィスタ** |

城下町鳥取の起源は、1545(天文14)年に久松山に山城が築かれたことに始まるが、近世以降に池田氏によって本格的な城下町の建設が実施された。

城下町には伯耆(ほうき)街道と智頭(ちづ)街道が引き込まれ、南西部に町人地が配置された。武家地は主に山側に整備されたが、外堀内側にも武家地を配して町人地を囲むかたちで形成されている。

城下町のデザイン手法としては、山城の天守を基点とした放射状の軸線が見られ、市街地の複数の街路からは、正面に天守を仰ぎ見ることができる。また、町人地では、ふたつのモジュールによって町割りが構成されている。

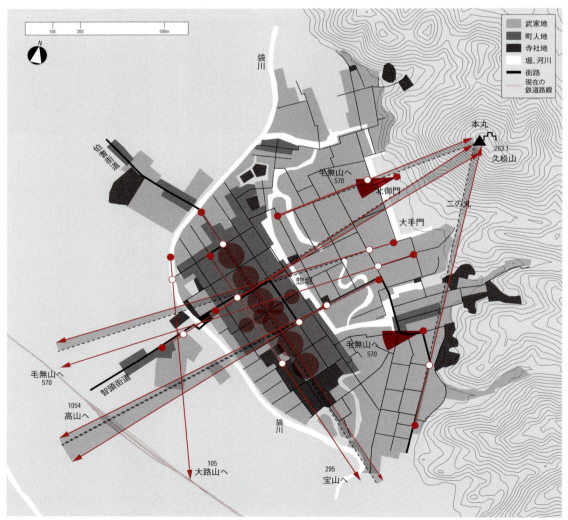

「安政六年御城下全図」(1859)を基に作成

Tottori

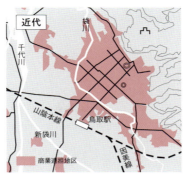

| 近現代の変容 | 鉄道駅との二核構造の形成 |

明治期に鉄道駅が城下町の南に設置されると同時に、大手門周辺に県庁を始めとする公共施設ゾーンが形成された。これら2拠点を旧街道と旧大手軸からなる駅前通りで連結し、新しい都市軸を形成している。旧町人地とともに駅前も商業地区となったが、鳥取大火災の後は、駅前地区にその中心が移行している。

| 近現代のまちづくり | 防火建築帯とその再生 |

鳥取の城下町都市は1952年4月の鳥取大火によりほぼ消滅し、その後の復興計画で区画整理事業と、大火の年の5月に成立した大火建築促進法により、その第1号として中心骨格となった若狭街道の両側に防火建築帯が全国初の試みとして建設された。ウナギの寝床のように間口が狭い奥行きの長い敷地は、区画整理の後も基本的にはそのままで、その敷地境界線上に共有壁を設け、一階は店舗、2階以上は住居か事務所などに用いられた。最初の事業ということで、RC造建築とブロック造が混在し、前者はリノヴェーションしたものもあるが後者は建て替えの時期にさしかかり、共同建て替えの第一号が着工されようとしている。

大火後の区画整理事業は、元の城下町の骨格を引き継いで、智頭街道ばかりでなく、広幅員化された若狭街道からは、かつて本丸の位置していた久松山をシンボリックに見通す景観がいまも演出されている。

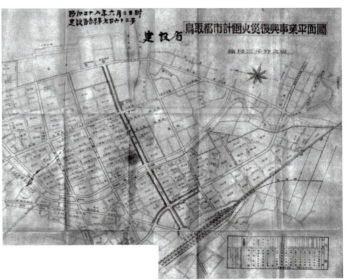

鳥取大火復興計画／防火建築帯第一号として整備された鳥取市街地

若桜街道の防火帯と久松山

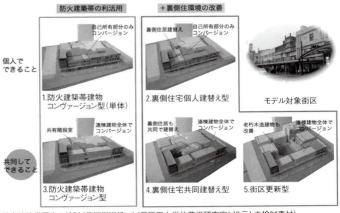

防火建築帯再生の検討（若桜街道沿い）（早稲田大学佐藤滋研究室と地元との検討素材）

まちづくり会社による歴史的市街地の再生

number 46
鳥取県

Kurayoshi
倉吉

人口	18,076人
人口の増加率	-3.2%
年平均気温	14.7℃
最暖月平均気温	26.3℃
最寒月平均気温	4.1℃
年降水量	2,083mm
年降雪量	23cm

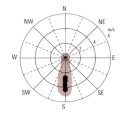

旧城下町から離れて新市街地が形成された倉吉市では、新市街地での拠点性の強化と、白壁土蔵群が残る歴史的市街地の再生が並行して実施されている。

城下町のデザイン　市街地を束ねる防火帯としてのふたつの広小路

倉吉は、山城である打吹（うつぶき）城の麓に建設された城下町である。打吹城は、中世から山名氏の居城として存在したが、本格的な築城は南条氏の管轄下となった1544（天文13）年以降である。同時に城下町の建設も始められたが、近世には、一国一城令で廃城となり、鳥取藩家老である荒尾氏の「陣屋町」として発展した。

城下町は小鴨川と打吹山の間に立地し、東西軸を基本とした市街地が形成された。1年を通じて卓越する南風を、打吹山で受けるかたちとなっている。ゾーニングは、打吹山に沿って武家地が配置され、その北側には東西に走る二筋の街路沿いに町人地が形成された。廃城後の陣屋は現在の成徳小学校の位置にあった。

東西方向の軸性が強い市街地にあって、南北をつなぐ多くの街路がT字路を構成している。しかしそのうちの2カ所では、約30間の幅を持つ広小路が整備され、防火帯としての役割を担った。

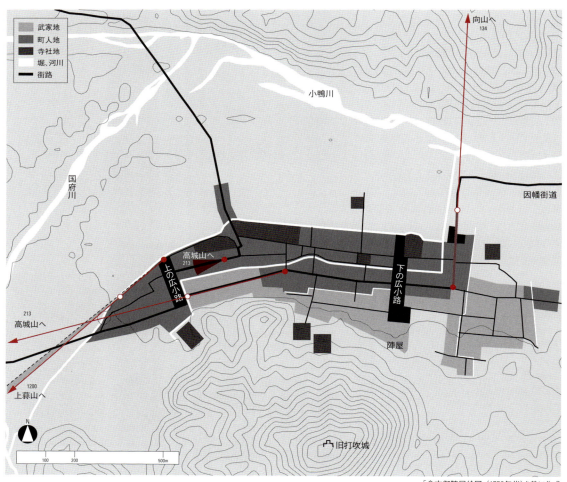

「倉吉御陣屋絵図」（1750年代）を基に作成

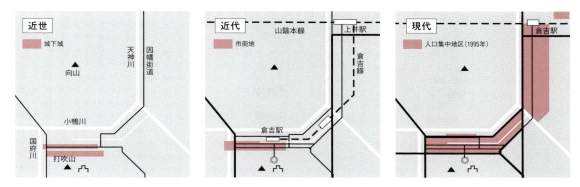

| 近現代の変容 | 引き込み線の廃線と駅前新市街地の発展 |

1912年に城下町の北側に鉄道駅が開設され、南北の駅前通りが新設された。しかし、引き込み線であったことから、隣接する上井町（合併によって現在は倉吉市内）に交通拠点が移行した。現在は引き込み線が廃止となり、都市の中心が、旧城下町から遠く離れた駅前地区に移行している。

| 近現代のまちづくり | 生活の場と歴史的景観が共存した観光まちづくり |

打吹地区は、1998年に重要伝統的建造物群保存地区に選定され、2010年にはその西側がさらに追加で選定された。水路と町家、土蔵などが点在し、町並み保全や景観整備に力を入れた事業を行っている。伝統的町並みと、商業施設「赤瓦」を中心とした商店街との連携によって、歴史的景観を保存、活用した観光まちづくりを進めている。

「赤瓦」とは、戦後商業地が倉吉駅方面に移っていったことで衰退していた中心市街地の活性化を図るため「商業を核としたまちづくり」をめざし設立されたまちづくり会社である。既存の土蔵を活用した商業拠点施設を1号館、2号館と展開し、現在では16号館までの計14施設で構成されている（4、9号館は存在せず）。

打吹の具体的事業としては、重要伝統的建造物群保存地区に指定されている白壁土蔵群を含む町家通り景観形成ゾーン、その西側の八橋往来景観形成ゾーンの大きくふたつの地区を対象に、歴史景観と自然景観に調和したまちなみ整備を「まちなみ環境整備事業」として行っている。これらを合わせて散策ルートとして統一感あるものにし、歩きたくなるような町並みをめざす。

これに加え、商工会議所では中心市街地の一部の空き店舗を利用し、「あきない塾」チャレンジショップ事業を展開。空き店舗の利活用による赤瓦を含む中心市街地活性化と景観保全を狙っている。実際にこのあきない塾の卒業生28人のうち、17人が市内で開業、うち13人が中心市街地で開業している。

「打吹地区街なみ環境整備方針図」を基に作成

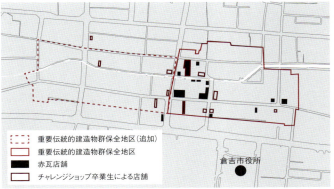

倉吉商工会議所HPチャレンジショップ店舗一覧を基に作成

チャレンジショップ「あきない塾」

町人地の町並み継承・再生による観光ネットワーク

number 47
愛媛県

Ohzu
大洲

人口	8,634人
人口の増加率	-5.7%
年平均気温	15.9℃
最暖月平均気温	27.0℃
最寒月平均気温	4.2℃
年降水量	1,808mm
年降雪量	—

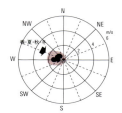

古い町並みのたたずまいが残る中心部では、
各時代をコンセプトにした小さな観光拠点のネットワークづくりが進められている。

城下町のデザイン | 肱川に沿ったL字型の町割りと同心円状の寺社配置

1331(元徳3)年、伊予国の守護職となって入部した宇都宮氏が、喜多郡支配の拠点として現在の大洲城の地に中世城郭を築いたのが始まりとされる。1595(文禄4)年、藤堂高虎が大洲城に入城し、城郭と城下町の整備が開始された。

町人地のグリッドは、東西軸から時計回りに約7°傾いている。大洲城本丸には天守、台所櫓(天守の東脇)、高欄櫓(南脇)がL字型に配置されていた。このL字の角度がグリッドと同じ傾きを示している。また、寺社は城下町の背後の山々の裾野に集中して配置され、如法寺は本町通りの東方延長線上に、また、大洲神社はきれいに天守に向かって置かれている。天守から400間(約720m)の円上に八幡神社、東禅寺、石槌神社が位置する。正保絵図にも描かれている。八幡神社は城下町北方を遠くまで見渡せる高台に位置し、東禅寺は天守の鬼門に位置している。

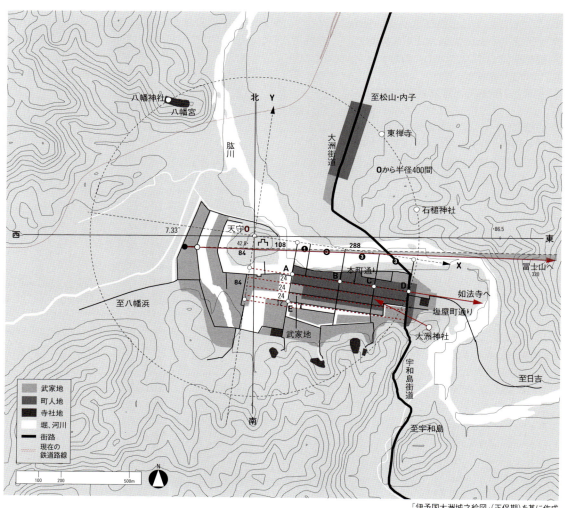

「伊予国大洲城之絵図」(正保期)を基に作成

近現代の変容 | 鉄道開設による肱北地区への市街地の拡大

肱川に沿って広がる大洲は、城から冨士山（とみすやま）に向かって東西の軸上に町家が形成された。駅が城下の北に設けられたことや、鉄道が北に延びていることから、市街地が北に向かい、川の南北に新旧市街地が共存している。また、官庁街が旧町家地区の南側にできたため、駅と官庁街に市街地が挟まれた形になっている。市街地の町割りは、新旧ともに川に合わせて行われている。

近現代のまちづくり | 時代をコンセプトにした保全・再生の継続

冨士山を借景とした明治期の別荘建築「臥龍山荘」を始め、町家や土蔵など多くの歴史的な資源が存在する大洲では、時代をコンセプトに掲げたまちづくりを進めている。最初の取り組みは、明治期の擬洋風煉瓦造建物「旧大洲商業銀行」を観光物産館、市民ギャラリーとして再生した「おおず赤煉瓦館」であった。これに合わせて遊歩道や空地の整備が段階的に進められた。赤煉瓦館裏手の空き地では、昭和30年代のまちなみを仮設店舗により再現した日曜市「ポコペン横丁」が開催されている。

肱南地区では、1998年に市のプロジェクトチームと専門家が作成したまちづくり計画「まちの風景をつくる」において、テレビドラマのロケ地「おはなはん」通り沿いの町家街区を中心に、修景と建物活用を合わせて進めていくことが提案された。2002年には国道に面した角地に観光案内所「大洲まちの駅あさもや」が整備された。

一方、重要文化財に指定されている4つの櫓と県指定文化財「大洲城下台所」が存在する大洲城内では、2004年に木造の天守が復元され、石垣や文化財建物の修復を含めた城山公園（都市計画公園）整備事業が進められている。2009年には「大洲市景観計画」、2012年には「大洲市歴史的風致維持向上計画」が相次いで策定され、城址周辺の眺望保全と周辺環境の整備が一体で進められている。

おおず赤煉瓦館

肱川と大洲城

思い出倉庫と横丁会場

城下台所と天守

グリッドを活かしたネットワーク

number 48
高知県

Kouchi
高知

人口	276,087人
人口の増加率	-2.1%
年平均気温	16.9℃
最暖月平均気温	27.1℃
最寒月平均気温	5.6℃
年降水量	2,153mm
年降雪量	1cm

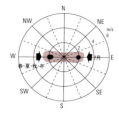

グリッド状の街路網で構成された城下町の空間構成は、戦災復興事業によってスーパーグリッドとして展開された。現在では、このグリッドを活かして、緑のネットワークや歩行者の回遊性の確保が図られている。

城下町のデザイン｜ふたつの川に沿ったグリッド形成

関ヶ原の合戦の功で土佐二十万石を与えられた山内一豊が築いた城下町高知は、東西に流れる鏡川と江ノ口川に挟まれた細長い三角州上に建設された。ふたつの川の流れに沿うように、グリッド状の町割りがされた。城山の麓に内堀を巡らす一方、鏡川と江ノ口川を天然の外堀とし、さらに東西にも堀をつくり、これらの外堀に囲まれた地域を「郭中」として武士の居住区とした。この郭中を挟んで東西に下級武家地や町人地を置いた。川の上流である東を上町、下流の西を下町とし、下町はさらに北町と南町に分かれている。

追手門は城郭の東側にあり、川の流れと同じ東方向に追手筋が延びている。城郭の南には鏡川を隔てて反対側にある山並みに向かって広小路が設けられた。このふたつの街路からは、天守閣を仰ぎ見ることができた。城郭の東にある町人地の北町と南町を結ぶ橋上からも、天守閣を眺望することができた。

天守閣から追手筋を見る(戦前)

天守閣から追手筋を見る(現在)

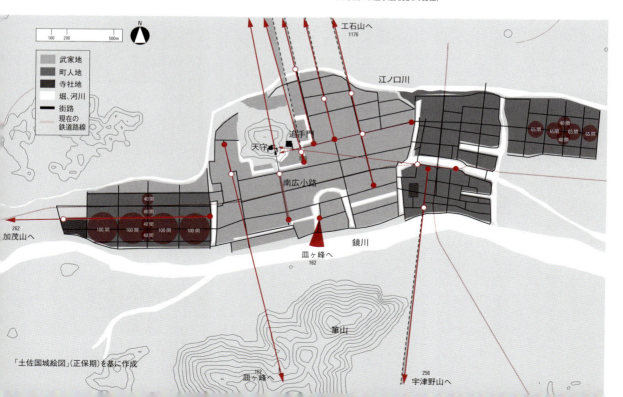
「土佐国城絵図」(正保期)を基に作成

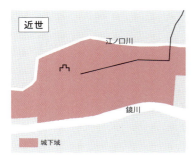
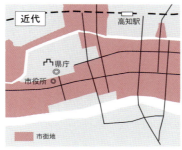

近現代の変容 | スーパーグリッドへの展開

近代に入り、廃藩置県によって県庁が設置され、また1889年の市制施行に伴い市役所も設置された。いずれもその後城址の南に移転した。その周囲には公共施設も配置され、現在の官庁街の基礎をつくった。軌道は全国的にも早く導入され、あわせて街路整備も行われた一方、鉄道が敷設されたのは遅れて1924年のことだった。駅の開設にあわせて軌道を併設する駅前通りが整備され、市街地を東西に貫通する街路との十字状の骨格街路が形成された。その交差地には有名なはりまや橋があり、その周辺に中心商業地が形成された。

しかし、戦災により市街地は多大な被害を受け、全国の戦災都市に先駆けて承認第1号として戦災復興計画が策定された。街路計画は従前の十字状の骨格街路の拡幅を始め、それを基軸としたスーパーグリッドの強化が図られた。

近現代のまちづくり | グリッドを活かしたネットワークの形成

戦災復興事業によりスーパーグリッドの街路構成が明確になって以後も、はりまや橋を中心とした十字の骨格街路をシンボルロードとして電線地中化や地下駐車場の整備が行われた。中心商業地域の約10の商店街も1990年代に相次いでアーケード・カラー舗装整備を行っている。追手門に向かう東西の街路や城址から南に延びる街路は、戦災復興事業で整備され街路樹が植えられた。ここでは街路市（日曜市や木曜市）が開催され、現在でも賑わいをかもし出し、緑のネットワークを担っている。中央公園をはじめ、駅前のシンボルロードや県庁前の街路に計700台余りの地下駐車場が整備され、商業地のモール化など、戦災復興事業によるグリッド状の街路構成を基に形成され、近年のアーケード、広場、街路を利用したイヴェントや、公・民施設間の集約型再開発（ひろめ市場）により、歩行者の回遊性が高まっている。

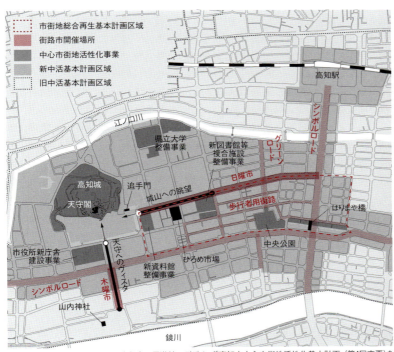

グリッドを活かした緑のネットワークと歩行者の回遊性のデザイン（「高知市中心市街地活性化基本計画」（第4回変更）を基に作成）

はりまや橋商店街の木造アーケード

木曜市

県庁前通りから天守閣を仰ぐ

48　高知

高知が先導した明治初年の城郭保全の取り組み
——公園化と博覧会

城址公園の誕生

明治維新後、その存立条件を喪失した近世城郭は兵部省の管理となり、後に陸軍省に移管された。

1873年1月、陸軍省は軍管制度を改めて全国の鎮台配置を改定した。この再編に伴い、同年1月14日、大蔵省と陸軍省から城郭の取扱いについて通達され、「諸国存城並廃城調書」として全国の城郭の存廃が一覧表で示された。軍事拠点としての利用価値が基準となり、それに合致しない城郭を「廃城」として大蔵省に移管した。そのなかで高知城は「廃城」になった。

廃城となると、県庁などに使用されているものを除き、城郭建築は入札の上、払い下げの対象になった。ここでは保存するという考えはみられないし、城址の土地利用の方針も示されていない。石垣や堀などの土木構造物の取扱いについての指示もなかった。

一方、城郭の「存廃」が通達された翌日の1月15日、太政官は公園制度の設立を府県に布告した。寺社のように、従来から群衆が遊観している場所であり、かつその土地がいわゆる官有地であれば、「永く万人偕楽の地」として新しく公園を整備するのではなく、公園に指定するということであった。公園地の選定は府県の裁量に委ねられ、認可の権限を政府が掌握した。公園の布告文の例示中には城址が取り上げられていない。明治政府は「廃城」と「公園化」とを結びつけてはいなかった。

大蔵省が公園を所管した1873年中で、『大蔵省考課状』(国立公文書館所蔵)から確認できた各地からの公園の稟申は14府県27カ所ある。その中で城址を対象としているのは米沢と高知

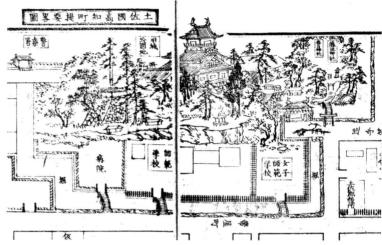

明治初期の高知公園図(升形活字編『土佐國案内全』(升形活字所、1880再版) p.3)

の2カ所だけだった。このふたつの城址は「廃城」の決定に伴う城地の跡地である。「城址公園」は、この米沢と高知から誕生した。

高知県は、1873年3月31日付で図面を添えて公園化を稟申し、4月20日に大蔵省の認可を得た。そして5月7日に「高知旧城」を「万民偕楽の公園」にすることを県下に布達した。

別の「大蔵省考課状」に記録のある高知県の稟申内容をみると、旧城内の樹木築石の類を一般入札によって売却すべきところ、「此地曩日公園地ニ定メラレシ故」、これらを残し、「公園ノ風致ヲ點綴」することを申し出て、それが許可されている。樹木や石などの保存が許可され、緑地としての保全が図られた。公園を稟申する権限をもつ地方長官は旧高知藩士であり、自らの出身地の城址を保全するために公園化を願い出たのである。1874年3月から公園の事業に着手し、7月には公園内の規則などを定めた。8月8日から公園内の遊歩が許可された。

高知では天守と付随する建築および追手門を除いて城郭建築は取り壊された。取り壊す行為は他の城と同様であるが、城郭建築の中で最もその存在を象徴する天守と追手門を残したことは、城地を公園として保全することとともに、旧藩主に対する思慕と懐旧の念が表れていたといえる。

高知のように城址の公園化はあくまで地域側からの要望であり、公園制度を利用した地域の強い意志の表れといえる。城址公園は、官有地であることが保証され、一般に城地を開放し、保全することが担保されることであり、地域側の主体的意志がそこに表れた。

城郭建築を活用した博覧会の開催

海外での経験を踏まえたわが国の博覧会としての嚆矢は、1871年5月の大学南校(明治期の洋学校)に設けられた物産局による「物産会」である。この「物産会」は、当初の準備段階では「博覧

会」という名称が使用されていた。政府による大規模な博覧会は、1877年に上野公園で開催された内国勧業博覧会である。

一方、この内国博までの間も各地で博覧会が開かれた。京都をはじめとして、多くの展示品の陳列と不特定多数の収容という面で、比較的規模の大きい建築と敷地を有する寺院での博覧会が多く、次いで城址だった。

1873年に高知城址で高知博覧会が開催された。公園として開園する前に、一時的ではあるが城址を開放した。城址での博覧会開催の最初期である。なお開催の記録はあるが、残念ながら博覧会の具体的な内容は不明である。このほか、松本や若松でも城址で開催されている。そしてこれら高知をはじめ松本、彦根、松山および岡山では、いずれもその後天守が保存されていることに気づく。

政府は博覧会の開催について、その場所を規定することはなかった。城址を利用するよりも、寺院を開催場所にする方が交渉の手続きは容易である。規模を求めるのであれば京都のようにいくつかの会場に分散して開催することも可能である。城址で博覧会を開催した都市では、なぜわざわざ陸軍省と交渉してまで城址にこだわったのか。

博覧会の開催を通じたねらいは、城址の一般開放とともに、城郭建築の活用にあったといえる。近代化に伴う新たな活用方策として城郭建築を利用することで、新たな機能を付与して、保存へと導く意図がうかがえる。

各地の博覧会は盛況であった。新聞記事でも錦絵でも、多少の誇張があったとしても多くの人出があったことは確かである。

城址に入るのは、珍しさや優越感に加え、旧幕時代にはただ仰ぎ見るだけで、自由に入ることができない閉ざされた未知の空間に入れるという開放感を味わうことであった。城や天守という前近代の為政者の権威的象徴の空間を博覧会の場とすることは、近代社会への変革を空間体験として知覚する機会となった。

確かに城址で開催することで、城址を訪れたいという人々をも博覧会に収容する効果はあったかもしれない。しかしこの時期の地方博覧会が、勧業という主旨にまでいたっていない状況を踏まえれば、博覧会の開催自体よりも、城址を開放し、城郭建築を活用して保存へと意識を向けることに主体的な意図をみることができる。

明治維新期に城郭建築は取り壊され、城址は払い下げられたというのが、一般的な近代の城址の捉え方である。しかし高知では、太政官布告による公園制度の創設直後に、政府が想定していなかった城址の公園化、城郭建築を活用した博覧会の開催といった、積極的な土地利用と活用によって、城址と城郭建築の保全に主体的、かつ先導的に取り組んでいた。

明治初期の主な博覧会　　注）複数回開催の博覧会は初回のみ記入。空欄は不明を示す

開催年	博覧会	開催場所	主催
1871(明治4)	物産会	三番薬園	物産局
	京都博覧会	西本願寺大書院	京都博覧会社
	名古屋博覧会	総見寺	
1872(明治5)	湯島聖堂博覧会	湯島聖堂	博覧会事務局
	和歌山博覧会	鷺森本願寺	
	金沢博覧会	兼六園	
	(徳島旧城展覧会)	徳島城址	
1873(明治6)	高知博覧会	高知城址	
	松本博覧会	松本城址	松本博覧会社
1874(明治7)	新潟博覧会	白山神社	
	奈良博覧会	東大寺大仏殿	奈良博覧会社
	若松博覧会	(会津)若松城址	
1875(明治8)	熊本博覧会	錦山神社	熊本博覧会社
	甲府博覧会	甲府城址	博覧会社
1876(明治9)	彦根博覧会	彦根城址	
	富山博覧会	大法寺	
1877(明治10)	堺博覧会	南宗寺	堺博物館
	福井博覧会	東本願寺別院	博覧会社
	内国勧業博覧会	上野公園	政府
1878(明治11)	松山物産博覧会	松山城公園	松山博覧会社
1879(明治12)	高松博覧会	金比羅宮	琴平博覧会社
	岡山民立博覧会	岡山城址	岡山博覧会社

岡山城内博覧会略図（筆者所蔵）

天守へ向かう軸線と7つの島

number
49
徳島県

Tokushima
徳島

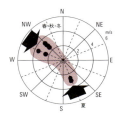

人口	186,703人
人口の増加率	-1.7%
年平均気温	16.7℃
最暖月平均気温	27.8℃
最寒月平均気温	6.1℃
年降水量	1,170mm
年降雪量	7cm

7つの島からなる水都・徳島は、明治期の鉄道の導入により分断された市街地を、水辺を生かした公共施設や緑地の整備により連続させるまちづくりを進めている。

城下町のデザイン | 城山への求心構造

徳島は南西に眉山を望む吉野川の河口デルタ地帯に立地し、川の中州の丘に天守閣を築いた。四方を海で囲まれ、吉野川、助任川、福島川、寺島川、新町川で区切られた7つの島々とその周辺地区から構成されていた。

城下町の設計手法としては、城郭への軸線、そして海の方向性が空間構成の基準となっている。また、南と西に位置する足軽地は正確なグリッドにより町割りがされている。

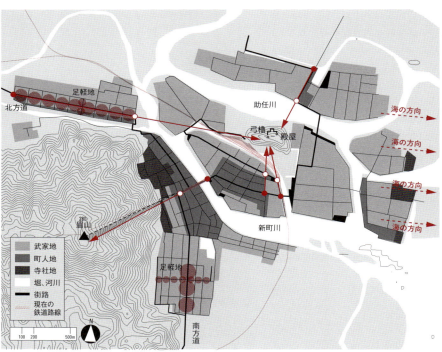

「阿波国徳島城之図」(1646)を基に作成

近現代の変容 | 城に隣接した鉄道駅の開設

大正の初めに城下を分断する形で鉄道が敷設され、眉山と鉄道で囲まれた旧町人地が中心商業地として発展を続けている。第二次大戦で甚大な戦災を受けたが、2本の広幅員街路が形成された以外は町割りの軸に大きな変化は見られない。現在の中心商業地は、新町川を挟んで二極化する傾向がある。北側の駅周辺地区(旧武家地)は再開発により高度利用が図られ、南側の旧町人地は昔からの商店街が中心となって活性化が進められている。

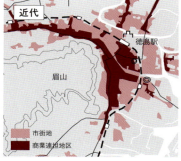
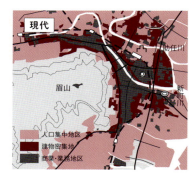

扇の要としての平戸城と幸橋の景観演出

number 50
長崎県

Hirado
平戸

人口	—
人口の増加率	—
年平均気温	16.1℃
最暖月平均気温	26.0℃
最寒月平均気温	6.3℃
年降水量	2,884mm
年降雪量	2cm

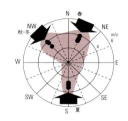

地形に規定されたダイナミックな構成の平戸は、
歴史的な遺構の再現などにより、
風景と歴史資産による質の高い都市型観光をめざしている。

城下町のデザイン｜天守−橋−中世城跡による景観軸

平戸瀬戸に臨む城下町平戸は、外国貿易により発展した特異な町である。

1599(慶長4)年に、松浦氏が日の岳城築城とともに近世城下町の整備を行った。平地が少ないという地形的制約のため、海岸線に沿った低地に軸状の町人地を形成し、武家地を丘陵地に配置した。

また、地形に沿うように延びる街路は天守を中心として扇状につくられている。

景観演出では、城下町のシンボルとしての幸橋が天守と中世城跡のある勝尾岳の山頂を結ぶ軸線上に架けられている。その幸橋の橋詰広場は、山頂間を1:2に内分した点に置かれており、人々の活動の中心であり往来の多かった幸橋周辺の景観を意識したデザインが読み取れる。

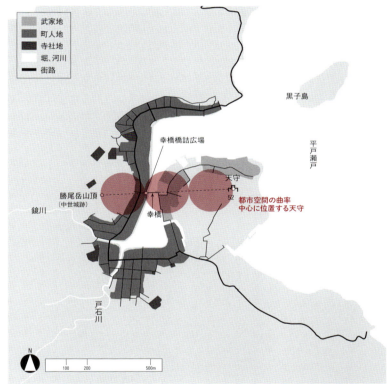

「寛政四年平戸六町図」(1792)を基に作成

近現代の変容｜埋め立てによる新市街地の形成

近代以降に城の西側が埋め立てられて新しい市街地が形成され、そこから海岸沿いに新しい軸が形成された。その ほかの街路は旧城下町時代のものが継承されており、市街地に大きな変化は見られない。

「公園都市」をめざした景観形成

number 51
長崎県

Shimabara
島原

人口	19,295人
人口の増加率	-6.3%
年平均気温	17.4℃
最暖月平均気温	28.0℃
最寒月平均気温	6.4℃
年降水量	2,455mm
年降雪量	―

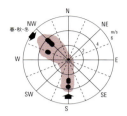

「国民公園都市」の形成をめざす島原市では、ラダー状都市骨格の整備をベースにして、小規模事業の連鎖的展開によって歩行者空間と景観整備を展開中である。

城下町のデザイン｜湊と大手広場を核にした町人地の展開

城下町島原の起源は、当時は漁村であった現在地に、西日本で多くの城づくりの実績がある松倉重政氏が1618(元和4)年から島原城を築城したことに始まる。連郭式と呼ばれる島原城は1624(元和10)年に完成した。

同時期に建設された城下町は、城郭の西側に武家地を配し、東側と南側に町人地を配置させた。

「家中」と呼ばれる西側武家地では、直線街路によるグリッドが形成され、9筋の町並みを構成した。知行七十石以上の武家屋敷が、90坪ごとに区画されていたと言われる。この一部が「町並み保存地区」に指定されており、当時の様子を今日に伝えている。

町人地は、大手広場を挟んで南北に展開するが、いずれも島原街道沿いに発展し、南北の軸性が強い市街地を形成している。18世紀初頭には15の町筋があったが、城郭東側の3町(上の町・中町・片町)は築城と同時につくられた町人地であり、家中と同様に直線街路によって町割りが行われている。

また、南側の場合は、大手広場と港をつなぐ形で形成されたが、1792(寛政4)年の「島原大変肥後迷惑」と呼ばれた普賢岳噴火と眉山の大崩壊によって港が南側に移転し、それに伴って市街地も南側に拡大されていった。左図は、この大災害以前の城下町の様子を示したものである。

なお、島原城は1874年に廃城となったが、1964年に天守閣が復元されている。

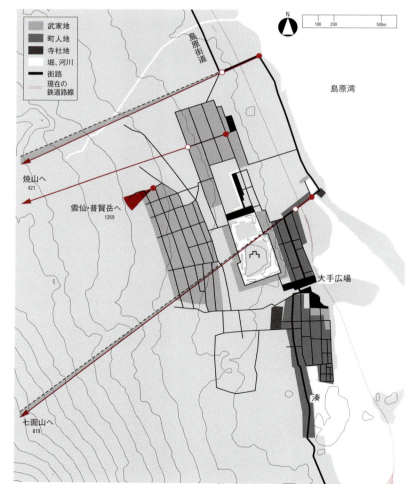

「備前国島原津波絵図」を基に作成

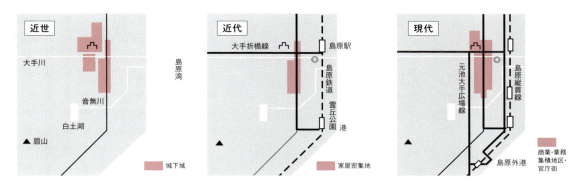

| 近現代の変容 | **城郭周辺での官庁街・文教地区の形成** |

1923年に旧町人地の東側に鉄道が開設されたが、市街地への影響は少なく、現在でも松倉氏時代の町割りが残る。まちの中心であった大手広場もその形跡をとどめ、現在は市役所が立地する。旧大手門周辺には官庁街が形成され、また、城郭の西側および北側は4つの学校が立地する文教地区となっている。

| 近現代のまちづくり | **歴史と湧水を活かした一体的歩行者ネットワークの形成** |

深刻な中心市街地の空洞化に対する打開策として、市街地に点在する湧水と公園や歴史を活かしたネットワークにより、観光資源の整備とともに住環境の向上をめざしている。

特に、1985年に環境庁より「名水百選」にも選定された、湧水群を活かした景観づくりとして、鯉の泳ぐまち事業や、白土湖の整備などを進めている。景観形成地区である武家屋敷地区では、道の中央に水路が走る全国でも希有な情景が見られ、ここを中心に全域で修景事業が行われている。台地上に位置する島原城郭は1964年に復元され、市民に親しまれ観光のシンボルとなっている。

これらの事業を総括しネットワークを形成するのが、ポケットパークと湧水地、武家屋敷の水路など親水空間、歴史的空間をつなぐ「島原さらく」である。島原さらくは2013年より始まった新たな観光ルート設定プロジェクトであり、これにより、さまざまな小規模事業が連携し、一体的に歩行者空間が構築されている。特に、集客の減少が続く江戸時代からの中心商店街・アーケード街もルートに組み込み、湧水を活かした整備により、相互連携が図られ、賑わいを取り戻すことに貢献している。

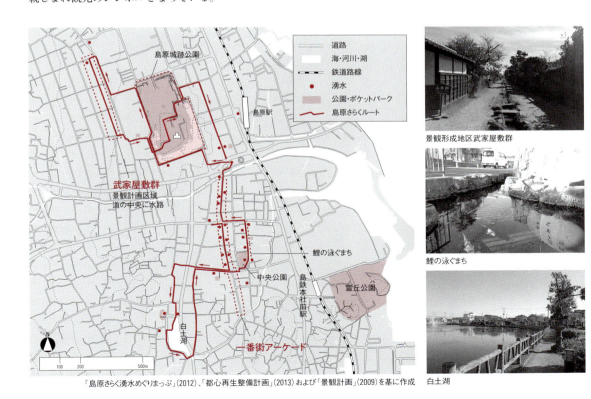

「島原さらく湧水めぐりまっぷ」(2012)、「都心再生整備計画」(2013) および「景観計画」(2009) を基に作成

ゆたかな環境資源と十字の骨格

number
52
佐賀県

Saga
佐賀

人口	138,858人
人口の増加率	0.6%
年平均気温	16.6℃
最暖月平均気温	27.6℃
最寒月平均気温	4.9℃
年降水量	2,352mm
年降雪量	7cm

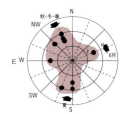

十字の骨格づくりを課題として都市づくりを進めてきた佐賀は、網の目のように巡らされた水路網の環境整備や歴史的建築資産の保存・活用とともに、独自の景観づくりを進めている。

城下町のデザイン | 中世城館の拡張、転用による複合的なデザイン

平安末期に台頭した有力武士団、高木氏、龍造寺氏などが肥前国府・国分寺を中心に設定された条里制地割り上に居館を構えた。これらの武士団に支えられて龍造寺八幡社・与賀神社・蠣久(かきひさ)天満宮などの有力寺社が建立された。これらの寺院や城館のまわりに町場が成立し、特に蠣久天満宮の境内に市町(いちまち)が、地域の経済の中心として発達した。

こうした先行条件のもとで、城館の拡張・転用、領内から町を吸収・移転して城下町が天正期と慶長期の2度に分けて形成された。天正期、龍造寺氏の居城のひとつ村中城を佐賀城とし、水ヶ江城と与賀城を寺院に転じ、蠣久天満宮の境内の市町を市神とともに城下に移転させ、これが城下町の西半分を占めることとなった。慶長期に入り、鍋島主水茂里と鍋島市祐を奉行として工事が開始され、1608(慶長13)年の「佐賀城惣普請」によって、四方の堀が開削され、城郭が竣工した。このとき、佐賀城の前身、村中城の城内にあった龍造寺八幡社と高寺は白山町に移され、泰長院・龍泰寺も場外へ移された。城下町の建設もあわせて進められ、天正期に成立した町に加え、東半分に呉服町・元町・高木町・牛島町と、南へ延びる材木町・紺屋町が成立し、惣構えの十間堀川の建設で完成をみた。町割りでは52間のモデュールが多く用いられている。

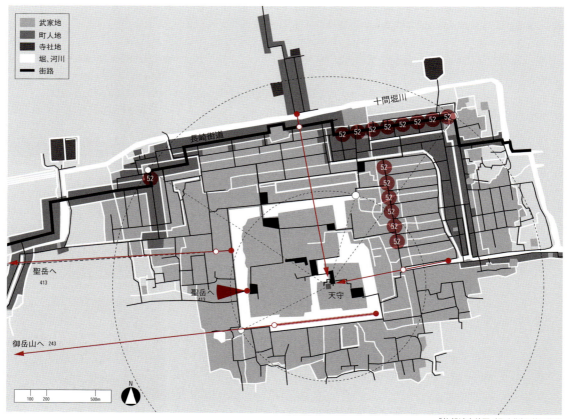

「佐賀城之絵図」(承応期)を基に作成

近現代の変容　鉄道高架化による北部への市街地の拡大と建築資産の継承

1874年の佐賀の乱以降、城下町は衰退しつつあったが、1883年に再び県庁が佐賀に戻り、商工業都市として再び活気を取り戻し始めた。明治20年代には、急造ながらも北堀端に県庁を始めとする官庁街が順次整備され、丸の内と呼ばれるようになった。1929年には市庁舎が北堀端に新築され、3年後に火災で焼失したが同じ形態で再建され、1975年の市庁舎移転まで堀端のランドマークとして活躍した。鉄道は1891年に、鳥栖、佐賀間が開通し、駅が唐人町の北端に設置された。1935年には柳川と佐賀を結ぶ国鉄佐賀線が開通した（1987年廃止）。道路の東西軸の通称「貫通道路」は1936年に整備され、街路沿いには銀杏並木が植えられた。この道路は現在も国道として使用されている。近年になって、中心部を取り囲む環状道路の建設が進められた。明治期に県庁として用いられたこともある旧協和館は、戦後本丸跡に移築され、市民活動の場として用いられている。また、藩主の旧居室である御座間も1958年に大木公園に移築され、公民館の分館「南水会館」として用いられている。

近現代のまちづくり　多様な主体の織りなす重層的まちづくり

鉄道駅が歴史的中心と離れて立地したため、城内公園周辺の中心市街地との分断が近年の課題となっている。これへの対処として、駅から南に延びる中央大通りや商店街を主軸とした「一日に6000人以上が歩くまちづくり」と、東西に延びる長崎街道や城内公園、クリーク（水路）をつなぐ「歴史的風致維持向上計画」の二つの計画を同時に進めている。

特に、長崎街道沿いの柳町地区周辺を「景観形成地区」に指定し、水路の保全や修景を行うとともに、コミュニティ形成をめざす「わいわい!!コンテナ」プロジェクトや「街なかバル」など漸進的に事業が行われている。また、「ゆっつら〜と館」を拠点として、佐賀大学と市が協働しさまざまな世代を対象とした教育・交流活動や市内マップづくりを行っている。

また、戦禍を免れ、城下町時代の骨格と風景が残る佐賀城公園周辺地区では、特に景観に対する意識が強く、公園内でのマンション計画に対する反対運動が契機となり、景観規制や高さ規制に関する地区計画が定められた歴史がある。現在でも、本丸御殿の再生および歴史館としての無料公開や、公園内のNHKを移設し跡地の整備を進めるなど、活発な市民と行政が協働する動きが見られる。

水路修景

「わいわい!!コンテナ」

「中心市街地活性化計画」（2009）、「佐賀市歴史的風致維持向上計画」（2014）および「佐賀市街なか再生計画」（2011）を基に作成

ふたつの正方形の重ね合わせ

number
53
福岡県

Yanagawa
柳川

人口	12,067人
人口の増加率	+2.7%
年平均気温	—
最暖月平均気温	—
最寒月平均気温	—
年降水量	1748.5mm
年降雪量	—

水郷の埋め立て計画を中止して「水の城下町」の再生をめざした柳川では、水路沿いにある柳川藩の庭園「御花」などの歴史的資源を活かしたまちづくりが展開中である。

| 城下町のデザイン | ふたつの正方形の重ね合わせ |

蒲池氏、立花氏の時代を経て関ヶ原の戦い後に筑後藩主となった田中吉政によって大規模な改修により、現在も残る城下町の姿がほぼ完成した。1町(109m)を単位とする条里制が広がる沖積平野に立地し、町割りは条里制をベースにした9町四方の正方形がふたつ重なるように構成されている。南側の方形に城郭と武家地、北側には町人地を、河川と堀割による惣構えで構成されている。町人地の基線と街路および水路は、条里制の地割を踏襲しているが、城郭側は南に振れ、特に内堀が大きく南に傾いている。これは、信仰の対象として親しまれる清水寺のある清水山など、東の国境の山々の山頂への山当てラインを基準としているためであろう。また主要骨格のポイントは、ふたつの方形の外堀となる自然のふたつの河川の交点、つまり方形の頂点を基点に町割りされたものと考えられる。

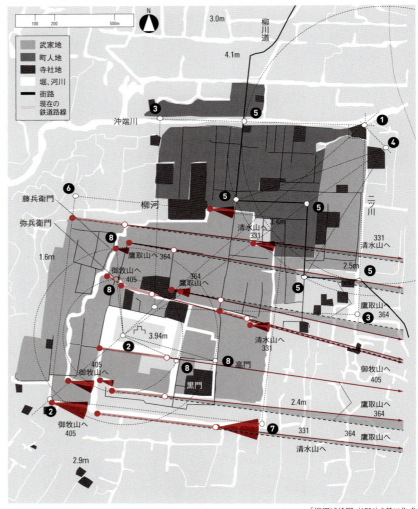

「柳河城絵図」(1791)を基に作成

主要骨格のポイントの決定方法
⑧→②　　沖の端川と二ツ川の交点(基点⑧)から、条里制のグリッドに対し南西45度方向に天守と他方の方形の頂点(②)がとられる。
⑧→⑨　　基点⑧から条里地割の方向の西と南に9町の点に南側の方形の頂点(②)がとられ、方形が形づくられる。
⑧→③⑨　基点⑧から条里方向に対し南東に45度に点③がとられ、街道の屈曲の3点(⑨)が決まる。
③②→⑥→⑧　もうひとつの方形が決定される。
②→⑧　　天守からの等距離に、黒門と弥兵衛門・高門と藤兵衛門がとられる。

近現代の変容　堀割を越えた拡大

柳川は城郭の北東にグリッド状に町人地が形成されていた。明治期に鉄道が旧町人地の北と東にそれぞれ敷設されたため、継続して発展した。近代以降、ふたつの駅から東西と南北に都市軸が形成され、商業地はこれに沿って発展している。水路の保存整備により全国的に有名な都市美の保全に成功し、城下町時代の面影を伝えているが、城郭内は学校などに利用されており、昔の面影はほとんど見られない。

近現代のまちづくり　柳川堀割物語の継承

いまでは水都・柳川は多くの観光客を魅了する都市として知られているが、一時は堀割の水質が悪化して、全面的に埋め立てる計画が持ち上がった。これに対して市役所職員の立場で敢然と保全を訴えて活動し、それを実現させた広松伝の物語は「柳川堀割物語」としてドキュメンタリー映画や書物になり、あまりにも有名である。

堀割は観光資源としての整備ばかりでなく、広大な城下町域を活かして、市民の憩いの空間や歩行者のネットワークを整備するなど、歴史資源の保全と生活空間の修復整備がなされて、水との環境共生を実現した城下町都市として景観と居住環境の質の向上が進められている。

また、2007年に「柳川市掘割を守り育てる条例」を施行し、2008年には、「ホタルの飛び交う水郷柳川」を将来像とする行動計画を策定するなど、総合的な環境保全の施策を展開している。

生活空間としても整備が進む白秋道路　　内堀から東の山並みを見通す

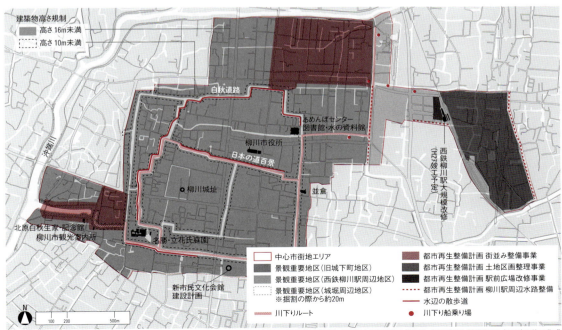

「水郷柳川アクセスマップ」(福岡県柳川市発行)、「柳川市景観計画」(2012)、「都市再生整備計画」(2009)を基に作成

複雑な城下町骨格を基盤とした日本型コンパクトシティ

number
54
熊本県

Kumamoto
熊本

人口	579,318人
人口の増加率	+4.2%
年平均気温	16.9℃
最暖月平均気温	28.2℃
最寒月平均気温	5.7℃
年降水量	1985.8mm
年降雪量	2cm

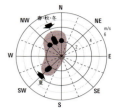

3本の河川と台地上の城、そして細かく複雑な街路の連続により形成された熊本には、常に新たな事業を生み出す活力がある。現在でも多様な手法が取り入れられ、大城下町の名に値するまちづくりが展開されている。

| 城下町のデザイン | **複雑に絡み合う「モザイク」と河川の秩序** |

1588(天正16)年に入国した加藤清正により建設された熊本城下町は、地形に沿って個々の地区が異なる町割りの仕組みで構成され、このような地区の「モザイク」を2本の河川が骨格となり組み立てている。

豊かな自然に囲まれ、いたるところから西に構える金峰山系の連峰や、東にそびえる阿蘇山などの山容を取り込んだ風景が見られる。この阿蘇より流れる白川が外堀としての役割を、北の八景水谷より流れる坪井川が象徴的な「まちの川」として用水路・内堀などの役割を担い、複雑なまちを秩序づけている。

「平山城肥後国熊本城廻絵図」(寛文または延宝期)を基に作成

近世

近代

現代

| 近現代の変容 | 藩政期から残る強固な骨格の延長

熊本は、西南戦争や熊本大空襲で幾度となく灰燼に帰したが、その度に生まれ変わってきた。明治初期に、山崎練兵場が移転し、市の東西の分断を解消し、全体の核となる新市街が形成された。市街地から離れた場所に鉄道駅が置かれたため、この新市街地以外では、ほぼ城下町の骨格を踏襲し、既存街路の拡幅や直線化などで近代化に対応した。

| 近現代のまちづくり | 絶えず更新され続ける活きたコンパクトなまち

北東の通町から南西の駅中心にいたるまで、熊本の歴史的市街地では地区ごとに個性的なまちづくりが進んでおり、その連携が魅力を生んでいる。

熊本大空襲以後、練兵場移設後に形成された新市街地、および1970年代に完成した交通センターが市の新たな中心部としての役割を担うようになった。中でも再建された熊本城の姿を一望できる通町は、現在の熊本市を象徴する通りとして、商業業務の中心となっている。

藩政期に最も栄えていた現在の名称で言う「新町・古町えりあ」は、新市街の発展に伴い一度衰退したが、伝統文化を基調とした市民主体のまちづくり・店づくり活動が生まれ、徐々に成果が見え始めている。また、新幹線の導入に合わせ熊本駅周辺の整備も行われており、西口広場ではデザインコンペにより個性的なデザインの半屋外の空間が完成し新たな賑わいを生んでいる。

これら「モザイク」の中で行われる数々の事業の間を縫うように走る路面電車が、日々多くの人々を運んでいる。城下町骨格を基盤とした日本型のコンパクトシティがここにある。

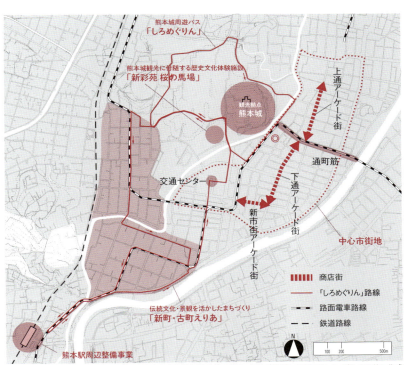

「熊本市中心市街地活性化基本計画」(2014)「新町・古町えりあ」ウェブサイトを基に作成

古町の各所に設置されている町名板

新市街の商店街

熊本駅西口駅前広場

熊本城周遊バス「しろめぐりん」

54 熊本

治水と山当て、ヴィスタなどの側面から見る 熊本城下町の構成原理

熊本は、加藤清正の入国以降に行われた大規模な治水事業を基盤に構成された建設された城下町である。その手法は多岐にわたり、現在も治水だけでなく多様な利水の両面から機能している。

清正時代に形成された水路と周辺地域の豊かな山容が相俟って、町を歩くと変化に富んだ景観を楽しむことができる。この景観の根源を探るため、ここでは治水、山当てに着目し熊本の構成原理を考察する。

城下町の根幹を成す治水事業

『新熊本市史』および冨田紘一氏の論文「熊本の三河川と城下町の形成」の記述を参考にし、絵図などの検討により治水事業を歴史的に概説する。

中世以前、白川・坪井川・井芹川の姿は現在とは大幅に異なっていた。三河川はすべてつながり、白川は現在の辛島町・花畑町周辺で大きく蛇行していた(下図Ⅰ)*1。古城時代(推定1492〜1588年)には堀がつくられた(同Ⅱ)*2 が大きな治水事業は行われていない。

加藤清正(1588〜1611年統治)は、入国後、白川・坪井川流域での惨憺たる氾濫の様子を目にし、洪水被害に対処するためさまざまな治水事業を行っている。これらの中には、白川と坪井川・井芹川を分流する石塘工事(同Ⅲ)*3 や、白川の蛇行を解消する工事(同Ⅳ)*4 が含まれていた。以上を経て氾濫は減り、ようやく熊本城を築く基盤が整った。白川の改修跡地は田となり城下に実りをもたらした。

以後、内坪井周囲および新町の北部に熊本城の堀が新設された。鉤形が特徴的な内坪井周辺の堀は、当時武家地であった内坪井が城下の防衛の第一線であったことを示す(同Ⅴ)。

清正は生涯を通し肥後の水環境を改善し続け、「治水の神様」と呼ばれた。しかし、藩政期の水路は彼の手によってのみ形つくられたわけではない。

彼の死後、息子・加藤忠広(1611〜1631年統治)は氾濫の危険性を減らすため白川をさらに改修した*5。これにより、白川と坪井川は完全に分流させられた。以上を経た結果として、藩政期の水路の姿がある(同Ⅵ)。この姿は明治期まで変わることはない。

上記のように熊本において、治水事業は城下町建設の根幹を担っていた。

以後、明治の井芹川改修、昭和の坪井川改修を経て、現況水路が形成された(同Ⅶ)。

市中に見られる山当て*6

GISと実見による検証により街路、水路合わせ計19本の山当てラインが発見された。城下町の西方、特に「金の御嶽」とも呼ばれる金峰山*7、お椀型の独立峰である荒尾山、信仰の対象である花岡山へのものが多い。

ライン間角度 $a<0.5°$ のものは多くないが、城下町建設初期に形成された古町から金峰山へ向かう街路(次ページ図⑫)のように、明確な軸線を持つものも存在する。

また、他の街路との垂直関係が若干ずれつつ山へ向かっている街路や、道を進んでいくと屈曲部で対象山が切り替わるシークエンスが見られるものも存在する。

以上の西の近傍の山々とともに東の広大な阿蘇山系への眺望、そして城郭への多様なヴィスタが熊本の風景を形つくっている。

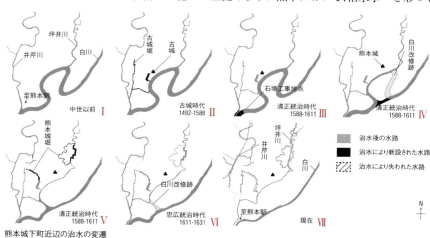

熊本城下町近辺の治水の変遷

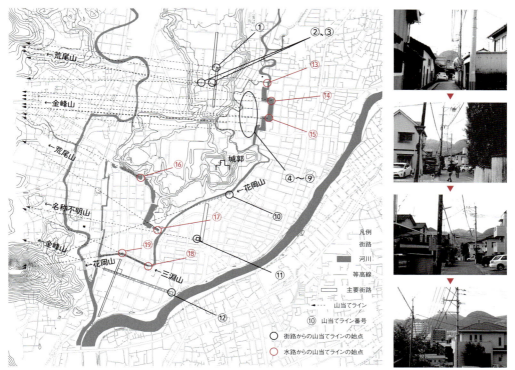

市中に見られる山当て（「国土地理院発行2500基盤地図」をArcGISを用いて編集し作成）

②、③京町ラインでのシークエンス

ライン名	ダイアグラム	ライン間角度α	a-b間距離l(m)	周辺との直交関係のずれ	対象山	対象街路および水路と周辺の性格
①京町ライン1		1.106°	136.3	1.26°	荒尾山	町人地と武家地の境目 周辺街路と垂直でない
②、③京町ライン2、3		②1.306° ③1.510°	②29.6 ③54.7	3.625° -	②荒尾山 ③金峰山	町人地から武家地へ入る裏通り 屈曲した街路 歩いていくと見える山が切り替わる
④〜⑨内坪井ライン1〜6		④0.576° ⑤0.555° ⑥0.366° ⑦0.061° ⑧0.735° ⑨0.171°	④185.1 ⑤167.1 ⑥95.3 ⑦80.7 ⑧144.2 ⑨105.9	0.481° 0.872° 0.346° 0.039° 0.205° 0.241°	金峰山	武家地である内坪井地区の街路 全て金峰山へ向かっている
⑩山崎ライン		0.508°	240.3	29.207°	花岡山	大手門に隣接し、堀に沿っている 他の街路と全く異なった方位角を持つ
⑪高田原ライン		0.458°	279.6	9.976°	名称不明山	周辺街路と垂直/平行でない
⑫古町ライン		0.058°	395.4	0.362°	金峰山	町人地 四つの寺が面している 古町地区のほぼ全ての街路と平行/垂直の関係
⑬内坪井堀ライン1		1.083°	46.6	-	荒尾山	堀の屈曲点 流長院を基点としている
⑭、⑮内坪井堀ライン2、3		⑭0.094° ⑮0.557°	⑭68.1 ⑮32.7	5.261 3.159	⑭荒尾山 ⑮金峰山	堀の屈曲点 周囲の堀と平行/垂直でない
⑯、⑰古城堀ライン1、2		⑯0.367° ⑰0.908°	⑯184.4 ⑰64.9	- -	⑯荒尾山 ⑰荒尾山	古城時代の堀 地形に沿っている
⑱、⑲古城堀ライン3、4		⑱0.567° ⑲1.298°	⑱216.2 ⑲207.3	- -	⑱三淵山 ⑲花岡山	古城時代の堀 藩政期は運河として利用 下っていくと見える山が切り替わる

凡例　― 街路　― 水路　◁--- 山あてライン　― 等高線　卍 寺　城門　□ 垂直　垂直でない

熊本の山当てライン概要

ヴィスタによる扇形の町人地と「まちんなか」活性化

number 55
大分県

Usuki
臼杵

人口	13,796人
人口の増加率	-2.2%
年平均気温	15.1℃
最暖月平均気温	27.1℃
最寒月平均気温	4.3℃
年降水量	1,858mm
年降雪量	—

近世以前から継承した骨格を活かし、街路整備事業を段階的に展開してきた。
そして、最も重要な中心市街地の空洞化という問題に取り組むべく、
臼杵まちんなか活性化基本計画によって「かたち」と「担い手」の統合を仕掛けている。

城下町のデザイン｜山当てと畳櫓へのヴィスタによる扇形の町人地

臼杵は16世紀後期に大友宗麟により建設された近世以前に基盤を持つ城下町である。当時は、丹生島につくられた城と町八町と呼ばれる町人地、そしてそのふたつの間に港が建設され、国内はもとより南蛮貿易で賑わったとされる。江戸時代に入り稲葉氏が入城し、大友期の骨格を継承しながらも、埋め立てによって祇園洲と呼ばれる武家地を新たに建設し、寺を建立、港は臼杵川へ移設された。

臼杵の町は、山当てと畳櫓へと向かうヴィスタで構成される。大友期からの町八町は、町の中心の辻広場から外に向かって扇形に開くような形をなす。そのデザインを構成したひとつの要素は、西の丘陵地の山頂に向けての山当てである。辻広場から西に向かう街路は、それぞれ別の緩やかな山頂へほぼ向けられており、現在は街路から山頂は見えないが、町建設時の測量時の目安とされた可能性を指摘しうる。もうひとつの要素は、辻広場の横に立つ畳櫓へ向かうヴィスタである。現在は建物に隠れて確認しづらいが、町内の3本の道がほぼ畳櫓に向けられている。櫓という機能、また城山の上という立地を鑑みた上でも、畳櫓に登れば、これらの街路から城へ向かう人々が見下ろせたことは想像に難くない。また、この扇形により町八町は自然に人が畳櫓の麓の辻広場に流れ着くような空間構成をもっている。

また、町人地内の街道から南へ向かう何本かの街路の先が鎮南山の山頂へ向けられており、ここでは現在も山当てを確認できる。当時、臼杵の町へ訪れた人々は、町の中心へ向かっては畳櫓を、また周囲には山の頂を仰ぎ見たのだろう。このように近世に入る直前に建設された町に、近世に開花したデザイン手法の萌芽を見ることができる。

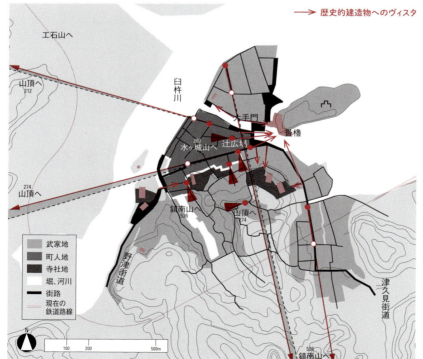

鎮南山への山当て

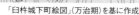

「臼杵城下町絵図」(万治期)を基に作成

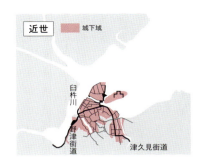

| 近現代の変容 | 港の発展と埋め立てによる拡大 |

近代においても臼杵の中心市街地の骨格はほとんど変化しなかったが、その範囲は港の発展と浚渫による埋め立てによって著しく拡大した。大友期に城の麓にあった港は、近世に入り臼杵川へ、明治には町の郊外に移され下り松港として発展を始める。その浚渫土砂により、臼杵城と祇園洲の間、また城の南側が埋め立てられ、城山は島でなく陸上の丘となる。その後、1915年に日豊本線が開設され、市街地が拡大する。

| 近現代のまちづくり | 辻広場を交点にした多様な歴史資源のネットワーク |

臼杵では、ソフト・ハード面ともに息の長い取組みをしている。ソフト面では、1983、1999年に全国町並みゼミを招聘、1987年に臼杵デザイン会議が発足するなど、歴史を生かしたまちづくりにかかわる活動が数多く行われてきた。ハード面では、70年代からの歴史的建造物の保存・修復に始まり、87年には歴史環境保全条例が制定されている。93〜97年にかけて、国土庁・建設省都市局・住宅局などの異なる事業を使いつつも、保全条例地区内の武家地にて「二王座歴史の道」として、また、町人地であった町八町にて、同様の臼杵石を使う道路の美装化を行うなど、統一感のある歩行者空間のネットワークを段階的に拡張してきた。

そして2000年3月、最も深刻かつ重要な問題である中心市街地の空洞化という問題に取り組むため、「臼杵のまちんなか活性化基本計画」が策定された。まちの要でありながらも、街路整備に取り残されていた商店街を八町大路を軸として、中心市街地を暮らしの場として位置づけ、歩行者中心の街路の整備や、歴史的建築を再生した交流施設などの拠点施設づくりを進めている。また、大手門櫓や城壁など城郭の整備も進んで、その前面の辻広場が、武家地、町人地、寺町を繋ぐ結節点となり、歴史的な多様な資源が街路ネットワークで組み立てられ、質の高いコンパクトなまちなかが形成されている。

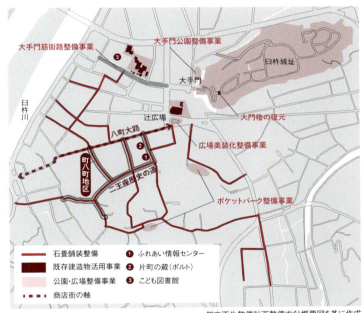

都市再生整備計画整備方針概要図を基に作成

整備された八町大路

修復利用されているふれあい情報センター

整備された城郭大手

二王座 歴史の道

庭園のようにデザインされた麓集落群

number
56
番外・鹿児島県

Kyu Satsuma-han Tojo Fumoto
旧薩摩藩外城麓

人口（入来）	20,404人
人口の増加率	+1.8%
人口（加治木）	36,038人
人口の増加率	+4.2%
人口（知覧）	—
人口の増加率	—

薩摩藩では、鹿児島城（内城）を中心に、領内を113に区分して治める外城制度を行った。その中心が麓集落で現在も往時の姿をとどめるものが少なくない。

外城の中心となる仮屋一帯には麓と呼ばれる武家集落が建設され、多くの城下町と同様に山当てなどのデザイン手法が適用され、各地域の地形に応じて特徴的な景観をつくっている。

周辺地形および、古くからの信仰対象山の山頂や城郭などの主要な要素への山当てによって麓の骨格街路を決定し、細部については街路から見る景観の演出として、周囲の自然地形を取り込むよう計画されている。

桜島御岳

加治木麓──連峰を切り取った景色の移り変わり

島津義弘により1607（慶長12）年に成立した麓集落は、中世加治木城から南に少し離れた平地に仮屋および麓がつくられ、山城を背に東西の川を堀に見立てた立地となっている。その建設過程について、江夏平浩ほか「加治木麓の街路復元と構成」*1には、『島津義弘公記』より「まず義弘の意によって中央高爽（燥）の地が選ばれ、この土地を天文地理学者江夏友賢に屋敷の位置を定めさせた。（中略）その後、屋形の周囲に濠を巡らし、それを囲む城壁を造った。そして、中心となる街路（仮屋馬場）を造った」と記されている。

網掛川と日木山川に囲まれた広い平地にあるため、麓全体の大きさや形に対する地形による制約はほとんどなく、他に比べ面的な広がりを持つ。東西南北に山当てが見られ、中でも南の桜島、西の五老峰山が対象として特に意識されている。このような明確な軸としての山当てだけでなく、東西軸上の屈曲が多い部分には、目標物の切り替わりや見え隠れなど、景観の移り変わりが演出されている。

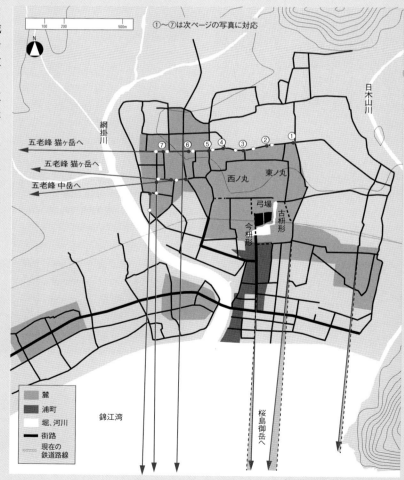
「加治木麓推定復元図」を基に作成

東西方向の一続きの街路に見られる五老峰(湯湾岳、烏帽子岳、中岳、猫ヶ岳)の移り変わり

①烏帽子岳 ②湯湾岳 ③中岳

④烏帽子岳 ⑤猫ヶ岳 ⑥猫ヶ岳 ⑦猫ヶ岳

入来麓̶̶曲輪と霊山を結ぶ明示的な軸による骨格形態

薩摩藩の私領地として、14世紀以降入来院氏が支配していた。中世清色城を背後に清色麓として栄え、近世に入り整備され1595(文禄4)年に入来麓として成立した*2。城の山裾に構えた領主仮屋の前面にお仮屋馬場、その東に最も幅員のある中ノ馬場を設け、東の樋脇川に向かって直線的な街路を引いて麓全体の骨格を形成している。

東西に台地や山塊がせまり、その間を流れる清色川に沿って、麓は南北方向に長い軸をとるが、山当ての目標物と街路の特徴から見ると重要となるのは東西軸である。古くから山岳信仰の対象となっていた山王岳、愛宕山と、中世清色城の間の平野に麓を計画し、それら重要な山々と城郭により東西軸を決定している。中ノ馬場を中心とする南北方向においては、下の写真のように南側に手前と奥のふたつの名称不明山を見通す山当てが見られる。

中ノ馬場から見通す名称不明山の連なり

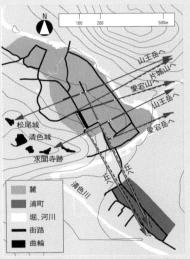
「島津藩における麓集落に関する研究 街路設計手法について」図版を基に作成

知覧麓̶̶屈曲する主要街道と小路の借景

伝統的建造物群保存地区に指定されている本馬場周辺の地域は、1745(延享2)年に島津久峯により領主仮屋を中心に町割された*3ものである。主要道である本馬場を中心に、南北にのびる小路と、本馬場の南側に位置する本町馬場とで麓全体の骨格を形成している。

南北の台地に挟まれ、その谷筋を流れる麓川に沿うように形成されており、そのなかで東側の母ヶ岳、亀甲城本丸、中岳への山当てにより主軸である本馬場を計画している。本馬場から続く中心街路は曲線や屈曲などにより山容の変化を楽しむようにデザインされている。そこから南北にのびる小路においては、南と北の山脈を借景的に見渡すことができ、本馬場沿いの武家屋敷においても、母ヶ岳を借景として庭園に取り入れているものが多い。中には庭園への門の真正面に母ヶ岳を見ることができる配置になっているものもあり、麓の景観を構成する周辺の自然を取り込んだデザインとなっている。

本馬場から見る母ヶ岳

「島津藩における麓集落に関する研究:街路設計手法について」図版を基に作成

グリッド市街地における山当てデザイン

number
57
番外・北海道

Hokkaido shokumin toshi
北海道殖民都市

明治期に建設された北海道の殖民都市では、
入植者を合理的に受け入れるためにグリッド市街地を計画した。
こうした市街地の主要道路では、多くの山当てが確認されている。

殖民地区画制度によるグリッド市街地の形成

北海道の都市は、近世から発達した松前三湊(松前・箱館・江差)や場所請負制によって栄えた漁村を除き、明治期以降に殖民都市として計画的に建設された。そして、その多くがグリッド市街地を形成している。

これらは、移住者を合理的に受け入れるための「殖民地区画制度」に基づいて進められ、この過程でスケールの異なるふたつのグリッドが計画された。原野に入植者を受け入れるための「農耕グリッド」と、入植者への各種サービスの提供を目的に配置された「市街地グリッド」である(200ページ)。

この市街地グリッドは、「市街予定地」として農耕グリッドと同時に計画されたものと、その後の鉄道駅の設置などに応じて形成されたもの(後置市街地)に大別されるが、その軸性は、原野全体の広域的な農耕グリッド計画に規定されているのが一般的である。

こうした開拓時の合理性を追求し

① 倶知安41ライン(羊蹄山)

② 倶知安01ライン(ワイスホルン)

④ 真狩01ライン(羊蹄山)

⑤ 真狩41ライン(尻別岳)

図1 羊蹄山周辺地域の山当ての実態

たグリッド市街地は、北海道を代表する格子状の街路景観を形成しているが、その中には周囲の山々を市街地から眺望できる「山当て」が見られるものもある。北海道では、郊外道路の山当てはこれまでも指摘されてきたが、城下町建設から約300年後に計画された市街地グリッドにおいて、同じデザイン手法が導入されている点は興味深い。以下では、特に山当てが多く見られる後志(しりべし)地方の事例を紹介したい。

なお、ここでは、28ページに示した方法でGPSを用いた現地での実測とGISによる作図によって、山当ての実態を客観的に検証している。以下の図表には、ライン間角度(α)と仰角(β)のデータを記載した(図2)。

蝦夷富士・羊蹄山を中心とする山当ての形成

羊蹄山は、古くから蝦夷富士と呼ばれる北海道を代表する山である。明治20年代後半のほぼ同時期に農耕グリッ

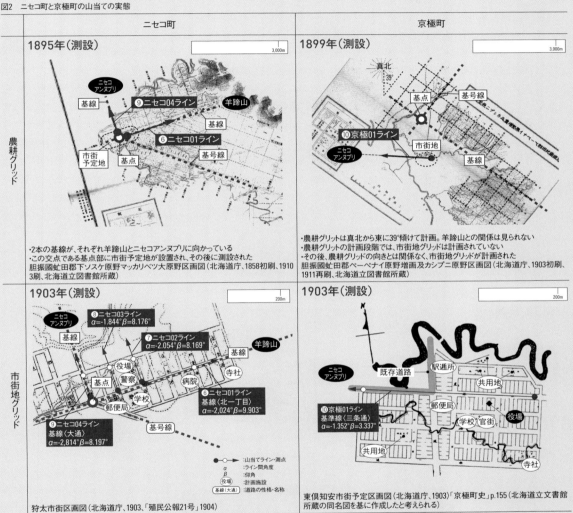

図2 ニセコ町と京極町の山当ての実態

⑥ ニセコ01ライン(羊蹄山)

⑨ ニセコ04ライン(ニセコアンヌプリ)〈拡幅前〉

⑩ 京極01ライン(ニセコアンヌプリ)

【ライン間角度(α)】正面に山頂が眺望できる道路中心ラインと山頂の座標との位置的なズレの量をGPSとGISを用いて定量的に示した数値。まず、正面に山頂が眺望できる道路を「対象道路」、正面の山を「対象山」と呼ぶ。次に、対象山の山頂を見る対象道路上の「視点場」からの道路中心線を対象山まで延長したラインを「道路中心ライン」、視点場と山頂を結ぶラインを「山頂ライン」とする。これらをGIS上で作図し、道路中心ラインと山頂ラインの間の角度を算出した数値が「ライン間角度」である。角度が小さい程、より道路正面に山頂が見えることを示す。

【仰角(β)】対象道路上の視点場から、山頂を見上げた場合の角度。

ドの基線などとして計画された周辺町村の市街地の骨格道路からは、比較的近距離にあって標高が高い4つの山が眺望できる。

倶知安町は、羊蹄山周辺地域で最も早くに農耕グリッドが測設されており、同地域での広域計画の基準線を設定したものと考えられる。①ラインはその基線であり、ほぼ精確に羊蹄山に向かっている（ライン間角度 $a = 0.530°$）。ワイスホルンへの②ラインは、これと直行する基号線であり、入植者を導くために初期段階で開削された。この時点では市街地計画は見られないが、その後に②ライン沿いに市街地が形成されたことから、市街地から同山を眺望できる都市構造となった。なお、鉄道駅の開設とともにその後に設置された駅前市街地には、②と平行する③ライン（駅前通り）があり、ここからも正面にワイスホルンを望める。

羊蹄山を介してその南側に立地する真狩村でも、同様の山当てが見られる。直行する④ライン（$a = 0.336°$）と⑤ラインが、それぞれ羊蹄山と尻別岳に向かっている。江戸期より羊蹄山が女山、尻別岳が男山と呼ばれ、両者が対で広く認識されてきた。この農耕グリッドの基線などについては諸説あるが、④が基線、⑤が基号線であると考えられる。この農耕グリッドが測設された直後に④ライン沿いに市街地が設置され、市街地から羊蹄山を望む構造となった。

なお、④ラインと倶知安町の①ラインの方位角はほぼ一致する（差異＝$0.179°$）。羊蹄山の南北にあるふたつの基線が一直線上にあることから、広域的な農耕グリッド計画が同時に行われたと考えられる。

また、この地域において、市街地形成と山当ての関係が最も顕著なのがニセコ町である。ここでも、直行する2本の基線が山に向かっている。羊蹄山への⑥ライン（$a = 2.024°$）とニセコアンヌプリへの⑨ライン（$a = 2.814°$）である。同町の特徴は、こうした農耕グリッドの計画時点で、⑥と⑨の交差部（基点）に「市街予定地」を設置し、原野計画と市街地計画を一体的に実施した点である。後の市街地グリッド計画では、⑨ラインを「大通」とし、「北一丁目」通りとした⑥ライン沿いには役所や学校などを配置している。つまり、直行するふたつの軸で対象山を眺望できるL字型の都市構造を形成した。なお、⑨に平行する市街地グリッド道路である⑦⑧ラインからもニセコアンヌプリが眺望できる。両ライン沿いには官庁街が計画されており、当時の市街地計画の考え方が反映されている。

京極町は、これら3都市から遅れて農耕グリッドが測設された。基線の向きを「真北から39°傾けた」との記録があるが、基線や基号線と羊蹄山などとの関係は見られない。ここでは、河川沿いの低湿地に市街地グリッドが設置され、⑩ラインからは、ニセコアンヌプリを眺望できる（$a = 2.445°$）。これは、既存道路を一部で踏襲した市街地の基準線であり、沿道には役場などが配置された。これは、農耕グリッドの向きに規定されない市街地グリッド道路で見られる山当てであり、比較的遠くの山を低い仰角で望む点においても、羊蹄山周辺地域のなかでは特徴的である。

沿岸都市における都市軸・景観軸の形成

殖民都市のグリッド市街地は、こうした内陸都市だけではなく、沿岸部においても多く計画されてきた。それらは、地形条件などから、周囲に農耕グリ

図3-1　岩内郡市街区画見込概略之図（部分）（「開拓使」、1872、北海道大学付属図書館）

⑪ 岩内01ライン（岩内岳）

図3-2　岩内郡市街区画見込概略之図の復元図／近世集落の中心部から〈見込道路ⓐ〉が延伸され、その正面であり〈見込道路ⓑ〉との交差部に〈新県出張所〉が計画された

近世集落時代の中心街では、明治期にも商業機能が集積している

〈官庁街〉町役場、岩内支庁（北海道）、警察署、病院、官舎など

図3-3　「岩内港明細地図」（1902、北海道立図書館所蔵）

図3　岩内町の山当ての実態

ドが計画されずに市街地グリッドが単独で形成されたものも多い。従って、海岸線の制約を受けつつも、グリッドの方向は比較的自由に計画された。また、古くから漁場として開けた日本海側では、近世集落との関係性を模索しながら市街地グリッドが形成されたと考えられる。

羊蹄山周辺地域の西側にある岩内町は、港町として栄えた近世集落に隣接して市街地グリッドを形成した。岩内岳に向かう⑪ライン（$a = 0.388°$）は、近世集落の中心部（運上所や役場などが立地）の道路と直結され、官庁街が形成されてきた。「岩内郡市街区画見込概略之図(1872)」では、近世集落の中心部から〈見込道路〉が内陸側に延伸され、その正面に〈新県出張所〉が計画されている。⑪ラインは、この新県出張所から岩内岳に向かう。新旧市街地を連結する都市軸の形成にあたって、古くから漁民らに「山立て」の対象として親しまれていた岩内岳に向けた景観軸を意図したものと考えられる。

同様に、余市町も日本海に開けた近世集落が発達した歴史的都市である。ここでは、まず明治初期に武士団の入植があり、その後、両者とは丘陵地を隔てて市街地グリッドが設置された。その中で最初に開削された⑫ラインは、北側道路正面に余市神社が設置され、そこからは蒔田山（$a = 0.423°$）と大黒山（$a = 0.594°$）が重なって見える。このラインは、「余市郡ノ図」第三」新規（作成年不詳）」の中で、蒔田山に向けた軸線として記入されている。この蒔田山は、武士団による市街地からも山当てを構成しており、また大黒山は、近世集落からも道路正面に眺望できる。

グリッド市街地における山当て意図

北海道の内陸部に三角点が設置されたのは1900年以降である。その後に精緻な地形図が作成されたが、ここで紹介した6都市の多くがそれ以前に計画されている。従って、こうしたグリッド計画は、北海道庁の技師らがそれぞれ現地に赴いて計画し、そして計画図の作成まで現地で行ったと言われている。そこには、目視によって得られた情報が十分に反映されたことは想像できるし、象徴的な山容を持つ羊蹄山に対してはなおさらであろう。

規則的に道路が配されたグリッド市街地において、計画者の山当てに対する意図を解明するには、グリッドが計画された経緯や手順を慎重に見極めることが必要であるが、以下では、仮説的に殖民都市のグリッド市街地で見られる山当ての意図を考察し、ここでのまとめとしたい。

まず、内陸部にある独立峰・羊蹄山の周辺においては、農耕グリッドの基準線として、ふたつの山への直行軸が計画された。そして、その軸上に市街地グリッドを設置することで、市街地からも対象山を眺望できる都市構造としたと考えられる。特に、基準線の交点部に市街予定地を計画したニセコ町は、農耕グリッドと市街地グリッドを同時に一体的に計画した例であり、市街地内のふたつの軸線の両者において山当てが構成された。

また、市街地が単独で計画され、農耕グリッドの方向に規定されない沿岸部の市街地グリッドにおいては、山当てが都市軸の形成に用いられたと考えられる。岩内町では、近世集落と市街地グリッドを連結する都市軸として計画された。余市町では、ふたつの山に向かう軸線上に寺社などを設置してその参道を景観軸として演出したと考えられる。

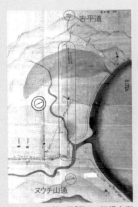

図4-1 余市郡ノ図「第三」新規市街区画見込地（年代不詳、北海道大学付属図書館所蔵）
・〈⑫余市01ライン〉の位置に計画線が記入され、「墨筋古平道ヲ開ク見込但十二丁程」との書き込みがある
・このラインは、ヌウチ山（現・蒔田山）と北にある山を結ぶように描かれている

図4-2 余市町内の3つの市街地の山当て

⑫ 余市01ライン（蒔田山・大黒山）

明治初期の武士団による山当てライン

図4 余市町の山当ての実態

殖民地区画制度によるふたつのグリッド

図5は、現在の名寄市周辺の殖民地区画図である。300間間隔で「農耕グリッド」が計画され、その一部に「市街地グリッド」が埋め込まれている。一部の農耕グリッド道路は市街地を貫通し、市街地と農耕地をつないでいる。また、市街地には役所・学校・寺社などの施設が計画され、ほぼ計画通りに設置された。

グリッド市街地における山当てを分析する際には、これらふたつのグリッドが計画された経緯や手順に着目し、その現象が見られる道路（対象道路）の性格を見極めることが必要である。

農耕グリッドの計画手法

多くの場合、300間間隔で道路が開削され、一辺300間の区画を6等分して1戸の入植地とした。計画時には、原野に1本の「基線」を設け、グリッドの方向を決定した。これに直行するのが「基号線」、両者の交点が「基点」である。

市街地グリッドのタイプ

ふたつのグリッドの関係を見ると、両者の方向が一致する「整合型市街地」が多いが、市街地グリッド独自の方向性を持つ「自由型市街地」も一部で見られる。また、海岸部などでは、市街地グリッドのみの「単独市街地」も計画された。

山当ての対象道路の性格

対象道路の性格は、計画された経緯からみて、図6に示した6つに整理することができる。これらは、農耕グリッド道路（Ⅰ型）と市街地グリッド道路（Ⅱ型）に大別される。

しかし同じⅠ型であっても、それが基線や基号線であるⅠA型と、その他のⅠB型では意味が異なる。前者は何らかの計画者の意思によって設置された道路であるが、後者は、グリッドの規則性に基づく道路であり、偶然の山当てである可能性もある。

Ⅱ型も同様である。Ⅱc型やⅡd型に比べて、Ⅱa型やⅡb型で見られる山当ては、意図して計画されたものかどうか、慎重な分析が必要となる。

なお、本文で示した山当てラインは、多くがⅠA型・Ⅱc型・Ⅱd型の対象道路で見られた山当てである。

図5　天塩国上川郡名寄太殖民地区画図（部分）
（1911、北海道大学付属図書館所蔵）

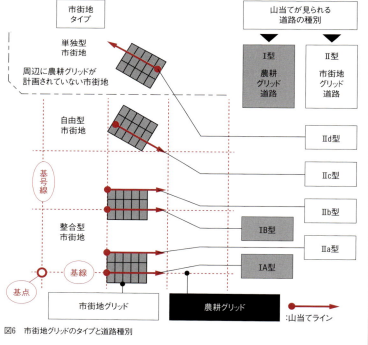

図6　市街地グリッドのタイプと道路種別

解説
解読から都市デザインへ

●城下町をどう読み解くか

城下町は多様な都市の構成要素が複雑な意図と仕組みで構成されていることは序章で述べた。そしてその形態は口絵で示したようにひとつの都市類型と呼ぶにはふさわしくないほど多様である。その多様な都市イメージと世界観は、城下町絵図が豊かに伝えている。津和野の絵図では山々に抱かれ谷筋の河川に沿った小集落が「小宇宙（ミクロコスモス）」として描かれているし、新庄の正保絵図には端正な矩形街路によるまさに「小京都」にふさわしい姿が描かれている。盛岡の絵図からは、合流する河川と周辺の山々の雄大な自然の中に、見事に調和しながら町割りされた城下町の姿とイメージが浮かび上がってくる。

しかし、城下町絵図は、正確な城下町の空間構成やデザイン意図を解釈するには十分でない。例えば、新庄の現実の姿は、正保絵図で描かれているイメージとは全く異なる。現実の城下町の構成原理を読み解くためには、当時の城下町の構成を正確に復元し、それぞれの要素の位置関係を把握しなければならない。しかも、城下町の近傍だけではなく、相当広域で周囲の地形との関係などを読み取る必要がある。

本書でしばしば取り上げた山当てなどは、直線的な街路が用いられているものばかりではなく、小浜の例で見たように、街路の微妙な曲線を曲がりきったところにすっと山容が現れるなど、きわめて細かな処理がされている。正確に復元した地図を持った現地調査であっても、隅々まで歩き回らないと見落としてしまうことになる。

多様な形態で、しかもきわめて複雑な意図が込められている城下町であるから、その意図や空間構成を読み解くには細心の注意を要する。各種の城下町絵図でその大まかな意図やイメージを読み取り、城下町復元図により幾何学的な関係を分析し、現地調査で発見・確認するという作業の繰り返しが必要である。そして、近代以降に改変されている様子も含めて、観察と記録そして分析を積み重ねることで、城下町の設計・計画の意図が少しずつ明らかになってくる。

ここでは、鶴岡と村上というふたつの城下町を例に、その空間構成の読み取りについて解説しよう。この両者は、山形県と新潟県とのそれぞれ県境に位置し、江戸期には藩領を接していた。いずれも日本海に面しており、日本海文化と海・山・平野の幸に恵まれた豊かな風土で成り立っている。鶴岡は城郭を中心に置いて周囲に城下町を町割りした典型的な平城の城下町の形態である。村上は山城をそのまま踏襲して山頂に本丸が置かれ、山下の城下町はきわめて複雑な形態で町割りされている。この両者は形こそ大きく異なるが、周囲の山の山頂へ向かう方向性を頼りに、もっと言えば、周辺の山への「見通し景観」を基軸に城下町が組み立てられているという共通点がある。

山当てラインの組み合わせ──鶴岡

鶴岡に私が最初に入ったのは1985年のことで、城下町都市研究の事前調査として全国の城下町都市を歩いていた時のことである。

城下町として知られる都市では、創建当時の思い入れが表に出すぎていると感じることが多い。例えば姫路のような平山城であれば、城が必要以上にシンボライズされているなど、やや大げさな表現が目につく。そんな中で、鶴岡はまったく自然な都市で、旧城郭の市民公園が中央に位置したまとまりのある都市構成で、現代にも生き続けている（48ページ）。何の変哲もない普通の城下町というにふさわしく、これが「城下町都市」の最もシンプルなモデルであろうと思った。

鶴岡にとって周囲の山への眺望はたいへん重要で、複雑な風景の演出が込められていることは本編で述

べた。そして、大手門の正面の内川にかかる三雪橋から鳥海、月山、金峯・母狩の山容を望むことができる風景について、この土地の誰もが語ってくれた。しかし、それに加えてさらなる巧妙なデザインが込められていたことに気づいたのは、後に実際のまちづくりに参画するようになってからである。私は1985年の景観形成基本計画から鶴岡の都市計画・まちづくりに関わり、95年からは研究室で都市計画マスタープランの作成に参画した。市民の方々とワークショップを重ねる中、「桜の季節に、城の西の堀沿いの桜並木を前景として見る鳥海山こそ、鶴岡で最も美しい景色だと、母がよく言っていた」とある方から聞いた。この堀の南の方向は金峯山に山当てされていたことはわかっていたが、その反対の直線上に鳥海山が置かれていることには全く気づかないでいた。鳥海山は2,236mの高峰であるが、その山頂は鶴岡中心部からははるか40kmも北に位置し、仰角も低く、山当てに使われていたなどとは想像もしていなかった。地図上で詳細に検討してみると、確かに、鳥海山の山頂と金峯山の山頂を結ぶ線上に、西の堀が町割りされているのがわかった。

このような現地調査を繰り返し、幾何学的な位置関係を分析して、本編に示したような山当てラインが基準になっている町割りの方法が明らかになったのである。

街路の屈曲と山当ての演出——村上

鶴岡の南に隣接する村上は、その形は全く異なるが、ここも山当てラインを基準にした鶴岡とたいへん似た構成原理を持っている(104ページ)。城下町絵図を見ると、村上はとても奇妙な形に見える。本丸と二の丸が山城を構成し、三の丸が山裾の城下にあり、その周辺に、武家地、町人地、寺町が町割りされている。その形態は、獅子が山城を飲み込んだような形に見える。地形や、街道の引き込みなどとの関係でこのような複雑な街路の形態になっているのだが、これを上位で規定している原理は鶴岡と同様である。

以前、村上の復原図を片手にまちを歩いてみた際に、驚くようなことがわかった。いまは三の丸の西側に位置する内堀が埋め立てられているが、かつて大手門近くに架けられていた橋の地点、鶴岡の三雪橋に相当する場所から、北に下渡山、南に山居山がはっきり見え、さらに東の城山である臥牛山は、現在の市役所がなければ見通せる位置であった。すなわち、旧城郭の外堀の大手門前の橋から、城郭と町をつなぐ接点となる場所から、3つの山を見通せる。鶴岡と同様の構成である。

一方、町人地の中心軸も不思議な構成となっている。江戸期からの中心の街道が引き込まれた商業軸は、北に位置する下渡山への見通しを基本に町割りされていて、その中心部の札の辻あたりからは、山の姿がよく見通せる。そして北の端に小さな折れ曲がりがあり、ここから地形は三面川に向かい坂を下りる構成になっている。下渡山はこの街路の正面より若干西に位置していて、中心部から北に街路を進み、この小町坂へ向かっていくにつれて、前面の町並みにさえぎられて下渡山はだんだん見えなくなる。そしてこのクランクを曲がって小町坂で北に向いた瞬間、そこに堂々とした下渡山の山容が再び現れるのである。この下渡山の南側の山襞は美しく、特に紅葉の季節には、微妙な襞が多彩に色づくのである。

さらにこの街道は、折れ曲がりを繰り返しながら北へ向かい、各所に前面に町並みをおいた印象的な鷹取山の姿が山当てとして演出されている。そして反対側、南を見ると、町並みを越えて臥牛山を見せる構成がとられている。

さらに本町は、札の辻から南の山居山に向けて、北の下渡山へ向かうのと全く同様の構成がデザインされている。こうして一見奇妙に見える城下町村上の町割りも、明快な原理と美的な感性によって構成されていることがわかる。

●城下町の構成原理

城下町の設計には、きわめて明快なデザイン手法が用いられている。その手法は大まかに3つある。第一は周辺の山並みや自然地形との関係で大きな骨格を決定すること、第二に同心円や三角形などの幾何学的な形態を用いて重要な地点や建築・施設を配置したこと、第三はそれぞれの都市が特有のモデュールを持って空間を分節したことである。これらによって、異なるシステムで町割りされた部分の複合体としての城下町を、上位で統合したのである。

このような手法は、小さな城下町で見ていくとわかりやすい。いくつかの城下町について見ていこう。

明確にデザインされた津和野

小京都と呼ばれ、典型的な小城下町のひとつである津和野の絵図を見ると、城下町が自然な川の流れに

寄り添うように成立し、自然発生的な集落にも似た構成に見える。しかし、ここも先ほどの手法が明快に用いられている。本丸の北の出丸と、東の青野山が正確な東西軸状に置かれ、これらと南に位置する野坂山の山頂を結ぶ正確な二等辺三角形となっている（168ページ）。そしてそれぞれの街路の方向、神社や寺、橋の位置は、それぞれ青野山や野坂山への方向が複雑に絡み合わされて配置されている。北の町人地の細い街路はすべて正面に青野山を向くように位置しているし、城下町中央の南北軸は野坂山に正確に山当てされている。出丸から青野山を見ると、視線上に御幸橋、剣王神社などが置かれ、この都市がデザインされた都市であることがはっきり意識できる。津和野のような、街路が複雑に曲がりくねったわかりにくい構成の城下町も、幾何学的な形態を組み合わせて、周囲の地形や河川の流れに適合して都市をデザインする方法が取られていることがわかる。

風と水の交差する新庄

一方、新庄はもう少し複雑である。正保年間の城下町絵図を見ると、城郭を中心として東西南北に端正に町割りされた城下町がある。しかし、実際の新庄はこのようなイメージと全く異なる。正保絵図は、城下町や城郭内部を明示するために、幕府の命令でつくられたものであり、正確に表現することが要求された。しかし、新庄の正保絵図と現実は、まったく違う形である。

この城下町の実際の構成は、風と水の流れによって規定されている。川の流れに直交する形で夏と冬の季節風があり、この風の流れの両端に東山と、西の丘陵が位置している。城下町に流れ込む風は、夏は東山を越え、川を直交しながら町家を横切る。また冬は、北西からの季節風を西の台地が弱め、その弱められた風が城下町に入る。風と水の流れの交差する地点に、この城下町が置かれたのである。

さらに南東から城郭に向かう街道を引き込んだ町人地は、東山の鳥越神社と天守を結ぶ直線と平行して切られている。そしてその延長線上に鳥海山を望むことができる。

新庄をもっと広域で見てみると、見事な全体構成を描くことができる（60ページ）。最上地域は、日本列島の東北の背筋を山並みがまっすぐに南におりてきた所にぽっかり開けた盆地だが、北に鳥海山、南に最上川の流れ、そして周囲の山々から川が流れ込む。北と西と東に微妙な山襞が迫り、南側は前面の山として

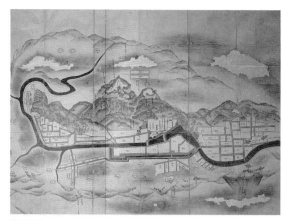

絵図が表現しているのは世界観か（上は津和野、下は新庄ともに正保絵図）

の月山が存在する。まさに風水の理想郷を描いた図と相似形で、その風水の適地に置かれたのがこの新庄の城下町である。

ここに京都のような東西南北を区切る町割りをしたとすれば、古代都城の設計手法が強い規定力を持っていたといえる。しかし実際には、形式的な風水術や都市の構成、手法から離れて、地域独特の風の流れと、自然地形との応答による場所性の意味を読みとり、それに基づいた設計をしていたことがわかる。

庭園城下町・知覧

山当ての演出といえば、薩摩藩内に置かれた外城のひとつである知覧の城下町（195ページ）ほど、美しい姿をとどめているところはない。ここでは行政や専門

デザインされた町並みが変化しながら演出されている（知覧）

家たち*1により、歴史的な町並みの調査が行われ、城下町構成、特に街路構成が周辺の山々の景観をどのように取り込んでいるのかが分析されている。北に位置する城山。そしてその先に位置する保母山。そして東西に流れる川、東西に広がる山々の頂。あらゆる街路の構成が、それらを取り込みながら微妙にデザインされている。

南からこの町に入ると、初めは直線的な街路があり、正面のアイストップの向こうに保母山が見える。まっすぐ行くと右に左に屈曲があり、街路は少しカーブしながら北に上る。この街路の両側に見事な生垣が並び、これを前景に山並みの景観を楽しませてくれる。そして左右の小路をふと見ると、そこも美しい山容を楽しむことができる。しかもこのデザインは、街路の構成を演出しているだけではなく、それぞれの武家住宅の庭園からの借景としても、山並みがダイナミックに演出されている。ひとつひとつの庭園を集積した城下町全体が、まさに庭園都市と

してデザインされている。

20世紀になり、住宅地のデザインが西欧近代都市計画とともに成立し、レイモンド・アンウィンの Town Planning in Practice などがそのバイブルとなったが、はるか200年も前に、同様の自然な空間構成を取り込んだデザイン原理が、この地では完全な形で、いやそれを超える形で実践されていたのである。

山当てラインの意味

以上の3つの城下町構成が基準としていた周囲の山々への方向性、すなわち「山当てライン」には、少なくとも3つの意味がある。

第一は、測量の基準点、目印に山の山頂を用いたという実用的な意味合いである。このことは当然まっすぐな直線を引き、幾何学的な構成を行うためには意味があって用いられたであろう。古代の条里制の基準にも用いられているし、その条理がベースになって城下町の町割りがされれば、これが踏襲されることになる*2。これと同じ意味で、城下町に向かう街道が目印となる山を基準に引かれていて、これが城下町の中に導入され軸線として用いられたものもある。新庄などはこの典型である。

第二は、地形条件との自然な応答という点である。山裾の扇状地に城下町が町割りされれば山から流れる河川や地下を流れる伏流水、地下水脈は山頂からまっすぐ城下町へ向かって下ってくる。それに直交して等高線があり、山頂への軸を町割りに用いればこれらと合理的な関係に当然なる。風景へ応答するということはすなわち地形との応答であり、地質や地盤の条件へも対応することになる。

しかし、以上のような実用的な意味からだけでは鶴岡の例などは説明できない。細部はもっと別の意味が込められていったと考えられる。鶴岡で、隣り合う金峯山、母狩山の両方が山当てに交互に用いられているが、もしこの片方だけを山当てにして城下の南北軸を置いたとしたら、放射線がまちの中にわざとらしく引かれて偏った形態となってしまう。風景のデザインや町割りの広がりを意識して交互にふたつの山当てを用いたのは確かであろう。

すなわち第三は、山への眺望、山をアイストップとして、あるいは借景としてデザインしたという、美的

---

*1——知覧・麓の武家屋敷群、知覧町教育委員会
*2——城下町の町割りに既存の条理の遺構が用いられていたことに関しては田島学ほか「条里地域における近世城下町の構成に関する研究」『日本都市計画学会論文集』24、日本都市計画学会、1989に詳しい

通りからずれて置かれた岩木山（弘前）

感性に基づく空間デザイン上の意味である。そして山当てに用いられている山は、特別な場合を除くと、仰角が低い、少しずれると両側の町並みに隠れてしまう場所で用いられている。例えば、小浜の三丁町の山当てなどは、町並みが微妙にカーブをして、徐々に山が現れて町並みの終わりのあたりで正面に置かれるというデザインがされているのである。

またこの場合、町並みを凌駕するような山容を街路の正面に置くことはない。例えば弘前で岩木山は町割りの背景として重要な位置を占めてはいるが、個々の街路が岩木山に山当てされることはない。仰角が高く、東に向かう街路の右手にずれた位置に岩木山が置かれて町並みを越えた借景として岩木山を楽しむことができる。さらに、東の寺町や町家から、あるいは城郭の随所に岩木山への眺望は演出されている。

そしてもちろん山は信仰の対象であり、その山を見通すことはさらに高い精神性を意味したに違いない。

このような山当てラインの都市デザインへの適応に見られるように、機械的な法則ではなく、場の条件に応じて環境制御という技術的な対処と、空間的、視覚的な解決を同時に図る方法がとられているのであり、現代の都市デザインの方法と変わりはない。

城下町の歴史資源とは

現代に残る城下町都市の個性あるまちづくりがしばしば言われる。その時話題になるのは、歴史的な武家屋敷や町人地の町並み復元や城郭や大手門の再建ばかりである。しかし、本当に重要なのは、それらの基盤にある、これまで述べてきたような歴史的に引き継がれた都市全体の空間構成である。例えば現在村上では、中心商業地を屈曲しながら北に抜ける旧街道をまっすぐに抜く計画がある。だが、前に述べた小町坂の屈曲やそこに込められた空間の演出こそ、大事にしなければならない空間資源であり、村上らしさそのものである。

昭和の初期に都市計画道路が計画されたとき、内務省の技術者が中心となって、各地で都市計画決定をした。決定された街路のパターンは、地図上ではたいへん美しい形に見える。しかし、城下町とは何かという議論は少数の例外を除いて皆無で、城下町の構成原理を全く無視した形が押しつけられたものがほとんどである[3]。「城下町は迷路のような構成である。だからこれを近代都市に組み替える」。東京はもちろん、地方の都市でもこのように単純な「近代都市計画」が受け入れられ、現在もこれが生きている。

例えば、村上では独特の空間構成をどのように評価するか、ふたつの立場がある。第一は、交通の障害になるクランク状の道路を解消し、利便性を高めることでまちなかを再活性化しようという立場で、第二は、武家屋敷や町家などの歴史的な町並みとともに街路の構成も保存しようという立場である。現在は、先に述べたようなクランク状の街路が直線化されつつあり、このことをある住民は「まちの空気が抜けたようだ」と表現している。一方で武家屋敷の保存などには市民・行政も熱心で、旧武家屋敷地区の保全のために都市計画道路を変更することもされている。このように、城下町の既存の構成の保全と、それを破壊する都市計画街路の構築との間で、岐路に立たされている城下町都市はこの村上以外にも多い。

しかし、クランク状の街路や複雑な都市構成の意味が、よく言われているように敵を惑わす軍略上の意味だけしかなかったのであれば、これを保存する理由としては説得力が弱い。しかも、山の風景を縁取る町並みは、コンクリートの電柱と蜘蛛の巣のような電線に視線を遮られて情けない姿をさらしている。

いま一度、城下町が構成されデザインされている大きな原理を、市民全体の共通の理解とすることから、都市づくりの方向、ヴィジョンが語られるべきであろう。そのような意味からも、現在の城下町都市の基盤にある城下町の構成原理を読み解くことは重要である。

*3——佐藤滋ほか『城下町の近代都市づくり』（鹿島出版会、1995）に、野中勝利が戦前の都市計画街路の決定の経緯などを詳述した

● 城下町の近代都市づくり

このような城下町の明治以降、近代の都市づくりとそれによる市街地の変容については、拙著『城下町の近代都市づくり』(鹿島出版会、1995)で詳しく述べているのでここでは繰り返さない。大切なのはその評価である。城下町の歴史資産は破壊し尽くされてしまっているとみるのか、それとも、近代の都市づくりもその上になされたものであり、その関係を読み解き、長い歴史の流れの中のひとこまとして評価するかが分かれ目である。城下町のデザインは個々の建築や構造物だけでなく、土木的なスケールで構成された自然地形上の大きな空間の組み立てこそ貴重なのである。このことを評価して、そのさらなる積み重ねとして、現代のまちづくりを展開することが肝要であろう。

● 現代の城下町都市づくり

さて、城下町都市の現代のまちづくり・都市デザインの実践は、さまざまに行われている。

現代城下町都市づくりの実践

城下町都市づくりの成果をまとめてみて改めて感じることは、前述の『城下町の近代都市づくり』の時との違いである。1990年代前半は、まだ城下町都市づくりといっても例外的なもので、それを支える市民社会の基盤は脆弱で、確信を持って方向を語ることはできなかったように思う。『城下町の近代都市づくり』の終章で記述した現代都市づくりの展望は、21世紀に入ったいま読み起こしても、歯切れが悪いものであったと思う。

それに比べると現在は、将来の城下町都市のまちづくりの方向がはっきり姿を現してきている。私自身、まちづくりの現場で、市民や地元行政、そして多様な専門家と行動を共にして、その思いは確信にいたっている。

現在の城下町都市づくりは、大きく以下の3つのテーマに集約できる。
① 旧城下町域の歴史的市街地を生かした「庭園都市、山水都市の再生」
② 城下町都市の生活様式として、自由にまちの中を歩き回れる「遊動空間の再生」
③ 市民まちづくり組織による地域再生

● 山水都市・庭園都市の再生

城下町は本来、庭園都市、山水都市として設計されていて、その基盤を生かして現代の都市空間を再デザインすることができる。緑豊かな風景に囲まれた自然風景の庭園の中に、多様な都市機能が織り込まれているというイメージである。

本書で取り上げた鶴岡、津和野、新庄、小浜など多くの城下町都市は、立地や特性は異なっても、自然や地域資源を基盤とした山水都市として質の高い環境を創造するという方向は共通である。そしてこのような都市は、地上に現れた風景の美しさだけではなく、地下にある水脈や地質を基盤として、豊かな水に恵まれている。その豊かな水をつくり出す源泉が周囲の山々であり、その蓄えられた水が地下水脈を伝って城下町に届く。これこそ「山水都市」なのである。

庭園都市のデザイン──鶴岡

鶴岡の都市骨格は、近世からこれまでほとんど変わっていない。唯一、明治になって城郭の南の中堀とため池が埋められ公園化し、そこに一本の東西道路が通されている。もともと残されていた土塁の大きなカーブに沿って、人や牛馬が行き交う道が、地元の請願で県道として整備された。そして、東の中堀が埋められて南北道路となりこの十字の骨格が鶴岡の近代の官公庁、文化施設の立地する都市骨格となった。

このような城下町都市の典型である鶴岡では、近年さまざまな計画が作成され事業が実施されている。都市景観形成計画は中心市街地整備のマスタープランともいえるもので、これに従いその後の計画が作成されている。ふるさとの川整備事業では、自然の骨格である内川を親水性の高い景観として整備し、いわゆる「れきみち(歴史的環境街路整備)」事業調査で城郭周辺の街路および、それに付随する公園、町並みの整備計画が作成された。美しくカーブをする公園道路は南側の公園の整備とあわせて、旧土塁などの歴史的資源、眺望の構造を復活することを含めた計画が作成されている。

そして市民参加で都市計画マスタープランが作成され、それを実現する具体的なプロジェクトを「歩いて暮らせるまちづくり計画」で市民合意を得ている。さらに、旧外堀である外堀堰を市街地の歴史資源の復元と生態系の再生をめざした市民運動も始まっている。また、城郭東側の官庁街をシビックコア、地方

拠点法に基づく中心市街地整備計画などの策定が進められている。

このように小さな中心市街地であるが、着々と計画づくりが進められ、順調に事業も着手されている。

このような時点で、歴史的市街地の全体像を城下町以来の固有の環境文化、造景文化を基礎に、具体的に再デザインし、そのもとで自律的に都市づくりに進む道筋を見つけなければならない。本文では、ここ数年来、市民、行政の方々とともに議論し、まとめた城下町都市のデザインを示している。

以上のような各種のプランは、鶴岡城下町の解読とともに「都市計画マスタープラン」の一部をなす「まちづくり情報帳」に適時加えられ、まちづくりの目標としてオーソライズされ、庭園都市としての鶴岡の方向を指し示す仕組みになっている。

このようなプロジェクトは50ページにあるように、「歩いて暮らせるまちづくり計画」(2000)として統合され、さまざまな形で実施されている。

水系や生態学的秩序の再生

さらに、鶴岡では城郭南の百間堀が再生され、暗渠化されていた外堀が、市民ワークショップによる参加のデザインによって(後に「とぼり広場」と名づけられる)広場に姿を現すなど、都市の水系・生態学的な秩序の再生も進んでいる。

また、多重の堀の保全再生では柳川(186ページ)では、継続的な取り組みが進められている。もともと広大な城下町と低湿地のクリークによる制御のために広域に張り巡らされた堀割や水路の整備は、市民の生活空間のなかにも入り込んで、質の高い都市空間を生みつつある。観光で訪れる人々もそのような日常環境を楽しむこともできている。松江や萩でも堀割を周遊する遊覧船をまちづくり会社が運営して地元

産業の振興と結びつけようとしているし、松代では旧武家地の庭園をつなぐ泉水路を活かした城下町整備も進んでいる。

こうして、本来の城下町が持っていた山水の都市としての特性を再生させる都市づくりが各地で展開しているのである。

このほかにも、柳川の堀割の再生ではまさに山水の庭園都市が再生されつつあるし、松江では、堀割の周遊船を回遊させ、庭園都市としての城下町を楽しめる仕掛けをつくっている。それぞれ本文で示したように、表現こそ異なれ、庭園都市をめざす城下町都市は数多い。

●城下町に遊動空間の再生を

中心商業地のまちづくりにおいて「回遊性」という言葉がよく使われる。しかし、私はこの言葉に若干の疑問をもつ。回遊という言葉には水族館の水槽の中を同方向にぐるぐると回り続ける回遊魚を連想する。人は、まちの中を一緒に決められたコースを動くわけではない。自由気ままに遊び動くようにまちを巡るのである。まちの中にいろいろな魅力があり、その時の気分で歩き回ることを楽しむのである。

かつて都市の中心であるまち中には、人々が自由に動き回れる仕掛けがたくさんあった。しかし、近代の土地所有における公私の分離が徹底するにつれて、このようなあいまいな空間が徐々に姿を消していった。共空間として自由に通り抜けできたかつての会所地や路地が私的に占有され、まちなかでの活動の自由を奪ってしまった。道路や公園というような公の部分と、私的な占有空間とが完全に分離され

この水の庭園都市が再生された物語は有名である(柳川)

町家を再生した商業者によるスタートアップ支援事業。小割にして起業を試みる人に安く賃貸している(津山)

て重要な中間的な領域が失われてしまっている。まちを歩くといっても許されるのは、公の場所と商業スペースだけで、これでは、本当にまちを動き回るという魅力を感じることはできない。

遊動空間とは、一言でいうと、多様な空間資源を活用し、遊動のための仕掛けを埋め込みながら、連続して形成される質の高い歩行者空間のことである。まちづくりを連鎖的に展開することによって空間資源をネットワークし、まち中のポテンシャルを徐々に回復させることができる。

松本はかつて、駅前再開発の影響で歴史的中心である既存のまちが見る影もないほどに衰退した。しかし、保存された天守閣や女鳥羽川、町家や近代建築などの歴史的な資源に恵まれていて、これらをつなぎ合わせ、同時に街路の整備や城門の復原などを進め、歩いてまちの中を巡り、多様なまちの文化を楽しむことができる遊動空間が整備された。城下町の基盤をもとに、小規模な整備事業を埋め込んで、遊動のネットワークを仕上げていったのである。

このような遊動空間のデザインは「まちの記憶の再生」を行っているようにみえる。黒壁の再生もまちの拠点としての再生である。まちの中に深く進入する細長いマーケットや、辻広場や抜け道が小さなポケットパークを結んでいるという構成は、かつての豊かな生活空間の記憶を現代的にデザインし直したものといえよう。これらの城下町都市においては、遊動空間によりまちを再編成し、豊かな生活空間を演出することは徐々にではあるが実践されつつある。

環境・居住複合体として——二本松

二本松は、表の本町、そして観音山脈を越えた竹田・根崎地区、さらに城郭と周囲の武家地が険しい地形で分離されている。山々と裾野の寺町、そしてその下の居住地がまさに一体となって城下町を構成している。高村光太郎が智恵子に「本当の空」と言わせた空を眺め、豊かな水を楽しみ、自然と一体になった生活空間がここにはある。

このまちのハイライトは10月4日を中心とする秋の「ちょうちん祭り」で、7つの町の提灯屋台が二本松の複雑な地形に応答した緩急のお囃子にあわせて回遊する。坂を登る時はゆるやかなテンポに、平地では自由気ままな動き、そして坂を下る時にはスピード感のあるお囃子に誘導される。地形に添いつつまちを練り歩く楽しみが、このお祭りの中には込められている。二本松の城下町は山脈を挟んで複雑な地形に応答する町割りで構成されていて、祭りの提灯屋台の練り歩きは、まさにこの複雑な地形を祭りのアクティビティとして表現しているのである。

このようなハレの舞台だけではなく、日常生活においてもまちを取り囲む自然・地形と生活空間が一体となって織りなされており、町の人々はこの環境複合体を生活でつなぎ合わせながら楽しんでいる。まちの両脇には山脈があり、そこに寺町が山裾におかれ、町家を通って自然と直接ふれることのできる人の動線が織り込まれている。さらに山脈からは水脈がまちに向かい、良質の水が得られる井戸や水の流れがまちの中にある。かつては日頃の生活の中でそれ体験し、楽しむことができていた。しかし、近年このようなあいまいで豊かな空間が失われつつある。

この二本松に限らないが、地域の人たちと「まちづくりデザインゲーム」などでまちづくりを話し合うときに、本来持ち合わせていた生活の記憶が生き生きと語られる。そのまちの使い手である市民には、かつてまちなかの隅々を使い切っていた鮮明な記憶が残されていて、現代のまちを使うイメージも生き生きと語ってくれる。本文でも述べている二本松のまちづくりゲームの中では、自由に通りぬけることのできた敷地内の通路や、人がよく集まっていた場所や、子供たちが自由に安心して遊べた場所をもう一度復活したいというイメージが語られる（68ページ）。

口絵や本文中に記した遊動空間のデザインは、このような二本松の自然と一体になった居住空間の再生を願う住民の方々が、デザイン・ワークショップで表現したものである。水場や蔵や裏庭をネットワークし、さらにそれらを美しく豊かな空間にデザインするのである。今日このような空間を再生させるためには、コミュニティでの明確なルールが必要になる。ここでは「美しい町並みづくりのための協定」を、関係住民の9割近い署名で締結し、「福島県景観条例」に登録している。

こうして、良質な城下町の居住環境を再生し現代のまちをデザインしそれを支える「まちづくりの仕組み」が整えられているのが、二本松・竹根地区である。

そして、2014年11月、竹根通りの街路整備事業が竣工し電柱の撤去された広幅員の街路からは西にお城山と安達太良山系、東に白猪山が軸線上に見渡せて、沿道に整えられた福祉関連や個人博物館などとともに徐々に町並み景観づくりも進行している。こ

こは、毎年10月4～6日に行われる町を挙げての美しい伝統行事「提灯祭り」や花市などに加えて新しい市民活動の舞台となるであろう。この場所は城下町の範囲ではあるが地形的には中心から切り離され、特異な地形条件から自動車交通網の一端を担うことが要請され、自動車交通と共存する道を選んだのである。歴史的市街地と近郊地域との接点のまちづくりとしてひとつのあり方であると考える。

今後、地方の城下町都市は団塊の世代の高齢化に伴い人口の自然減が顕著になり、人口の減少は避けることはできない。しかし、地域の誇りに満ちた歴史的市街地と、それを取り巻く地域を市民が中心になって再生することは、経済的な価値を超えた豊かな次世代のライフスタイルとして定着することになろう。

●市民まちづくり組織による地域再生の動き

近年の歴史的市街地のまちづくりでは多様な市民組織がその主役に躍り出ている。このとき、城下町都市としてのヴィジョンを共有していることにより、単なる「市民参加」から、市民が多様な組織を組み立てて、自らまちづくり事業の推進役を担うようになっている。すなわち「まちづくり市民事業」*4により、城下町の歴史的中心はもとより、広域の地域での多様な動きが連携して地域運営の段階に至っているのである。

どの町を訪れても、まちづくりNPO法人や建築士会などの非営利組織、さらにはまちづくり会社や有限責任事業組合などが、さまざまな組織形態で多様な活動を担っている。10年ほど前なら長浜の黒壁や飯田のまちづくりカンパニーなど、先進事例が例外的な事例として取り上げられていたが、いまではどこでも工夫を凝らして地域独自の動きが組み立てられている。そして、城下町を中心に一体的な圏域として長い歴史を持つ都市圏で農漁村を基盤とした活動も盛んになり、歴史的中心地での活動と連携する動き、すなわち城下町の特質である周辺地域と一体となった資源を活かした地域再生の取り組みが各地で見られている。

しかもかつてなら、歴史的中心市街地を「観光化」するというのが、中心市街地活性化の唯一のモデルであったが、今日では市民生活の質の向上、歴史的都市の誇りや「真実性」を中心に掲げて、市民が質の高い生活を楽しみ、その生活を疑似体験しに人々が訪れるという流れが生まれている。一部の観光地に人が押し寄せる傾向は今でもあるが、それぞれ独自の魅力を少人数で楽しむことも一般化して、いわゆる交流人口をほどよく迎え入れるまちづくりも進んでいる。

●城下町都市のシナリオづくり

以下は初版に書いた締めくくりの文章である。

> 近年、まちづくりのためにさまざまな実践がなされている。歩行者空間やモールの整備、ポケットパークをつくったり川を修復したりしている。歴史的な資源も含め、まちにはいろいろな機会があり、それらは機能的にはさまざまにネットワークされている。しかし、現実にそれらをまちづくりに生かそうとすると、ひとつひとつが分断されていて、私たちは自由につなぎ合わせて使うことができないのが現状である。
>
> それらはシナリオをもたないまま、個々の部品がまちのなかに埋め込まれただけのように見える。まちに住む人たちの記憶と新しいまちづくりのイメージが付加されて、それらがつなぎ合わされ全体での遊動のストーリーをつくり上げることができれば、まちは再び息を吹き返すことになるであろう。

このように述べたことがこの10年余の間にさまざまに実践されて成果を上げていることが、この新版からも理解いただけるであろう。何よりも城下町の歴史的中心地の全体を対象にし、それぞれの資源を尊重してそれらをつなぎ、都市の生活環境の向上をめざす動きが顕在化してきたことである。そして、まだ少数ではあるが周辺の山々などの風景との関係を具体的にまちづくりのなかに掲げている都市も現れてきている。世界を見渡しても類を見ない約400年前に山水の都市としてデザインされた城下町都市は、その本質を活かす都市づくり・まちづくりの時代を迎えたと言ってよかろう。

---

*4——佐藤滋ほか『まちづくり市民事業』(学芸出版社、2011)に詳述した

謝辞

　私たち、早稲田大学建築学科都市・設計計画佐藤滋研究室での城下町都市の研究は、1985年夏の鶴岡での調査から本格的に開始されている。市役所や関係者へのヒアリング、そして実地調査・資料分析をひととおり行い、地方の城下町都市での研究の枠組みをつくることができた。それ以来、本書の解説でも述べたように、鶴岡でのまちづくりに参画させていただいている。さらに、最上・新庄、二本松、福島などでまちづくりに関わる機会を得、あるいは、津山、松本、村上などでは継続的な調査にご協力をいただいた。そして、初版で城下町研究体として執筆に関わったメンバーが各地に拠点を据えて新たな研究を展開している。本新版は、これらの研究成果を盛り込むことができた。

　これらの研究・実践は多くの方々に支えられている。ここでは、個別に名前を挙げるのは控えさせていただくが、各都市の関係者の皆様に深く感謝の意を表したい。さらに、このような個別都市での集中的な調査・研究と並行し、そこで得られた研究方法をもとに、全国の城下町都市に調査対象を広げていった。この過程では、研究室の多くの学生・研究者が関わっている。その主要メンバーは「城下町都市研究体」として本書の執筆にも加わっているが、これ以外にも多くのメンバーが研究に関わったことを付け加えたい。

　本書のような俯瞰的、網羅的研究は、多くの先行研究、個別の都市研究の成果の上に成り立っていることは言うまでもない。調査対象都市の自治体関係の方々には、資料提供やヒアリングなどでたいへんお世話になっている。記して感謝の意を表したい。特に各自治体の市史、町史は近年ますます内容が充実し、大いに参考にさせていただいた。また、城下町の設計手法に関しても研究蓄積が進んでいる。城郭の天守閣や主要櫓へのヴィスタに関する故宮本雅明氏の詳細な研究は、個々の城下町の構成原理を解読する際に大いに参考にさせていただいた。また、故玉置伸悟福井大学教授（当時）は、福井、丸岡の城下町を事例に古文書の読み解きとデザイン手法のユニークで詳細な研究方法を提示なさっている。同様に西日本工業大学の高見敞志教授による小倉の研究など、詳細で実証的な研究があり、このほかにも多くの研究が地元の都市づくりに関わっている専門家によりなされている。これら多くの先学の研究成果を基にして、本書の城下町デザインの図が作成されている。

　1995年に私は『城下町の近代都市づくり』（鹿島出版会）を出版した。地方の城下町都市が抜き差しならない状態に追い込まれている時期であったが、とにかく、新たなヴィジョンのもとで都市づくりの再構築に取りかかるのに、近世初頭の建都からそれまでの都市計画を総括することから始めようとしたのである。

　『城下町の近代都市づくり』の姉妹編である本書では、さらに一歩進めて、城下町から出発して近代の歴史を積み重ねてきた城下町都市の個性的な現代都市づくりの展開を読み解き、城下町が現代都市づくりの基盤として重要なものであること、すなわち城下町都市の「現代性」に重点をおいて、新版では57の都市について理解しやすいよう図を中心に解説した。ここでは、私たちの研究グループ「城下町都市研究体」が、これまでに分析図面や計画図として蓄積してきた成果を集大成し、新版では特にGIS、GPSを用いて、4人の現役学生の力で城下町の街路と周辺の山々の関係など、正確に測定して記すことができた。

　本書はその企画から編集にわたるまで、鹿島出版会の上曽健一郎さんに、そして新版の出版に当たっては久保田昭子さんに大きくよっている。上曽さんはこのような形での出版を提案し、また、久保田さんは改訂にあたり困難な編集作業を粘り強く進めてくださった。また、デザイナーの高木達樹さんは、おびただしい図版をとりまとめて丹念に各ページの構成・デザインをしてくださった。お3人には心から感謝をしたい。また、初版は早稲田大学学術出版補助をいただいている。推薦の労をお取りくださった恩師・戸沼幸市先生はじめ関係者に感謝の意を表する。

　本書が城下町都市をより良い暮らしの拠点とするまちづくりへ参画する方々、そして城下町都市を訪れその本当の魅力に触れようとする読者の皆さんの一助となれば幸いである。

城下町都市研究体を代表して
佐藤　滋
2015年1月

参考文献・補注一覧

[佐藤滋+城下町都市研究体による関連既出論文および出版物]

[出版・雑誌特集記事]
佐藤滋ほか『城下町の近代都市づくり』鹿島出版会、1995
佐藤滋研究室「城下町の都市デザインを読む 地方都市の潜在能力の探求 近世城下町のまちづくり手法の発見」『造景』12、建築資料研究社、1997
佐藤滋研究室「検証・地方都市中心市街地再生戦略」『造景』16、建築資料研究社、1998
佐藤滋「中心市街地再建のビジョンとプログラム」『造景』16、建築資料研究社、1998
佐藤滋+久保勝裕「市街地整備の再評価と次世代への展開 既成市街地の再生まちづくり」『造景』21、建築資料研究社、1999
佐藤滋研究室「地方中心市街地における遊動空間の創出 中心市街地再生の戦略」『造景』30、建築資料研究社、2000
佐藤滋ほか「最上エコポリス構想とその実践」『都市計画』226、日本都市計画学会、2000
佐藤滋ほか「都心交通を支える骨格形態とまちの再生」『国際交通安全学会誌』24(4)、国際交通安全学会、1999

[学術論文]
久保勝裕、佐藤滋、石原拓哉「複数の市街地整備事業の連携とそれによる権利者の居住と営業の継続に関する研究」『日本建築学会計画系論文集』535、日本建築学会、2000
久保勝裕、佐藤滋「権利者の地区内循環居住実績からみた複数の市街地整備事業の連携に関する研究」『都市計画論文集』35、日本都市計画学会、2000
慎重進、佐藤滋ほか「駅前再開発と関連事業の連鎖的展開に関する研究 その2 再開発事業と商店街環境整備事業の連携関係とその実現プロセスについて」『日本建築学会計画系論文集』494、日本建築学会、1997
慎重進、佐藤滋「駅前再開発と関連事業の連鎖的展開に関する研究」『日本建築学会計画系論文集』478、日本建築学会、1995
野中勝利、佐藤滋「城下町都市の戦前の街路計画と都市的拠点との関連」『日本都市計画学会学術研究論文集』28、日本都市計画学会、1993
佐藤滋「三島通庸の城下町改造とその後の都市骨格の形成 山形と宇都宮を事例に」『日本都市計画学会学術研究論文集』28、日本都市計画学会、1993
野中勝利、佐藤滋「城下町都市の戦前の街路計画に関する研究」『日本都市計画学会学術研究論文集』27、日本都市計画学会、1992
佐藤滋、重松諭、久保勝裕、福岡京子「近世城下町を基盤とする地方都市の都市構造の類型化」『日本都市計画学会学術研究論文集』23、日本都市計画学会、1988

[全般]

天野光一ほか「戦災復興街路の計画設計思想に関する研究」『日本都市計画学会学術研究論文集』23、日本都市計画学会、1988
網野善彦『日本中世都市の世界』筑摩書房、1996
石田頼房編『未完の東京計画 実現しなかった計画の計画史』筑摩書房、1992
石田頼房『日本近代都市計画の百年』自治体研究社、1987
石丸紀興「戦災復興計画における計画思想とその都市形成に及ぼした影響に関する研究 広島市を例として その1・都市の性格と人口に関して」『日本建築学会論文報告集』312、日本建築学会、1982
伊藤裕久「近世東北農村における町場の形成 中世末〈館下町〉から近世初期町場への展開過程」『日本建築学会計画系論文報告集』382、日本建築学会、1987
伊藤毅「境内と町」『年報都市史研究1(城下町の原型)』、山川出版社、1993
井上章一『三島通庸と国家の造形 象徴としての都市と建築』筑摩書房、1984
小野均『近世城下町の研究』至文堂、1928
小和田哲男『近世城下町の構造』名著出版、1987
川勝平太『文明の海洋史観』中央公論社、1997
小島道裕「戦国期城下町から織豊期城下町へ」『年報都市史研究1(城下町の原型)』山川出版社、1993
小林道彦「桂園時代の鉄道政策と鉄道国有〈地方主義的鉄道政策〉〈国家主義的鉄道政策〉をめぐって」『年報近代日本研究10(近代日本研究の検討と課題)』山川出版社、1988
高橋康夫・吉田伸之・宮本雅明・伊藤毅編『図集 日本都市史』東京大学出版会、1993
高見敞志「小倉城下町の町割技法と現在市街地への影響と特性 北九州市における街区割・宅地割の史的展開に関する研究(その1)」『日本建築学会計画系論文報告集』380、日本建築学会、1987
高見敞志「筑前・豊前における長崎街道沿い宿駅の街割・屋敷割技法とその現在市街地への影響 北九州市における街区割・宅地割の史的展開に関する研究(その2)」『日本建築学会計画系論文報告集』391、日本建築学会、1988
玉井哲雄『都市の計画と建設(岩波講座・日本通史11・近世1)』岩波書店、1993
玉井哲雄『近世都市空間の特質(日本の近世9 都市の時代)』中央公論社、1992
玉置豊次郎『日本都市成立史』理工学社、1974
鳥羽正雄『近世城郭史の研究』雄山閣、1982

内藤昌「理想郷としての安土城」『幻の安土城天守復原』日本経済新聞社、1992
新谷洋二ほか「旧城下町における鉄道の導入とその後の町の変容に関する研究」『日本土木史研究発表会論文集』7、土木学会、1987
西川幸治『日本都市史研究』日本放送出版協会、1972
原田伴彦『日本封建都市研究』東京大学出版会、1957
堀込憲二「風水思想と都市の構造」『思想』798、岩波書店、1990
丸山光太郎『土木県令・三島通庸』栃木県出版文化協会、1979
御厨貴『明治国家形成と地方経営1881-1890年』東京大学出版会、1980
宮本雅明「櫓屋敷考(上)その実態と起源」『日本建築学会計画系論文報告集』355、日本建築学会、1985
宮本雅明「櫓屋敷考(下)その意味と機能」『日本建築学会計画系論文報告集』360、日本建築学会、1986
宮本雅明「近世初期城下町のヴィスタに基づく都市設計・その実態と意味」『建築史学』4、建築史学会、1985
宮本雅明「近世初期城下町のヴィスタに基づく都市設計・諸類型とその変容」『建築史学』6、建築史学会、1986
宮本雅明「空間志向の都市史」『日本都市史入門1・空間』東京大学出版会、1998
宮本雅明「世界の中の城下町」『建築雑誌』103(1280)、日本建築学会、1988
宮本雅明ほか『国宝と歴史の旅5・城と城下町』(朝日百科・日本の国宝別冊)朝日新聞社、2000
宮本雅明『都市空間の近世史研究』中央公論美術出版、2005
矢守一彦『都市プランの研究』大明堂、1970
矢守一彦「近世城下町の空間構造 とくに町割りの基軸について」『城下町の地域構造』名著出版、1987
油浅耕三「正保城絵図による城下町の道路の交差形態と交差点密度に関する考察」『都市計画』167、日本都市計画学会、1991
吉田伸之『都市の近世(日本の近世9 都市の時代)』中央公論社、1992
玉置伸悟「越前大野城下縄張りにおける基本構想 近世城下町の都市設計手法に関する研究(その1)」『日本建築学会計画系論文集』476号、日本建築学会、1995
玉置伸悟、聶志高「越前大野城下武士居住地区の縄張り 近世城下町の都市設計手法に関する研究(その2)」『日本建築学会計画系論文集』497、日本建築学会、1997
高見敞志『近世城下町の設計技法 視軸の神秘的な三角形の秘密』技報堂出版、2008

[各都市]

以下に記述を省略したが、各市町村が発行している「市史」や都市計画資料、総合計画、長期計画などはすべて参考にしている

01 | 松前

永田富智「北海道唯一の最北端の城下町」『城下町古地図散歩8 仙台 東北・北海道の城下町』平凡社、1998
松前町「史跡福山城 平成8年度策定保存管理計画書」1991
北海道「歴史を生かす街並み整備モデル地区ガイドプラン策定調査報告書」1994、「整備計画書」1995、「北海道新長期総合計画『歴史を生かすまちづくり』」1994

02 | 弘前

宮本雅明「近世初期城下町のヴィスタに基づく都市設計・諸類型とその変容」『建築史学』6、建築史学会、1986(岩木山、天守および櫓へのヴィスタラインはこの論文による)
山上笙介『弘前市史 下』津軽書房、1985
弘前市「21世紀活力圏創造整備計画『弘前地域』」1996、「弘前市中心市街地活性化計画」1986

03 | 盛岡

吉田義昭・及川和哉『図説・盛岡四百年』郷土文化研究会、1983-1992
盛岡市「もりおかの都市開発」1995、「盛岡の都市計画」1997
補注
*1 盛岡市遺跡の学び館「史跡盛岡城跡Ⅱ 第2期保存整備事業報告書」盛岡市教育委員会、pp.1-4、2008、を参照
*2 櫻山神社の立て看板「桜山神社の御祭神」、を参照
*3 阿部和彦「近世城下町の計画基準尺度とその運用について」『東北大学建築学報』26、1987、pp.1-29、を参照
*4 吉田義昭『盛岡の寺院 近世城下町の寺院文化の変遷』盛岡市教育委員会、1996、盛岡市仏教会『盛岡の寺院』盛岡市仏教会、1995、太田孝太郎『盛岡市史 第三分冊 近世期上』盛岡市役所、1956、を参照
*5 小形信夫『盛岡の山と民俗』盛岡市教育委員会、1993、pp.6-8、を参照
*6 吉田義昭+及川和哉『図説・盛岡四百年(上)』郷土文化研究会、1983、冒頭、を参照

04 | 白石

阿子島雄二『白石城下町人譜』刈田民族資料館、1976
小林清治編『仙台城と仙台領の城・要害』名著出版、1982
白石市「白石市中心市街地活性化基本計画」2000

片倉信光ほか編『明治100年白石風物誌』不忘新聞社、1967（白石図書館蔵）
『白石地方の歴史 下』（白石図書館蔵）
片岡信光編「郷土の話し」（白石第一小学校社会科資料、白石図書館蔵）

05 | 角館
「角館誌」編纂委員会編『角館誌』角館町刊行会、1965
藤島亥治郎ほか『角館の武家屋敷と枝垂桜』、日本ナショナルトラスト、1974
文化庁『歴史的集落・町並みの保存 重要伝統的建造物群保存地区ガイドブック』第一法規出版、2000

06 | 秋田
宮本雅明「近世初期城下町のヴィスタに基づく都市設計・その実態と意味」『建築史学』4、建築史学会、1985（櫓へのヴィスタラインはこの論文による）

07 | 上山
『上山城と茂吉の故郷』サンケイ出版、1983

08 | 山形
川崎浩良、橋詰達雄共編『山形市政六十年史』山形市制六十周年記念事業委員会、1951
高橋信敬『最上時代山形城下絵図』誌趣会、1974
山形市「シェイプアップマイタウン山形」「中心市街地景観ガイドプラン」1996、「都市景観ガイドプラン」1994、「街・賑わい・元気プラン」1999
「歴史と文化の環 山形らしさの復権 山形県・山形市」『Esplanade 魅力あるまちづくり』54、INAX、2000

09 | 鶴岡
大瀬欽哉『鶴岡百年のあゆみ』鶴岡郷土史同好会、1974
鶴岡市「鶴岡市都市景観形成基本計画策定調査報告書」1990、「中心市街地地区整備基本計画策定報告書」1996
鶴岡市『城下町鶴岡』
「まちなかキネマ」および「内川再発見プロジェクト」写真・図は東北公益文科大学高谷時彦研究室提供
補注
*1　佐藤滋、久保勝裕、菅野圭祐、椎野亜紀夫「GISを用いた城下町都市における道路中心ラインと山頂の位置関係に関する検証」『日本都市計画学会都市計画論文集』49（1）、pp.71-76、日本都市計画学会、2014、が初出

10 | 新庄
新庄市『新庄市史 第2巻 近世 上』1992
山形県＋最上広域圏事務組合＋早稲田大学佐藤滋研究室「最上エコポリス構想」1993
早稲田大学理工学総合研究所『年報エコポリス研究1・2』1994-1995

11 | 二本松
二本松市竹田根崎地区中小商業活性化実施計画策定委員会「竹田根崎まちづくり実施計画」1999
二本松市「二本松市中心市街地活性化基本計画」1999
岡村祐・川原晋・中澤沙織「都市祝祭空間の変容とその要因」『季刊まちづくり』36（特集1「都市の祝祭空間」）学芸出版社、2012
中澤沙織、岡村祐、川原晋、東秀紀「祭り舞台における山車巡行の見せ場の類型化とその特徴に関する研究 福島県二本松提灯祭りを事例として」『日本建築学会大会学術講演梗概集』日本建築学会、2010
二本松提灯祭りにおける都市祝祭空間の抽出は、中澤沙織「曳山祭における担い手の生活サイクル及び山車巡行の舞台としての都市空間に関する研究」首都大学東京大学院修士論文、2010、に詳しい

12 | 会津若松
宮本雅明「近世初期城下町のヴィスタに基づく都市設計・諸類型とその変容」『建築史学』6、建築史学会、1986（天守へのヴィスタラインはこの論文による）
会津若松市「景観からのまちづくり 会津若松らしい景観をめざして」2000
八甫谷邦明「タウンマネジメントの可能性を探る」『造景』30、建築資料研究社、2000
『国宝と歴史の旅5 城と城下町』朝日新聞社、2000

13 | 福島
川から陸へのまちづくり協議会・福島市・福島県・建設省福島工事事務所「福島城下町探訪」2000
福島市「24時間都市構想」1989、「21世紀活力圏創造整備計画」1996、「福島市中心市街地活性化基本計画」1998

14｜宇都宮
壇静夫・石川健『昔日の宇都宮』随想舎、1997
宇都宮市「宇都宮市中央地区の誇れるまちづくり計画調査報告書」1988、「くらしのみちづくり事業計画・報告書」1991、「宇都宮シンボルロード計画書」1986、「宇都宮市中心市街地活性化基本計画」1999

15｜川越
川越一番街町並み委員会「町並み委員会の10年」1997、「川越一番街 町づくり規範」1988、2000
川越市立博物館「町割から都市計画へ 絵地図で見る川越の都市形成史」1998、「常設展示図録」1991
川越蔵の会「平成13年度総会 冊子」2001
川越市教育委員会「川越市川越伝統的建造物郡保存地区保存計画」1999、2001
川越市「都市景観重要建築物」2001
加藤忠正「川越の変容」『造形』16、建築資料研究社、1998
八甫谷邦明「川越 コミュニティ復活を目指して」『造形』26、建築資料研究社、2000

16｜水戸
宮本雅明「近世初期城下町のヴィスタに基づく都市設計・諸類型とその変容」『建築史学』6、建築史学会、1986（櫓へのヴィスタラインはこの論文による）
中川浩一「水戸城下町絵図」『日本城下町絵図集 関東・甲信越篇』昭和礼文社、1981
水戸市「水戸市中心市街地整備計画調査・本報告書」1986、「水戸市中心市街地活性化計画」1997、「水戸市都市機能更新調査報告書」1991

17｜土浦
土浦市史編さん委員会編『土浦歴史地図』土浦市教育委員会、1974
佐賀進、佐賀純一『絵と伝聞 土浦の里』佐賀医院、1981
土浦市文化財愛護の会編『むかしの写真土浦』土浦市教育委員会、1990
土浦市史編さん委員会編『図説 土浦の歴史』土浦市教育委員会、1991
土浦市立博物館「絵図の世界」1992
土浦市「土浦市歴史の小径整備計画策定調査報告書」2000、「土浦市中心市街地活性化基本計画」2000

18｜笠間
田中嘉彦「笠間城のはなし」『笠間城のはなし（上）（下）』筑波書林、1986

20｜松本
松本城物語実行委員会（長野放送・信濃毎日新聞社）編『城下町・松本』銀河書房、1993
松本市『歴史のなかの松本城 天守築造400年記念』1993
松本市「松本市重点地区景観形成計画」1989、「松本市の街なみ環境整備事業」1998、「松本市都市景観形成基本計画」1990、「松本市中心市街地活性化基本計画」1999
補注
＊1　松本市「街なみ環境整備事業」2013、p.3を参照
＊2　前掲＊1、p.4を参照
＊3　前掲＊1、p.6を参照
＊4　松本市「まちなみ修景事業」松本市ウェブサイト、2014、を参照
＊5　前掲＊1、p.2を参照

21｜松代
長野市都市開発部都市計画課「庭園都市松代 歴史的地区環境整備街路事業の概要 身近なまちづくり支援街路事業・真田公園線パンフレット」
長野市教育委員会文化課「史跡松代城跡附新御殿跡パンフレット」1999、「長野市松代泉水路・パンフレット」2000
信濃毎日新聞社編『松代 歴史と文化（改訂版）』信濃毎日新聞社、2000
長野市教育委員会松代藩文化施設管理事務所「城下町・松代」1999
長野市「松代地区街なみ環境整備事業 事業計画（概要版）」2004、「史跡松代城跡附新御殿跡 整備事業報告書（総論、調査編）」2013、「長野市歴史的風致維持向上計画」2014
佐々木邦博、横矢美和、大矢貴巳「長野市松代町の城下町絵図に見られる水路システムの特徴」『ランドスケープ研究』67（5）、日本造園学会、2004
長野市教育委員会「松代城下町跡 中木町・西木町・紺屋町 緊急地方道路整備事業等にともなう埋蔵文化財発掘調査報告書」20059

22｜村上
横山貞裕『村上地方の歴史』1983
村上市「村上郷土史」1931、「村上市地域住宅計画（HOPE計画）報告書」1996、「住まいのしつらい・住まい方を考える『むらかみの町家』」1996、「むらかみのさまざまな家」1997、「景観カルテ」1997、「越後村上城下町基本計画報告書」1997、「村上市まちづくり推進協議会 3年間の歩み」1997、「東中学

校ワークショッププロジェクト」1998、「村上トライあんぐる活動報告書」1998-2001、「歴史的景観保全ガイドライン」2000、「小路・道に歴史あり 新潟県村上市・市道路線名のいわれ第一次報告書」2001

補注
- *1 村上市教育委員会「村上市史編さん資料第三号」新潟、村上市教育委員会市史編さん室、1987、p.53、を参照
- *2 村上市「村上市史通史編2近世」1999、p.539、を参照
- *3 村上市「村上市史通史編1原始・古代・中世」1999、p.322、を参照
- *4 村上市1「村上市史民族編下巻」1990、p.325、を参照
- *5 Sato, S. Urban Design and Change in Japanese Castle Towns, BUILT ENVIRONMENT, London: 24-4, 1998, pp.217-234 を参照

23 | 富山

高瀬保「富山城下町絵図」『日本城下町絵図集 東海・北陸篇』昭和礼文社、1983
富山市「富山市都市景観形成ガイドラインプラン」1992、「市街地再開発事業」

24 | 福井

本多義明、川上洋司『福井まちづくりの歴史』財団法人地域環境研究所、1995
福井市「(改訂) 福井市都市計画マスタープラン」2010、「第2期福井市中心市街地活性化基本計画」2013

25 | 小浜

小浜市教育委員会「小浜の町並み 旧小浜町並み調査報告書」1992
小浜西組歴史的地区環境整備協議会「町並み保存の手引 みんなの力で町づくり」2000
『太陽コレクション 城下町古地図散歩1 金沢・北陸の城下町』平凡社、1995

26 | 大野

河原哲郎『城下町大野を歩く』1983
日本ナショナルトラスト「越前大野の城下町と町屋」1999

27 | 丸岡

坂井郡「産業概要」1913

28 | 金沢

補注
- *1 佐藤信、吉田伸之『都市社会史 新体系日本史6』山川出版社、2001、p.96、参照
- *2 田中喜男『伝統都市の空間論・金沢』弘詢社、1977、および、高橋康夫、宮本雅明、吉田伸之、伊藤毅『図集 日本都市史』東京大学出版会、1993、を参照
- *3 土屋敦夫「近代における歴史的都市と工業都市の形成の研究」京都大学学位論文(博士)、1993、を参照
- *4 金沢市地図、1868、「金澤市街之図」1892、和田文次郎編「最新實用金澤市街細図」『新版金沢明覧』折込図、北光社、1904、「金澤市街図」1937、「国土地理院金沢市1/10,000地形図」、を参照
- *5 前掲*3、および、「訂正實測金澤市明細図」山田信景、1900、金沢市史編纂委員「金沢市史通史編3」2006、「建設省告示第七号」1958、を参照
- *6 ミソノ家跡地の壁にある看板、石川県立歴史博物館学芸課長ヒアリング(2011年9月30日、金沢市)、「金沢市附近一万分之一図」金澤楷行社、1921、「国土地理院金沢市1/10,000地形図」、を参照
- *7 前掲*3、および、「金澤市街図(一万分の一)」1905、西光寺住職ヒアリング(2011年9月28日、金沢市)、「金沢市附近一万分之一図」金澤楷行社、1921、「国土地理院金沢市1/10,000地形図」、を参照
- *8 「国土地理院金沢市1/10,000地形図」、「訂正實測金澤市明細図」山田信景、1900、和田文次郎編「最新實用金澤市街細図」『新版金沢明覧』折込図、北光社、1904、北國新聞1901年5月1日付、石川県医師会「石川医報」317、1962、を参照
- *9 「国土地理院金沢市1/10,000地形図」、「訂正實測金澤市明細図」山田信景、1900、味噌蔵地区民生委員協議会会長ヒアリング(2011年9月26日、金沢市)、金沢大学附属特別支援学校教頭ヒアリング(2011年9月29日、金沢市)、を参照
- *10 石川県立歴史博物館学芸課長ヒアリング(2011年9月30日、金沢市)、「金澤市街之図」1892、「金沢都市計画図」1927、石川県立歴史博物館所蔵、金沢市議会「金沢市議会史(上)」1998、金沢市史編纂委員「金沢市史資料編17」1998、を参照

29 | 郡上八幡

渡部一二ほか『水縁空間 郡上八幡からのレポート』住まいの図書館出版局、1993
郡上八幡町「柳町町並保存事業計画書」1987、「八幡町のまちなみづくり 建物デザインプロセス」2000、「八幡町都市計画マスタープラン 水の恵みを活かす町」

30 | 高山

宮本雅明「近世初期城下町のヴィスタに基づく都市設計・諸類型とその変容」『建築史学』6、建築史学会、1986 (天守へのヴィスタラインはこの論文による)
高山市「まちかどの表情 伝統的文化都市環境保存地区整備事業のまとめ」「市街地景観保全事業のあらまし」

31 | 大垣

大垣市「水と緑のふれあい街づくり 大垣市中心商店街活性化モデル事業」「まちづくり情報パック」「うるおいのある川 水門川の親水護岸と遊歩道」「明日へつなぐ大垣の川づくり」『水都』大垣 水と緑のまちづくり」「橋「水都」大垣」

32 | 静岡

宮本雅明「近世初期城下町のヴィスタに基づく都市設計・諸類型とその変容」『建築史学』6、建築史学会、1986（天守へのヴィスタラインはこの論文による）
「静岡都市計画復興街路参考図」（東京都公文書館内田祥三文庫蔵）
建設省編『戦災復興誌』都市計画協会、1961
安本博編『静岡中心街誌』静岡中心街誌編集委員会、1974
若尾俊平「駿府町方の町割り・宅地割り」『城下町の地域構造』名著出版、1987
佐藤滋、久保勝裕、菅野圭祐、椎野亜紀夫「GIS を用いた城下町都市における道路中心ラインと山頂の位置関係に関する検証」『日本都市計画学会都市計画論文集』49-1、2014、pp.71-76、が初出

33 | 津

宮本雅明「近世初期城下町のヴィスタに基づく都市設計・諸類型とその変容」『建築史学』6、建築史学会、1986（櫓へのヴィスタラインはこの論文による）
津市「津の街道」1976、「津市市制施行100周年記念誌」1990、「津市中心市街地活性化基本計画」1999、「津市都市マスタープランのあらまし」「津の歴史散歩ガイド」

34 | 松阪

松阪市「松阪 その史跡をたずねて」1976、「松阪市殿町歴史的地区環境整備街路事業調査報告書」1995、松阪市「松阪市都市計画マスタープラン概要版」1997、「松阪市中心市街地活性化基本計画」2000、「松阪市中心市街地商業等活性化基本計画」2000、「松阪市中町A地区第一種市街地再開発事業」「優良再開発建築物整備促進事業」「松阪駅前通り近代化事業」

35 | 長浜

長浜市立長浜城歴史博物館「湖北の絵図 長浜町絵図の世界」1987、「湖北・長浜と秀吉」長浜市商工会議所「商業近代化地域計画策定事業報告書」1985
長浜市「博物館都市構想」1984、「長浜物語」1993、「長浜市新・博物館都市構想」1994、「長浜のまちなみ・北国街道を中心として」1995

36 | 津山

宮本雅明「近世初期城下町のヴィスタに基づく都市設計・諸類型とその変容」『建築史学』6、建築史学会、1986（天守へのヴィスタラインはこの論文による）
山陽新聞社出版局『城下町・津山』山陽新聞、1993
津山市商工会議所「津山市商業近代化地域計画」1981、「津山市商業近代化実施計画」1983、「津山市商業近代化フォローアップ計画」1985
津山市「津山市の再開発」1997

37 | 岡山

『新撰岡山市明細図』細謹舎、1891（早稲田大学図書館蔵）
秋山専二『岡山市街及附近明細地図』1922（国立国会図書館蔵）
北村詮次郎、藤原音五郎編纂『最新詳密岡山市街地図』1937（国立国会図書館蔵）
巌津政右衛門『別冊岡山文庫4 岡山城と城下町』日本文教出版、1972
岡山城史編纂委員会「岡山開府四百年記念 岡山城史」1983
片山新助『よみがえる岡山城下町』山陽新聞社、1996
原田伴彦、西川幸治、矢守一彦編『中国・四国の市街古図』鹿島出版会、1979
新谷洋二『城づくりと河川 岡山城、日本の城と城下町』同成社、1991
岡山市百年史編さん委員会編「岡山市百年史」1989
岡山市建設局「岡山復興区画整理誌」1984
岡山都市整備株式会社「岡山都市再開発事業のあゆみ」1985
岡山商工会議所「人と緑の都心1kmスクエア構想」1995
RACDA編著『路面電車とまちづくり』学芸出版社、1999
岡山街づくり連絡協議会（UPCO）「おかやままちづくり夢プラン」1999
「人と環境にやさしい都心の再生 岡山県・岡山市」『Esplanade 魅力あるまちづくり』54、INAX、2000
高次秀明「岡山市の都心再生に向けて」新都市、1999年9月
岡山市「生まれかわる街・岡山市の都市再開発」1995、「桃太郎大通り沿道地区・地区更新計画」1990、「西川緑道公園沿道地区・地区更新計画」1990、「岡山市表町地区・市街地総合再生基本計画」1994、「岡山地域中心市街地活性化基本計画（時点修正版）」2001、「岡山市都市交通戦略」2009、「岡山市都心創生まちづくり構想」2014
岡山市教育委員会「岡山城三の丸曲輪跡」2002

NPO元気創生プロジェクト あしたり岡山「城内エリアの歴史遺産」2012
岡山県古代吉備文化財センター編「特別名勝岡山後楽園史跡岡山城跡」2013

38 | 高梁
岡山県高梁市教育委員会「城下町備中高梁の歴史的町並み」1993

39 | 萩
宮本雅明「近世初期城下町のヴィスタに基づく都市設計・その実態と意味」『建築史学』4、建築史学会、1985(天守へのヴィスタラインはこの論文による)
萩青年会議所「萩図誌」1978
萩市教育委員会「歴史の町並 萩」1994
萩市「萩市都市景観基本計画(ダイジェスト版)」1997
全国伝統的建造物群保存地区協議会「未来へ続く歴史のまちなみ」2001

40 | 龍野
龍野市総務課市史編集係編『龍野の建築』龍野市、1987

41 | 出石
兵庫県「出石町城下町地区 景観ガイドライン」1987
出石町「伝統的町家建築の意匠構成の手引」1992、「城を活かした城下町活性化計画」1997、「町づくり調査・計画概要資料」1999、「街なみ環境整備事業実施計画書(改訂版)」1995
上坂章雄「出石まちづくり会社の地域経営」『季刊まちづくり』10、学芸出版社、2006
豊岡市「豊岡市出石伝統的建造物群保存地区保存計画」2007、「出石城下町の町家デザイン豊岡市出石伝統的建造物群保存地区修景ガイドライン」2010
豊岡の城下町を活かす会、但馬歴史文化研究所編「ぶらり出石の城下町」2013

42 | 篠山
宿毛市史編纂委員会編「宿毛市史」1977
農林省編纂『日本林制史資料 19 篠山藩・鳥取藩』朝陽会、1933
奥田楽々斎『多紀郷土史考』多紀郷土史考刊行会、1958
篠山市教育委員会「篠山市篠山伝統的建造物群保存対策調査報告書」2004、「篠山市歴史文化基本構想」2011、「史跡篠山城跡保存管理計画」2012
篠山市教育委員会地域文化課「篠山市文化財資料第12集 史跡篠山城跡 内堀石垣復元整備工事報告書(1)」2008
篠山を楽しむ地図の会「篠山をたのしむ地図」2013

43 | 松江
上野富太郎、野津静一郎編纂『松江市誌』松江市庁、1941
松江市誌編纂委員会編『新修松江市誌』松江市、1962
松江市誌編纂委員会編『市政施行100周年記念 松江市誌』松江市、1989
松江市灘町土地区画整理組合編『更生の灘町』松江市灘町、1929
『松江市末次大火後整理図』島根県、1931(島根県立図書館蔵)
『最新松江市全図』1936(島根県立図書館蔵)
堀恵之助「松江・亀田山 千鳥城取立伝説」1993
松江まちづくりプロジェクト編『松江余談』松江今井書店、1989
中国新聞松江支局『松江 堀川めぐり』松江今井書店、1999
河井忠親『松江城』松江今井書店、1998
内藤正中『わがまちの歴史 松江』文一総合出版、1979
松江市『松江の堀川 歴史と自然』松江市、1995
松江市教育委員会「史跡松江城公園周辺整備事業実施報告書」1996
城東地区ふるさとづくり推進実行委員会「城東ものがたり」1992
日本建築学会中国支部『中国地方まち並み研究会 中国地方のまち並み』中国新聞社、1999
『城下町古地図散歩5 萩・津和野 山陰・近畿[2]の城下町』平凡社、1997
松江市「松江市景観形成基本計画」1995、「松江市中心市街地活性化基本計画(改訂版)」1999

44 | 津和野
西山夘三、森澄泰文編『津和野』日本ナショナルトラスト、1975
『津和野古地図』マツノ書店、1975(津和野町立郷土館蔵)

岩谷建三『近代の津和野』津和野町、1978
内藤正中、森澄泰文『津和野郷土誌』松江文庫、1988
津和野町「津和野町環境保全条例」

45｜鳥取
宮本雅明「近世初期城下町のヴィスタに基づく都市設計・その実態と意味」『建築史学』4、建築史学会、1985
油浅耕三「古絵図による鳥取城下町の自然環境に関する一考察」『日本都市計画学会学術研究論文集』24、日本都市計画学会、1989

46｜倉吉
倉吉市「倉吉商家町並保存対策調査報告書」
協同組合「打吹」「まちづくり会社『(株)赤瓦』事業計画書(案)」1997

47｜大洲
大洲市「かわら版 復元大洲城」24、1998、「肱南歴史の道整備事業の概要」1995、「大洲市中心市街地活性化基本計画」2000、「大洲城復元事業報告書」2004、「大洲市歴史的風致維持向上計画」2012
肱南地区まちづくり推進班「まちの風景をつくる」1998
『城下町古地図散歩6 広島・松山 山陽・四国の城下町』平凡社、1997
大洲市都市整備課「大洲市景観計画」2009

48｜高知
宮本雅明「近世初期城下町のヴィスタに基づく都市設計・諸類型とその変容」『建築史学』6、建築史学会、1986（天守へのヴィスタラインはこの論文による）
小林健太郎「水を制した城下町 高知」『城と城下町』淡交社、1978
高知新聞社編集局編『土佐の高知いまむかし』高知新聞社、1984
高知・まちと人の100年101人委員会企画編集『写真集 高知市・まちと人の100年』高知・まちと人の100年101人委員会、1989
高知市「高知市都市美形成基本計画」1997、「高知市中心市街地活性化基本計画（概要版）」1999
野中勝利「1873年の『廃城』と城址の公園化に関する研究」『都市計画論文集』42-3、日本都市計画学会、2007、pp.433-438
野中勝利「明治初期に城址で開催された博覧会に関する研究」『都市計画論文集』41-3、日本都市計画学会、2006、pp.911-916

49｜徳島
宮本雅明「近世初期城下町のヴィスタに基づく都市設計・諸類型とその変容」『建築史学』6、建築史学会、1986（城郭へのヴィスタラインはこの論文による）
徳島県編『徳島戦災復興誌』徳島県、1978

51｜島原
三原義男「水と緑の城下町 キリシタン哀史を秘めて」「島原大変と城下町の暮らし 島原大変肥後迷惑」『城下町古地図散歩7 熊本・九州の城下町』平凡社、1998
島原市「島原市中心市街地街づくり検討調査概要書」1994
島原地域再生行動計画策定委員会・長崎県・島原市・南高来郡町村会「島原地域再生行動計画（がまだす計画）」1997

52｜佐賀
宮本雅明「近世初期城下町のヴィスタに基づく都市設計・諸類型とその変容」『建築史学』6、建築史学会、1986（天守へのヴィスタラインはこの論文による）
佐賀市「佐賀市都市景観基本計画」1990
佐賀市教育委員会「佐賀市文化財調査報告書第76集 佐賀城跡 佐賀城本丸跡埋蔵文化財確認調査報告書」1996
佐賀市『ふるさと佐賀 21世紀に伝えたい、佐賀市の姿』佐賀新聞社、2001
佐賀市教育委員会「城下町佐賀の環境遺産」1991
読売新聞西部本社編『歴史の町並み再発見 九州・沖縄・山口・島根』葦書房、1993
佐賀市「長崎街道・柳町都市景観形成地区ガイドライン」1999、「佐賀市都市景観賞受賞作品集」2000

53｜柳川
柳川山門三池教育会『旧柳川藩志』福岡県柳川・山門・三池教育会、1957
柳川市史編集委員会編『柳川市史 地図編』柳川市、1999
甲木清『柳川の歴史と文化』柳川の歴史と文化刊行会、1989

54 | 熊本

補注
- *1 富田紘一「熊本の三河川と城下町の形成」『市史研究くまもと』11、2000、pp.1-20
- *2 前掲*1
- *3 熊本市「新熊本市史 通史編 第三巻 近世Ⅰ」pp.138-139
- *4 富田「熊本の三河川と城下町の形成」、絵図「肥後熊本城略図」(推定1611-1612)および絵図「熊本屋舗割下絵図」(推定1629-1631)参照
- *5 谷川健一『加藤清正 築城と治水』富山房インターナショナル、p.107、によると、「『肥後熊本城略図』は、加藤清正が慶長16年(1611)に死去した直後(推定慶長17年)に描かれたと推定される。この絵図によれば白川は描かれていないが、坪井川が蛇行した白川旧流路を流れている状況が表現されている。このことから坪井川が熊本城下の新町と古町の間を流れ、井芹川と合流する工事が行われたのは、清正代ではなく忠広の代に実施されたといえる」とある
- *6 星直哉、菅野圭祐、佐藤滋「城下町都市と北海道殖民都市における『山当て』を中心とした都市構成の解析に関する研究 その4 近世城下町熊本における山当ての実態」『日本建築学会学術講演梗概集』日本建築学会、2014、pp. 927-928、より引用
- *7 熊本市「新熊本市史 通史編 第二巻 中世」p.793

55 | 臼杵

臼杵市「臼杵市歴史環境保全条例」1987
山口恵一郎、清水靖夫、佐藤光、中島義一、沢田清編『日本図誌大系 九州』朝倉書店、1976
『太陽コレクション 城下町古地図散歩7 熊本・九州の城下町』平凡社、1998
日本ナショナルトラスト「うすきの歴史的環境と町づくり 臼杵 観光計画」1986、「臼杵 保存修景計画研究会」1987
「第22回全国町並みゼミ臼杵大会会議資料」全国町並み保存連盟、1999
臼杵市「街なみ環境整備方針 臼杵祇園州・唐人町・浜町地区」1995、「歴史と水と緑にこころおどるまちうすき[臼杵市第三次総合計画]ダイジェスト版」1996、「街なみ環境整備計画、臼杵祇園州・唐人町・浜町地区」1997「臼杵地区・居住環境整備街路事業調査報告書」1998、「臼杵地区・居住環境整備街路事業調査概略設計業務報告書」1999、「臼杵のまちんなか活性化基本計画(臼杵市中心市街地活性化基本計画)」2000

56 | 旧薩摩藩外城麓

塗木早美「知覧町郷土誌」知覧郷土誌編さん委員会、1982
稲田進「加治木風土記 地名の由来など」加治木町老人クラブ連合会、1983
萩原耕治「入来町文化財調査報告書 清色城と入来麓武家屋敷群」鹿児島県、薩摩郡入来町教育委員会、2003
松本充止「入来町誌 上巻」鹿児島県薩摩郡入来町役場、1964
松本充止「入来町誌 下巻」鹿児島県薩摩郡入来町役場、1978
鈴木公「鹿児島県における麓・野町・浦町の地理学的研究」社団法人鹿児島県教員互助会、1970
揚村固土、田充義「島津藩における麓集落に関する研究:街路設計手法について」『鹿児島大学工学部研究報告』33、1991、pp.189-207
江夏平浩「加治木麓の街路復元と構成:薩摩藩の麓計画とその遺構に関する研究48」『日本建築学会研究報告 中国・九州支部3 計画系』10、日本建築学会、1996、p.589-592
吉田町教育委員会「歴史の道大口筋白銀坂 保存整備報告書」鹿児島県姶良町教育委員会、2004

補注
- *1 江夏平浩「加治木麓の街路復元と構成:薩摩藩の麓計画とその遺構に関する研究 48」『日本建築学会研究報告 中国・九州支部3 計画系』10、1996、pp.589-592、より引用
- *2 中村雅夫『歴史群像シリーズ よみがえる日本の城 18 鹿児島城』学習研究社、2005、pp.16-17、を参照
- *3 鹿児島県知覧町教育委員会「知覧武家屋敷街並み 伝統的建造物群保存対策調査報告書」鹿児島県知覧町教育委員会、1977、を参照

著者紹介

佐藤 滋
Sato, Shigeru

早稲田大学理工学術院教授、都市・地域研究所所長。工学博士、1949年千葉県生まれ。2000年日本建築学会賞（論文）、都市住宅学会賞（論説）、2013年住総研清水康雄賞、2014年大隈記念学術褒賞など。現場での観察調査・計画提案を一体で進める研究方法で、城下町都市をはじめ各地のまちづくり、都市デザインに参画している。編著書に、『城下町の近代都市づくり』（鹿島出版会、1995）、『まちづくりの方法』（日本建築学会編、丸善、2003）、『東日本大震災からの復興まちづくり』（大月書店、2011）、『まちづくり市民事業』（学芸出版社、2011）など。本書の研究全体の総括、および、はじめに、序、解説の執筆を担当。

饗庭 伸
Aiba, Shin

首都大学東京都市環境学部・准教授。博士（工学）。1971年兵庫県生まれ。1993年早稲田大学理工学部建築学科卒業。1996年より2002年まで、2011年より現在まで山形県鶴岡市のまちづくりに関わる。共著書に『まちづくりの科学』（鹿島出版会、1999）、『初めて学ぶ都市計画』（市ケ谷出版社、2008）、『白熱講義 これからの日本に都市計画は必要ですか』（学芸出版社、2014）など。本書では、鶴岡の構成・執筆を担当。

市川 均
Ichikawa, Hitoshi

建築家。アーキネットデザイン主宰。早稲田大学都市・地域研究所招聘研究員。1961年埼玉県生まれ。1987年早稲田大学大学院理工学研究科修了。住宅を中心とした建築設計のかたわら、川越や秩父、中野などで住民主体のまちづくりに参画している。本書では、川越の構成・執筆を担当。

久保勝裕
Kubo, Katsuhiro

北海道科学大学（旧北海道工業大学）工学部建築学科教授。博士（工学）。1965年北海道生まれ。1988年早稲田大学理工学部建築学科卒業。大成建設、早稲田大学大学院を経て2001年4月より同大学助教授、2011年より現職。再開発事業地区や木造密集市街地における市街地整備事業の連鎖的展開、地方都市の中心市街地再生に関する研究などを行っている。本書では、松前、弘前、盛岡、角館、福島、水戸、宇都宮、富山、松本、長浜、倉吉、津山、島原などの構成・執筆を担当。

川原 晋
Kawahara, Susumu

首都大学東京観光科学域准教授。博士（工学）。1970年福岡県生まれ。観光の手法や視点を活かした都市・建築デザインや市民参加まちづくりの実践・研究をしている。2001年より現在まで山形県鶴岡市のまちづくりに関わる。共著書などに『住民主体の都市計画』（学芸出版社、2009）、『まちづくり市民事業』（学芸出版社、2011）、「都市の祝祭空間『季刊まちづくり』36、特集）」（学芸出版社、2012）など。本書では、鶴岡、二本松（pp.72-73）の構成・執筆を担当。

志村秀明
Shimura, Hideaki

芝浦工業大学工学部建築学科教授。博士（工学）、一級建築士。1968年東京生まれ。2003年早稲田大学大学院理工学研究科博士課程修了。2006年日本建築学会奨励賞受賞。各地で市民や自治体などと協働しながら、市民参加によるデザインとまちづくりの支援手法を開発している。本書では、二本松（pp.22-23および68-71）の構成・執筆を担当。

武田光史
Takeda, Kouji

アルセッド建築研究所。一級建築士。1970年京都府生まれ。1994年早稲田大学理工学部建築学科卒業。1996年早稲田大学大学院理工学研究科修士課程修了。1996年よりアルセッド建築研究所。地域住宅・木造公共建築・歴史的資源を活かしたまちづくりに関する調査・研究・コンサルタント・設計・監理に携わる。「小城下町の近世都市デザインと空間変容に関する研究」で1996年日本建築学会優秀修士論文賞を受賞。本書では、小城下町（新庄、村上、小浜、津和野など）の構成・執筆を担当。

野嶋慎二
Nojima, Shinji

福井大学大学院工学研究科教授。博士（工学）。1960年東京都生まれ。1984年東京大学工学部建築学科卒業。1998年早稲田大学大学院理工学研究科博士後期課程修了。主に地方都市での市街地再生の研究、持続可能な地域づくりの計画策定および実践活動を行っている。本書では、福井、大野、小浜の構成・執筆を担当。

野中勝利
Katsutoshi, Nonaka

筑波大学芸術系教授。博士（工学）。1962年千葉県生まれ。1985年早稲田大学理工学部建築学科卒業。フィールド調査やワークショップを基本としたまちづくりに参画するとともに、城下町を中心とした都市・地域デザインや都市政策に関する研究を進めている。「近世城下町を基盤とする地方都市における第二次世界大戦前の都市計画」（博士論文）で日本都市計画学会論文奨励賞受賞。本書では土浦、萩、高知を編集・執筆を担当。

松浦健治郎
Matsuura, Kenjiro

三重大学大学院工学研究科建築学専攻助教。博士（工学）。1971年岐阜県高山市生まれ。1994年早稲田大学理工学部建築学科卒業。小沢明建築研究室、早稲田大学理工学総合研究センター、日本都市センターを経て現職。地方都市における地域資源を活用したまちづくり・都市デザイン・建築設計に関わる実践・研究活動を進めている。共著書に『住民主体の都市計画』（学芸出版社、2009）、『幻の都市計画』（樹林舎、2006）など。2006年日本建築学会東海賞（論文賞）受賞。本書では白石・鶴岡・新庄・村上・高山・郡上八幡・大垣・津・松阪・長浜・津和野の構成・執筆を担当。

真野洋介
Mano, Yosuke

東京工業大学大学院社会理工学研究科社会工学専攻准教授、博士（工学）。1971年兵庫県生まれ。1995年早稲田大学理工学部建築学科卒業、2000年同大学院博士課程修了。日本学術振興会特別研究員、東京理科大学理工学部建築学科助手を経て、2003年から現職。共著書に『同潤会のアパートメントとその時代』（鹿島出版会、1998）、『復興まちづくりの時代』（建築資料研究社、2006）、『3.11/After 記憶と再生のプロセス』（LIXIL出版、2012）、『コンパクト建築設計資料集成 都市再生』（丸善、2014）など。本書では、山形、会津若松、静岡、松代、出石、松江、岡山、丹波篠山、大洲、佐賀などの構成・執筆を担当。

笠 真希
Ryu, Maki

梵まちつくり研究所取締役。博士（工学）。1995年早稲田大学理工学部建築学科卒業。2000年デルフト工科大学MSc修了。2007年早稲田大学にてオランダの都市デザインに関する研究で博士号取得。2002年から2007まで早稲田大学芸術学校にて客員講師（専任扱い）。2008年よりデルフト工科大学客員研究員として雨水活用と都市デザインの研究を行う。2013年アムステルダム市役所都市計画局にて研修、公共空間の設計に携わり、現職。城下町の構成原理および「近世城下町の都市デザイン手法（p.26）」の前身となる研究を進め、本書では、臼杵の構成・執筆を担当。

菅野圭祐
Sugano, Keisuke

早稲田大学創造理工学研究科建築学専攻博士後期課程。1989年千葉県生まれ。2012年早稲田大学建築学科卒業、2014年同大学院修士課程修了。本書では、鶴岡、村上、金沢、松江の構成・執筆を担当。

沖津龍太郎
Okitsu, Ryutaro

早稲田大学創造理工学研究科建築学専攻修士課程。1991年東京都生まれ。2014年早稲田大学建築学科卒業。本書では、盛岡の構成・執筆を担当。

箱崎早苗
Hakozaki, Sanae

早稲田大学創造理工学研究科建築学専攻修士課程。1991年東京都生まれ。2014年早稲田大学建築学科卒業。本書では旧薩摩藩外城麓の構成・執筆を担当。

星 直哉
Hoshi, Naoya

早稲田大学創造理工学研究科建築学専攻修士課程。1991年北海道生まれ。2014年早稲田大学建築学科卒業。本書では熊本の構成・執筆を担当。

泉 貴広
Izumi, Takahiro

早稲田大学創造理工学研究科建築学専攻修士課程。1991年北海道生まれ。2014年早稲田大学建築学科卒業。本書では松本、静岡の改訂作業を担当。

構成・執筆・研究担当

[初版]

松前	構成・執筆:久保勝裕、研究:武田光史
弘前	構成・執筆:久保／研究・執筆(城下町の空間構成):松浦健治郎・益尾孝祐
盛岡	構成・執筆:久保／研究:安本善理(城下町の空間構成)、松浦(官庁街の変遷)、鶴添博士
白石	構成・執筆:松浦／研究(城下町の空間構成):武田
角館	構成・執筆:久保／研究(城下町の空間構成):武田、松浦
秋田	構成・執筆:真野／研究(城下町の空間構成):笠真希、鶴添、宮本康太
上山	構成・執筆:久保／研究(城下町の空間構成):武田
山形	構成・執筆:真野／執筆・研究:野中勝利、松浦、鶴添、研究(城下町の空間構成):松浦
鶴岡	構成:松浦／執筆:饗庭伸、古川守央
新庄	構成:松浦／研究・執筆:野中、武田、浦口恭直、柴田教子、柳沢伸也、吉沢聡、安本(城下町の空間構成・最上エコポリス構想):平松章子、阿久津尚子(最上地域における水と生活との関わり)
二本松	構成・執筆:志村、益尾、久保
会津若松	構成・執筆:真野／研究(城下町の空間構成):笠、宮本
福島	構成・研究・執筆(城下町の空間構成):松浦
宇都宮	構成・執筆:久保／執筆・研究:中村直木、牛島正博、金田大介、友清量自
川越	構成・執筆:市川／研究:浜野純一、浅美善之、研究協力:荒牧澄多(川越市)、可児一男(川越一番街町並み委員会委員長)、原知之(川越蔵の会会長)
水戸	構成・執筆:久保
土浦	構成・執筆:野中
笠間	構成・執筆:久保／研究(城下町の空間構成):武田
小諸	構成・執筆:真野／研究(城下町の空間構成):武田、笠
松本	構成・執筆:久保／執筆・研究:真野、丸山祥子、中村、牛島正博、金田大介、友清量自
松代	構成・執筆:真野／研究(城下町の空間構成):武田
村上	構成・執筆:松浦／研究(城下町の空間構成):武田
富山	構成・執筆:久保
福井	構成・執筆:野嶋慎二
小浜	構成・執筆:野嶋／研究(城下町の空間構成):武田
大野	構成・執筆:野嶋／研究(城下町の空間構成):武田
丸岡	構成・執筆:久保／研究(城下町の空間構成):武田
郡上八幡	構成・執筆:松浦
高山	構成・執筆:松浦
大垣	構成・執筆:松浦
静岡	構成・執筆:真野／執筆・研究(城下町の空間構成):笠
津	構成・執筆:松浦
松阪	構成・執筆:松浦
長浜	構成・執筆:久保／執筆・研究:大熊新悟、大沢一友、中村
龍野	構成・執筆:久保／研究(城下町の空間構成):松浦
篠山	構成・執筆:久保／研究(城下町の空間構成):武田
出石	構成・執筆:真野／研究(城下町の空間構成):武田
津山	構成・執筆:久保／執筆・研究:石原卓哉
岡山	構成・執筆:真野
高梁	構成・執筆:真野／研究(城下町の空間構成):武田
萩	構成・執筆:野中／研究(城下町の空間構成):笠
倉吉	構成・執筆:久保
松江	構成・執筆:真野／執筆・研究:松浦、鶴添
津和野	構成・執筆:松浦／研究(城下町の空間構成):武田
鳥取	構成・執筆:久保／研究(城下町の空間構成):松浦、笠
柳川	構成・執筆:久保／研究(城下町の空間構成):笠
佐賀	構成・執筆:真野／執筆・研究:野中、松浦、笠、鶴添
島原	構成・執筆:久保
臼杵	構成・執筆:笠
平戸	構成・執筆:久保／研究(城下町の空間構成):武田
徳島	構成・執筆:久保
大洲	構成・執筆:真野／執筆・研究:(城下町の空間構成):松浦
高知	構成・執筆:野中

[新版]

大幅に改訂を行った内容

1. 各都市内の[城下町のデザイン]の構成原理図に関してArcGIS、GPS、3次元での可視領域を確認するソフト「カシミール」を使用し、現地での視察作業を通して、大幅な改訂を行った。
2. 各都市内の[近現代のまちづくり]に関して、できる限り新しい情報に改訂して、書き換えを行った。
3. 金沢、熊本、北海道殖民都市、旧薩摩藩外城麓の都市を新たに追加した。
4. 研究チームが主体的に関わってこの10年余の間に成果が上がった鶴岡に関して、記事を大幅に改訂した。
5. 盛岡、村上、萩に関しては構成原理の解読を、二本松、長浜の祝祭空間を、篠山の近年のまちづくりに関して記事を追加した。

「城下町のデザイン」における構成原理図の改訂作業担当
　　菅野圭祐、沖津龍太郎、箱崎早苗、星 直哉、佐藤 滋

初版の部分改訂以外の改訂・執筆担当

久保	北海道殖民都市／津山／GIS・GPSを用いた山当ての検証方法／鶴岡(pp.58-59)
川原 晋	鶴岡(pp.50-57)／二本松(pp.72-73)
松浦	長浜(pp.142-143)／津、大垣の[近現代のまちづくり]
野中	序(pp.8-9)／高知(pp.178-179)
真野	松代、岡山、出石、篠山、大洲の[近現代のまちづくり]
菅野	近世城下町の都市デザイン手法(p.26)／金沢／村上、弘前、角館、会津の[近現代のまちづくり]／村上(pp.106-107)／松江(pp.166-167)／鶴岡(pp.58-59)
沖津	盛岡、宇都宮、白石、山形の[近現代のまちづくり]／宇都宮(pp.82-83)
星	熊本／萩、津和野、島原、佐賀の[近現代のまちづくり]
箱崎	旧薩摩藩外城麓／水戸、福島、倉吉の[近現代のまちづくり]
泉 貴広	松本の[近現代のまちづくり]およびpp.98-101／静岡の[近現代のまちづくり]
佐藤	萩(pp.156-158)／柳川、臼杵、鳥取の[近現代のまちづくり]など

(初出のみ姓名とも記す)

新版 図説城下町都市
しんぱん ずせつじょうかまちとし

2015年2月15日　第1刷発行

著者
佐藤 滋＋城下町都市研究体
さとうしげる　じょうかまちとしけんきゅうたい

発行者
坪内文生

発行所
鹿島出版会
〒104-0028 東京都中央区八重洲2-5-14
電話03-6202-5200　振替00160-2-180883

印刷・製本
壮光舎印刷

デザイン
高木達樹

©Shigeru SATO, Joukamachi Toshi Kenkyutai 2015, Printed in Japan
ISBN 978-4-306-07311-1 C3052

落丁・乱丁本はお取り替えいたします。
本書の無断複製（コピー）は著作権法上での例外を除き禁じられています。
また、代行業者等に依頼してスキャンやデジタル化することは、
たとえ個人や家庭内の利用を目的とする場合でも著作権法違反です。

本書の内容に関するご意見・ご感想は下記までお寄せ下さい。
URL:　http://www.kajima-publishing.co.jp/
e-mail: info@kajima-publishing.co.jp